高等学校土木工程专业"十三五"规划教材

高校土木工程专业规划教材

地下工程本科生现场实习指导手册

白　云　金德涛　主　编

张　骁　张智博　副主编

中国建筑工业出版社

图书在版编目（CIP）数据

地下工程本科生现场实习指导手册/白云，金德涛主
编. —北京：中国建筑工业出版社，2019.12
高等学校土木工程专业"十三五"规划教材　高校土
木工程专业规划教材
ISBN 978-7-112-24407-2

Ⅰ．①地…　Ⅱ．①白…②金…　Ⅲ．①地下工程-
工程施工-高等学校-教材　Ⅳ．①TU94

中国版本图书馆 CIP 数据核字（2019）第 245906 号

　　地下工程作为一门实践性很强的学科，生产实习的重要性不言而喻。编者
根据丰富的实习教学经验编写了本手册，旨在规范地下工程生产实习的教学，
为学生提供实习指南。本手册图文并茂，内容详实，介绍了地下工程中常用施
工工法和技术要点。

　　本手册可作为高校土木工程、地下工程等专业的教材，也可供地下工程设
计、施工、监理等工程技术人员参考使用。

　　为更好地使用本书，有需要课件的读者可以发送邮件至 jiangongkejian@
163.com 索取。

＊　　＊　　＊

责任编辑：仕　帅　吉万旺
责任校对：王　瑞

高等学校土木工程专业"十三五"规划教材
高校土木工程专业规划教材
地下工程本科生现场实习指导手册
白　云　金德涛　主　编
张　骁　张智博　副主编
＊
中国建筑工业出版社出版、发行（北京海淀三里河路 9 号）
各地新华书店、建筑书店经销
霸州市顺浩图文科技发展有限公司制版
北京圣夫亚美印刷有限公司印刷
＊
开本：787×1092 毫米　1/16　印张：16¾　字数：417 千字
2019 年 12 月第一版　　2019 年 12 月第一次印刷
定价：**42.00** 元（赠课件）
ISBN 978-7-112-24407-2
（34899）

前　　言

　　地下与岩土工程是一门实践性很强的学科，生产实习的重要性不言而喻。根据以往的实习教学经验，本科生现场实习往往存在各种问题和不足，从而导致实习达不到预期的效果。具体表现在：

　　（1）对实习重视程度不够，放松要求，敷衍了事；

　　（2）实习目的性不明确，准备不足，实习时走马看花，没有用心探索和分析工程现象；

　　（3）实习期间的各方责任和保障不明确，相应制度不完善，不能全面有效地保证学生的安全；

　　（4）缺乏工程施工的相关知识，理论与实践结合的效果不佳。

　　鉴于以往的生产实习存在上述的不足，编者编写了本书，旨在规范地下与岩土工程生产实习的教学，为学生提供实习指南，从而达到以下目的：

　　（1）提高学校、企业和学生对生产实习的重视程度，使之达到理想的效果；

　　（2）对地下与岩土工程各施工方法作详细介绍，巩固学生的专业基础，提醒学生在实习现场的看点，做好实习准备工作；

　　（3）明确实习过程中各方的职责，保障学生人身安全，确保实习的有效落实。

　　本书图文并茂，内容详实，介绍了地下与岩土工程中常用工法和注意事项，不仅可以作为学生实习的指导书，也可以作为相关专业本科生的专业学习参考书。

　　此外，非常感谢各章参考文献中提及作品的作者，你们的成果给我们的编写工作带来了很大的方便。

编者

2019 年 9 月

目　　录

第1章

绪　论

1.1 实 习 宗 旨

1.1.1 实习性质

生产实习是地下与岩土工程专业教学计划中的重要组成部分。它为实现专业培养目标起着重要作用，也是毕业后参加实际工作的一次预演。

生产实习学生是以技术人员助手的身份参加现场施工和管理工作，在实习中应深入实际，认真实习，获取直接知识，巩固所学理论，完成实习指导人（现场工程师或技术人员）所布置的各项工作任务，培养和锻炼独立分析问题和解决问题的能力。

1.1.2 实习的重要性

大学生的生产实习如同战士的实弹演习：

（1）能亲身体会理论和实际、书本和现实的距离；

（2）是尝试运用所学知识解决实际问题的好时机；

（3）是观察和学习管理人员运用管理技能的好场景；

（4）是观察和学习工程师运用理论知识、专业技能的好机会。

1.1.3 实习基本要求

（1）学生应明确实习目的，端正实习态度。

（2）学生在实习过程中，必须听从实习指导人员的指导，服从工作安排。

（3）严格遵守建筑工地一切规章制度和规定，严防发生安全事故。

（4）实习期间，学生应加强组织纪律性，不得迟到、早退或无故缺勤，有特殊原因者，需提前送交请假条，经指导人员同意后方可请假。

（5）在实习过程中，应虚心向有丰富经验的工程师、技术员和工人师傅学习，处理好各方面的关系。

（6）学生在实习中应尽量多看工地各种文件，尽可能旁听工地上的各类会议。认真写好实习日记，及时整理所收集的项目资料。

（7）定期相互交流提问和解答。

（8）尽量多做事情，做得越多学得越多。

1.1.4 实习目的

生产实习是土木工程专业教学计划中必不可少的综合性实践教学环节，它是理论与实践、学与用的统一[1-2]。本教学环节的任务是在生产实习过程中，学生以施工员、技术员、工程师、项目经理、监理人员的助手身份深入到施工现场，以一个工程项目为实习场所，结合一些工程参观和专业性专题讲座，在实习指导老师和实习指导人的指导下，按照实习指导书的要求，参加工程施工现场管理或监理工作，在实际中得到综合训练。

（1）理论联系实际，验证、巩固、深化已学的有关理论和专业知识，并为毕业设计积累感性知识；

（2）使学生获得地下工程施工技术和施工组织与管理的实际知识；

（3）培养学生运用已学理论和专业知识去分析、处理实际工程中若干生产技术问题的初步能力，培养学生独立学习、独立工作的能力；

（4）开阔学生的工程技术眼界，了解我国目前在地下及岩土工程行业的施工技术和组织管理的现状和发展状况，加深对本专业的了解与兴趣；

（5）通过亲身参加工程实践和一定的专业劳动，学习某些重要的生产操作技能，学习工程技术人员对待工作严谨、认真、负责的态度。进一步体会实现项目建设目标必须艰苦奋斗的精神实质[1-3]。

1.2 实习安排

1.2.1 实习动员

由校方有关领导或指导教师做实习动员报告，讲明实习的重要性，提出实习任务和计划，宣布实习组织机构、分组名单、实习纪律、安全要求，提出实习特别是现场安全注意事项等，以保证实习顺利进行。

1.2.2 实习组织

在实习前，实践教学领导小组负责对实习学生进行实习动员。生产实习的组织形式主要有集中实习和分散实习两种。

（1）集中实习：由实践教学领导小组组织实习队，委派带队教师带领实习生在事先联系好的单位实习，学生要服从分配，及时到所派遣工地进行实习，到工地后应尽快地了解所在实习单位的组织结构、管理体系及工程情况，主动联系实习指导人，服从指导人的安排，为圆满地完成实习任务而努力工作。

（2）分散实习：由实习学生自己联系实习单位。实习生在联系好实习单位后及时将联系实习回执寄给系办公室，经审核同意后方可进行实习；学生进入实习工地后，在现场实习指导人（工地上具有一定职称技术管理人员）的指导下，根据实习大纲要求和实习项目的特点制定实习计划；在实习期间，实习生应与指导人经常保持联系，并按照计划完成生产实习的各部分实习内容，记录实习日记，自觉遵守实习纪律和有关规章制度，接受日常实习考评，在分散实习生较集中的城市，校方委派指导教师进行期间现场检查和指导。实习结束后，实习生应认真整理和完成有关实习成果，并接受实习答辩。

学生在实习期间要认真写好实习日记，根据实习内容，用文字、图表等简明地进行记述；对工程资料阅读、工程参观、工作例会、专题报告、现场教学、施工操作要领、技术调查及实习中的收获与体会等亦应及时写入实习日记中，为编写实习报告积累素材。

1.2.3 实习时间

地下与岩土工程专业的生产实习一般安排在工程测量、工程材料、钢筋混凝土结构、建筑工程施工等相关课程结束后，可以在暑假期间进行。

1.3 实习内容

1.3.1 实习要求

实习生应了解、参加并不限于以下内容和活动：

（1）施工前的准备工作和开工后的工程进展情况；

（2）建筑物、构筑物的定位、放线及有关测量工作；

（3）图纸学习及会审，翻样工作；

(4) 编制单位工程施工组织;

(5) 施工概算、施工图预算及工程决算的编制;

(6) 施工技术、施工设备的应用和实施;

(7) 工程质量的检验,评定与验收、施工安全的检查和处理;

(8) 调查和处理施工中的技术问题;

(9) 施工技术的总结;

(10) 项目现场施工例会;

(11) 新技术、新工艺、新材料的推广与研究;

(12) 施工项目经理部的组织机构构成、工作班组的编制和现场的施工管理制度。

(13) 施工现场的安全、质量和环境保护目标。

1.3.2 实习看点

地下与岩土工程涉及广泛,实习工地可以是建筑物基坑、公路隧道、轨道交通和桥梁等,具体到每个建设项目的施工方法,又有盾构法、钻爆法、顶管法、明挖法、沉管法、沉井法、沉箱法等,各工法的特点将在后续章节分别详细介绍。

地下与岩土工程作为土木工程的分支,同样涵盖了土木领域的基本工程类型,如混凝土工程、钢筋工程、基础和基坑工程等。实习过程中,对这些基本工程也要加以了解和关注。

1.4 实习成果

1.4.1 实习日记

学生在实习期间应逐日记录当天所完成的实习内容,为编写专题报告积累原始资料,它也将作为实习成绩考核的内容之一。

实习日记的内容至少应包括:

(1) 记录每天的工作内容和完成情况。

(2) 工作中的心得及发现的问题,可能提出的合理化建议。

(3) 资料的积累。

(4) 工程参观、专题技术报告的主要内容。

(5) 常用的技术数据、统计数据和经验数据。

(6) 现场气象条件、周边河流情况、邻近环境信息等。

1.4.2 实习报告

为综合实习期间的收获,在实习结束时应编写实习报告,可写成归纳总结和专题总结的形式。专题总结的取材不限,但不宜面面俱到,以保证对某项施工技术或施工管理阐述有一定的深度和较高的质量。要注意图文并茂,层次分明,语言流畅,书写工整。为帮助大家写好专题报告,本指导书编有参考提纲。实习报告是评定学生实习的重要依据,在实习结束时,连同实习日记一起交给指导教师或校方。

1.4.3 实习资料、论文

学生在施工现场参与完成的有关施工技术、施工组织管理、施工预算方面的方案、图纸和计算书等,作为实习资料,可以反映实习期间具体的工作内容。学生在实习中所了解到的工程新技术、新材料、新工艺等，经总结并参阅有关资料，写出相关论文，反映了学生综合实践能力和学术水平。以上文献均可附在实习报告上，作为成绩考核的重要参考指标。

1.5 实习成绩考核

1.5.1 考核方式

实习结束后，实习指导教师根据实习日记、实习报告、指导人鉴定以及实习答辩和教师通过实习检查所了解的情况，对学生作出综合评定。

实习结束后，应安排一次交流活动。并请实习指导人员就学生在实习期间的出勤情况、动手能力、劳动态度以及理论联系实际等诸方面对每一位学生作出书面综合评价。

实习结束后，可分组进行实践交流答辩。由指导教师根据学生实习期间的工作表现、钻研精神、独立工作能力、遵守纪律情况以及实习报告、论文成果及答辩情况等，进行综合考核，并给予书面评语和生产实习成绩；对不交实习报告、不交实习记录本或实习记录本空白者、严重违反纪律者，实习成绩一律定为不及格。实习生应认真做好实习答辩的PPT文件，每位实习生的答辩时间应为15～20分钟。

1.5.2 建议评分标准

评分标准见表1-1。

评分标准　　　　　　　　　　　　　　　　　　　　　　表 1-1

评定项目	实习日记	实习报告	实习答辩	指导老师鉴定	企业实习指导人员鉴定
比例	10%	20%	10%	20%	40%

1.6 实习管理办法

实习工作在校方领导下，组织有关专业教研室的教师组成实践教学领导小组，进行实习准备与实习指导工作。实习期间，学生作为施工员、技术员、工程师、项目经理等的助手参加现场工作和相关活动。学生以施工现场为实习地点，实习单位委派项目技术或管理人员作企业实习现场指导人，在企业实习指导人的具体指导下完成一定的生产任务。为实现实习工作的安全有效，需明确实习中各方的职责。

1.6.1 学校的职责

（1）结合专业培养教学计划，指定实习教学大纲和实习指导书、实习考核标准等教学文件；

（2）根据联系工程项目的结果对学生进行适当的调配安排；

（3）负责对学生选择的实习工地提出要求和指导；

（4）负责与学生签订实习安全等相关责任书；

（5）根据实际情况，安排落实指导老师对学生进行实时指导和帮助；

（6）联系实习企业，明确企业实习指导人；

（7）宜联系保险公司给学生购买实习期间的保险。

1.6.2 实习指导老师的职责

（1）校方安排承担实习教学的教师，应在实习前，将实习教学大纲和基本要求发给学生；

（2）指导教师应有计划地前往学生较集中的地区进行检查指导、协调有关事宜，保证实习教学质量；

（3）指导教师应自始至终做好实习的宏观指导和检查考核等工作。

1.6.3 企业实习指导人的职责

（1）负责学生在工地实习期间表现考核工作；

（2）全面负责学生的工作安排和业务指导，并提供有关资料，适当安排学生参观有关工程内容；

（3）实习开始应根据工程情况及内容，指导学生拟定实习计划，实习期间定期检查对实习计划的执行情况和实习日记及实习报告的编写；

（4）对学生进行安全教育；

（5）实习结束时，根据学生在实习期间的表现、完成任务情况等给学生写出实习评语和鉴定，由学生带回交给实习指导教师；

（6）学生若在实习期间不服从企业指导人的工作安排，或工作中不负责任，私自离开实习地点，严重违反现场安全规定，可终止学生实习，并及时与实习指导教师联系。

1.6.4 学生的职责

（1）在实习过程中，学生应严格按实习大纲、实习进度计划的要求和学校有关实习教学的管理规定，严肃、认真地完成实习任务，要逐日记录实习内容和心得体会，并结合自己的体会按要求写好实习报告。

（2）实习期间应严格遵守实习所在单位的上下班制度、安全制度、工程操作规程、保密制度及其他各项规章制度。

（3）实习期间应尊重工程管理技术人员和工人的指导，虚心向他们学习，维护学校声誉；

（4）应提交的资料包括：生产实习日记，生产实习报告，学生综合表现书面鉴定等；

（5）实习期间需签署的相关文件。

1.7 实习注意事项

1.7.1 安全教育

安全教育是一项十分重要的实习准备工作，安全问题是实习全过程中要注意的首要问题，学校和施工单位必须本着对实习学生高度负责的精神认真做好安全教育，提高他们的安全素质和自我防护能力，使实习学生在工地上做到"三不伤害"（即实习中不伤害别人、不伤害自己、同时自己不被别人伤害），这对于确保学生的人身安全和实现的正常进行至关重要。学生到达施工实习单位后，必须接受三级教育，才能允许进入工作岗位。三级教育的三个级别分别是：

1.7.1.1 学校级教育

实习学生进入施工实习单位前，由学校相关部门组织，按课堂教育形式，对实习学生进行安全教育，其重点内容是：

（1）安全的重要性及一般注意事项；

（2）容易发生的安全事故及典型安全事故案例。

1.7.1.2　实习单位级安全教育

一般由工程项目管理部安排进行，其重点内容包括：

（1）施工生产工艺、机电设施的性能、防范知识与注意事项；

（2）本项目部安全生产管理组织及人员分工情况；

（3）劳动保护法规、安全守则。

通过项目经理部（工程队）安全教育，使实习学生对作业环境、施工条件等有进一步地了解。

1.7.1.3　班组长及兼职安全员对实现学生进行上岗安全教育。

其主要内容包括：

（1）施工作业的特点、生产任务及作业环境与内容；

（2）本队的危险作业单位、作业岗位以及各岗位的注意事项；

（3）班组人员分工情况、相互联系以及各自应负的岗位责任；

（4）生产中常用的机具、电器设备的性能、安全防护装置的作用和维护使用常识；

（5）常见事故预防及发生事故后应采取的紧急措施、事故报告程序等；

（6）岗位操作规程、各项规章制度以及职工守则、小组公约、劳动纪律；

（7）作业环境卫生与文明生产；

（8）个人防护用品的保管和使用。

岗位教育一般可采用座谈会或个别谈话的形式，以及结合现场实物进行。实习学生应对自己即将进入的岗位和从事的作业，在安全上有一个基本的感性认识，为进入生产岗位接受实际操作打下基础。

1.7.2　生产实习纪律

（1）严格遵守国家法令。遵守学校及实习所在单位的各项规章制度和纪律。

（2）实习生要服从现场实习指导人和教师的指导，虚心学习，积极工作，有意见时通过组织向实习队或系上提出。

（3）学生在实习期间一般不得请假，特殊原因需要请假一日以内者由企业实习指导人批准，1～3天由实习单位负责人或指导教师批准，3天以上者报系主任批准。

（4）学生必须按规定时间到达实习地点，实习结束后立即返校，不得擅自去它处游玩，不准以探亲或办事为由延误实习时间，违犯者以旷课论，严重者取消实习资格。

（5）实习生逐日写实习日记，指导教师不定期检查2～3次。

（6）进入施工工地必须戴安全帽，随时注意安全防止发生安全事故。

（7）遵守实习单位的作息时间制度，关心集体，搞好环境卫生。

（8）实习结束时按规定时间交出实习报告，供指导教师确定实习成绩之用。

（9）实习小组成员宜定期开会，交流经验，并通过指导老师向学校反映意见和要求。

1.8　实习生基本工作内容

建筑施工企业基层技术岗位主要有：施工员、质量员、安全员、标准员、材料员、机械员、劳务员、资料员等。建议实习生从施工员做起，积极了解和参与其他岗位的相关工作。施工员是指从事施工组织策划、施工技术与管理，以及施工进度、成本、质量和安全控制等工作的专业人员。

1.8.1 岗位职责

（1）协助项目经理做好工程开工的准备工作，初步审定图纸、施工方案，提出技术措施和现场施工方案。

（2）编制工程总进度计划表和月进度计划表及各施工班组的月进度计划表。

（3）认真审核工程所需材料，并对进场材料的质量要严格把关。

（4）对施工现场监督管理，遇到重大质量、安全问题时及时会同有关部门进行解决。

（5）向专业所管辖的班组下达施工任务书、材料限额领料单和施工技术交底。

（6）督促施工材料、设备按时进场，并处于合格状态，确保工程顺利进行。

（7）参与工程中施工测量放线工作。

（8）协助技术负责人进行图纸会审及技术交底。

（9）参加工程协调会与监理例会，提出和了解项目施工过程中出现的问题，并根据问题思考、制定解决办法并实施改进。

（10）参加工程竣工交验，负责工程完好保护。

（11）负责协调工程项目各分项工程之间和施工队伍之间的工作。

（12）参与现场经济技术签证、成本控制及成本核算。

（13）负责编写施工日志、施工记录等相关施工资料。

1.8.2 现场管理依据

（1）《招投标文件》。

（2）《施工承包合同》《委托监理合同》。

（3）《施工组织设计》。

（4）施工图纸等设计文件。

（5）国家、地方现行法律、法规及行政性文件。

（6）国家、地方现行施工验收标准、规范及规程等。

1.8.3 施工 HSE 管理

HSE 管理是指在职业健康（Health）、安全（Safety）和环境（Environment）方面进行全面的指导与控制，保证施工高效、高质量的进行。施工项目的 HSE 管理受到各国法律的约束，其管理体系是在 ISO 9001 标准、ISO 14001 标准《职业健康安全管理体系》、GB/T 28000 族标准等标准的基础上，根据共性兼容、个性互补的原则整合形成的管理体系。

1）职业健康管理

职业健康管理关注的是施工部门内部员工的人身健康与人身权利，在我国常被称为"劳动卫生管理"。健康管理主要针对施工人员工作环境中的有害因素、危险因素，通过控制人员、设备、环境等产生的一切负面的活动，最大限度地保障施工人员的人身健康，提供较好的工作环境。

2）安全管理

建筑业由其劳动密集等特点决定了其是高风险的行业，近年来各类施工事故屡见不鲜。因此，保证现场施工安全顺利地进行成为重中之重。在隧道施工过程中，必须严格遵循规范规定的标准与程序，同时考虑已有经验选择更安全的技术与工法。注重实时监测，对于异常数据要引起重视，做好预防措施，将所有隐患扼杀于摇篮中。

3）环境管理

环境保护已成为施工中需要考虑的重要因素。对于所有施工项目，国家都明确规定了环境保护费的费率。特别是隧道工程施工项目，必须在项目设计初期就考虑到环境因素。一方面，要尽可能减少施工过程对于环境的污染，例如碳排放、材料运输、废物回收；另一方面，要充分落实绿色建筑的理念，最大限度地节约资源，建成环境友好型的建筑物。

1.8.4　施工质量管理

（1）应按照既定质量目标，按照国家法律、法规、国家现行规范、强制性条文、设计文件、招投标文件要求认真组织施工。

（2）应制定切实可行的质量保证体系和质量控制措施，并报监理、工程部确认后执行。

（3）必须加强员工的质量教育，牢固树立创优意识；并定期组织技术及质量人员、工人进行规范、标准、操作的培训学习，监理单位督促执行。

（4）必须保证所制定的质量保证体系运转正常，所制定的保证措施能够具有可操作性。

（5）任何分项工程施工之前，必须对作业人员作书面的技术及质量标准的交底，报与监理单位检查备案。

（6）要认真做好质量检查验收工作，做好分部分项工程的质量评定工作，真正做到现场实测实量，避免因自检不合格就报验收的现象。

（7）上道工序未经监理验收签字认可，不得进行下道工序施工。对于隐蔽部位（包括混凝土局部缺陷处理）的分项、分部工程，报与监理的同时，必须报业主项目部工程人员参加验收。

（8）在需要监理旁站的关键部位、关键工序、关键工艺，监理单位应书面提交监理旁站记录，并于旁站前通知施工单位。

（9）严格按照施工方案、施工规范检查进场混凝土的现场坍落度，不得随意改变混凝土的配合比，如私自加水或用其他方式处理。混凝土浇筑前，必须报监理单位和工程部签认混凝土浇筑令后方可进行混凝土的浇筑。

（10）所有试验必须与施工同步，按国家现行规范要求进行见证取样工作，不得缺项漏做，弄虚作假。

（11）必须做好安装专业和土建专业的配合，做好预埋、预留工作。

施工质量管理流程见图1-1。

1.8.5　施工进度管理

（1）应按照工期目标要求，制定相应完成工期目标措施。合理组织使用人、机、物料，合理组织施工，避免造成人力物力浪费。

（2）在质量、安全、文明方面应加强管理，避免由此造成整改或返工，而影响工程进度。

（3）应认真做好冬期、雨期、农忙季节、节假日期间等的施工措施，制定相应的确保工期措施。

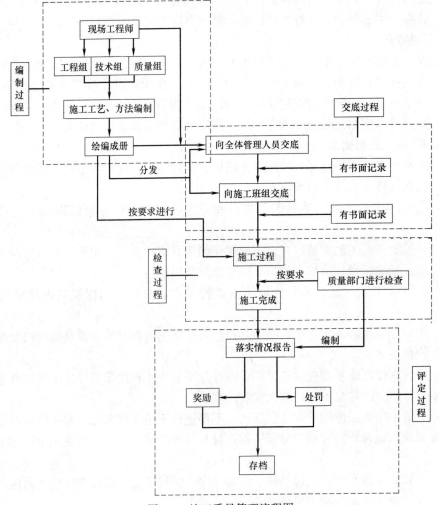

图 1-1 施工质量管理流程图

1.8.6 施工成本管理

施工成本即施工企业用于施工和管理的一切费用总和，综合反映了工程劳动与物资消耗的情况。施工成本是决定价格的基础，因此施工企业通过合理的施工成本控制将大大提高其综合竞争力。

施工成本管理需要遵循以下原则：

（1）全面成本控制原则；

（2）开源与节流相结合原则；

（3）目标管理原则；

（4）成本节约原则；

（5）责、权、利相结合原则。

在隧道施工中，企业需要通过提升自身技术水平和管理水平以降低成本。在成本管理方面，合理制定施工预算，控制人工费、材料费、机械使用费，完善财务管理制度等都是有效的措施。

1.9 思 考 题

1-1 生产实习的重要性、基本要求和目的是什么？

1-2 实习生在生产实习中的要求和职责是什么？

1-3 实习生在生产实习中应该遵守的纪律有哪些？

1-4 HSE 管理的定义是什么？它包括哪些方面的内容？

1-5 施工成本管理应遵循的原则是什么？

参 考 文 献

［1-1］ 同济大学. 同济大学土木工程专业生产实习大纲. 同济大学土木工程学院，2014.

［1-2］ 安徽工业大学. 安工大土木工程施工生产实习指导书. 安徽工业大学建筑工程学院，2013.

［1-3］ 河海大学. 河海大学土木工程生产实习文件. 河海大学土木工程学院，2012.

第 2 章

钻 爆 法

2.1　概　述

钻爆法是隧道工程中通过钻眼、爆破、出渣而形成结构空间的一种开挖方法，是目前修建山岭隧道最通行的方法之一。这一方法从早期由人工手把钎、锤击凿孔，用火雷管逐个引爆单个药包，发展到用凿岩台车或多臂钻车钻孔，应用毫秒爆破、预裂爆破及光面爆破等爆破技术。钻爆法具有适用于各种地质条件和地下水条件的优点，是目前最成熟的隧道开挖技术之一[2-1]。

钻爆法具有如下特点：

（1）适用于各种地质条件和地下水条件。

（2）具有适合各种断面形式（单线、双线及多线、车站等）和变化断面（过渡段、多断面等）的高度灵活性。

（3）通过分部开挖和辅助工法，可以有效地控制地表下沉和坍塌。

（4）与盾构法比较，在较短的开挖地段使用，也很经济。

（5）与掘进机法比较，对围岩匀质性质无要求。

（6）与明挖法比较，可以极大地减少对地面交通和商业活动的影响，避免大量的拆迁。

从综合效益观点看，是较经济的一种方法。

实习的内容主要是了解钻爆法施工工艺，学习钻爆法施工组织管理方法，弄清钻爆法各施工环节的特点和其中的关键技术。要结合理论知识，主动发现问题，并尝试寻找答案。尤其要对可能发生的事故或故障充分重视，学习现场技术人员的解决方法。

2.2　钻爆法主要内容

2.2.1　隧道开挖

1. 开挖方法

钻爆法按开挖分部情况分为全断面法、台阶法、环形开挖预留核心土法、中隔墙法、侧壁导坑法等[2-2]。

1）全断面开挖法

全断面开挖法（图 2-1）就是按照设计轮廓一次爆破成形，然后修建衬砌的施工方法。适用于铁路客运专线隧道的Ⅰ～Ⅱ级围岩地段；Ⅲ级围岩单线隧道和Ⅲ级围岩双线隧道采取了有效的预加固措施后亦可采用全断面开挖施工工艺。

2）台阶开挖法

台阶开挖法（图 2-2）是先开挖上半断面，待开挖至一定长度后同时开挖下半断面，上、下半断面同时并进的施工方法。根据台阶长度不同，划分为长台阶法、短台阶法和微台阶法三种。台阶长度必须根据隧道断面跨度、围岩地质条件、初期支护形成闭合断面的时间要求、上部施工所需空间大小等因素来确定。适用于铁路单线、双线隧道Ⅲ～Ⅳ级围岩地段；Ⅴ级围岩隧道在采用了有效的预加固措施后亦可采用台阶法施工。

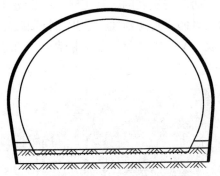

图 2-1　全断面法施工

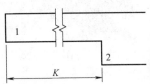

长台阶法：　$K > 5L$

短台阶法：　$K > (1\sim1.5)L$

微台阶法：　$K = 3\sim5\text{m}$

图 2-2　台阶法施工

3）环形开挖预留核心土法

环形开挖预留核心土法（图 2-3）是在上部断面以弧形导坑领先，其次开挖下半部两侧，再开挖中部核心土的施工方法。适用于Ⅵ级围岩单线和Ⅴ～Ⅵ级围岩双线隧道。

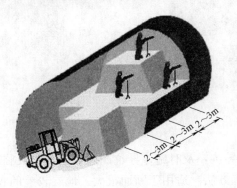

图 2-3　环形开挖预留核心土法

4）中隔壁法（CD 法）

中隔壁法（图 2-4）是以台阶法为基础，将隧道断面从中间分成左右部分，每一部分开挖并支护后形成独立的闭合单元的施工方法。适用于双线隧道Ⅳ级围岩深埋硬质岩地段以及老黄土隧道（Ⅳ级围岩）地段。

5）交叉中隔壁法（CRD 法）

交叉中隔壁法（图 2-5）是在 CD 法的基础上对各分部加设临时仰拱，将原 CD 工法先开挖中壁一侧改为两侧交叉开挖、步步封闭成环而改进发展的一种工法。CRD法与CD法唯一的区别是在施工过程中每一步，都要求用临时仰拱封闭断面。适用于特别破碎的岩石、碎石土、卵石土、圆砾土、角砾土及黄土组成的Ⅴ级围岩和软塑状黏性土、潮湿的粉细砂组成的Ⅵ级围岩。

图2-4　中隔壁法

图2-5　交叉中隔壁法

6）单侧壁导坑法

单侧壁导坑法（图2-6）是指在隧道断面一侧先开挖一导坑，并始终超前一定距离，再开挖隧道断面剩余部分，变大跨断面为小跨断面的隧道开挖方法。适用于地层较差、断面较大，采用台阶法开挖有困难的，可采用人工配合机械开挖的Ⅳ、Ⅴ级围岩地层。

图2-6　单侧壁导坑法

图2-7　双侧壁导坑法

7）双侧壁导坑法（眼镜工法）

双侧壁导坑法（图2-7）是先开挖隧道两侧导坑，及时施作导坑四周初期支护及临时支护，然后再开挖中部剩余土体的隧道开挖施工方法。适用于断面很大、地层较差的Ⅳ、Ⅴ级围岩地层，不稳定岩体和浅埋段、偏压段、洞口段。

2.钻爆施工

钻爆施工以钻孔、爆破为主，配以装运机械出渣，是建设隧道的主要工序，直接影响围岩的稳定及后续工序的正常进行，是隧道建设的重要组成部分。

隧道爆破一般采用小孔径的钻眼爆破，炮眼可分为掏槽眼、辅助眼和周边眼。掏槽眼是在开挖面适当位置（一般在中央偏下部）布置的几个装药量较多的炮眼，作用是现在开挖面上炸出一个槽腔，为后续炮眼的爆破创造新的临空面。沿隧道周边布置的是周边眼，作用是炸出较平整的隧道断面轮廓。位于掏槽眼合周边眼之间的是辅助眼，作用是扩大掏槽眼炸出的槽腔，为周边眼的爆破创造新的临空面。

隧道的控制爆破可分为预裂爆破和光面爆破。预裂爆破是指沿开挖边界布置密集炮孔，采取不耦合装药或装填低威力炸药，在主爆区之前起爆，从而在爆区和保留岩体之间形成预裂缝，以减弱主爆区爆破时对保留岩体的破坏并形成平整轮廓面的爆破作业。光面爆破是指沿开挖边界布置密集炮孔，采取不耦合装药或装填低威力炸药，在主爆区之后起爆，以形成平整轮廓面的爆破作业。光面爆破和预裂爆破的主要区别在于起爆顺序和装药量。

钻爆施工的主要工序为：

1）钻眼

目前，在隧道开挖爆破过程中，广泛采用的钻孔设备为凿岩机（图2-8）和凿岩台车（图2-9）。凿岩机按使用动力可分为风动式、内燃式、电动式和液压式；按工作原理可分为冲击转动式、旋转式和旋转冲击式。凿岩台车可分为单臂式和多臂式。

为保证达到良好的爆破效果，施钻前，应由专门人员根据设计布置图现场布设，必须标出掏槽眼和周边眼的位置，严格按照炮眼的设计位置、深度、角度和眼径进行钻眼，如出现偏差，由现场施工技术人员确定其取舍，必要时应废弃重钻。

图 2-8　气腿式凿岩机

图 2-9　全液压凿岩台车

2）装药

在炸药装入炮眼前，应将炮眼内的残砟积水排除干净，并仔细检查炮眼的位置、深度、角度是否满足设计要求，装药时应严格按照设计的炸药量进行装填。隧道爆破中常采用的装药结构有连续装药（炸药在炮孔内连续装填，不留间隔）、间隔装药（炸药在炮孔内分段装填，装药之间由炮泥、木垫或空气柱隔开）及不耦合装药（炸药直径小于炮孔直径，药炸与炮孔壁之间留有间隙）等。连续装药结构按照雷管所在位置不同又可分为正向起爆（起爆药包位于柱状装药的外端，靠近炮眼口，雷管底部朝向炮眼底）、反向起爆（起爆药包位于柱状装药的里端，靠近炮眼底，雷管底部朝向炮眼口）和双向起爆三种起爆形式。

3）堵塞

隧道内所用的炮眼堵塞材料，一般为砂子和黏土混合物，其比例大致为砂子40%～

50%，黏土 50%～60%。堵塞长度视炮眼直径而定，和最小抵抗线有关，通常不能小于最小抵抗线。堵塞方法可采用分层捣实法进行。

4）起爆

起爆应发布清场→起爆→解除三次信号。起爆网络是隧道爆破成败的关键，它直接影响爆破效果和爆破质量，起爆网络必须保证每个药卷按设计的起爆顺序和起爆时间起爆。目前在无瓦斯与煤尘爆炸危险的铁路隧道中进行爆破开挖多采用导爆管起爆系统起爆。起爆效果图如图 2-10 和图 2-11 所示。

图 2-10　起爆前效果图

图 2-11　起爆后效果图

5）出砟

出砟作业按其采用的装砟运输机具和设备的不同可分为三类：有轨装砟-有轨运输；无轨装砟-无轨运输；无轨装砟-有轨运输。

装岩机按工作机构可分为耙斗式、铲斗式、蟹爪式、立爪式和抓斗式等；按行走方式可分为有轨（图 2-13）和无轨（图 2-12），无轨又分为履带式和胶轮式；按驱动动力可分为电动、风动、液压、内燃四种。

无轨运输中采用自卸翻斗汽车卸砟；有轨运输中洞外轨道布置卸砟作业。一般采用挖掘机、装岩机配合装砟，采用自卸汽车运砟。

出砟作业是隧道掘进循环中占用时间较多，与其他作业干扰较大的一项作业。要根据砟量选择合适的装岩机，还要尽量缩短装砟作业线长度，并合理调车，减少辅助作业时间，保证作业安全，以实现快装、快运、快卸。

图 2-12　无轨装岩机

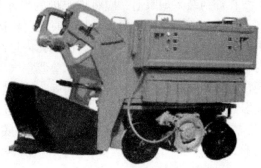

图 2-13　有轨装岩机

2.2.2 超前地质预报与超前支护

1. 超前地质预报

超前地质预报是指在隧道开挖时，对掌子面前方的围岩与地层情况做出预报。

1）预报目的

（1）进一步查清隧道开挖面前方的工程地质和水文地质条件，当工程地质或水文地质条件和设计描述不一致时，及时会同各方对施工方案进行讨论，优化施工方案，指导工程顺利进行。

（2）降低地质灾害发生的机率和危害的程度。

（3）为优化设计提供依据。

（4）为编制竣工文件提供地质资料。

2）预报内容

（1）地质岩性预测预报：特别是对软弱夹层、破碎地层、煤层及特殊岩土的预测预报。

（2）地质构造预测预报：特别是对断层、节理密集带、褶皱轴等影响岩体完整性的构造发育情况的预测预报。

（3）不良地质预测预报：特别是溶洞、暗河、人为坑洞、放射性及有害气体、高地应力等发育情况的预测预报。

（4）地下水预测预报：特别是对岩溶管道水、富水断层、富水褶皱及富水地层的预测预报。

3）预报方法

目前在隧道施工期间采用的超前地质预报方法从专业技术方面可分为常规地质法和物探法两大类。常规地质法有：①超前导坑；②正洞地质素描；③水平超前探孔。物探法有：①声波测试；②红外探水；③弹性波法；④电磁波法。如图 2-14 和图 2-15 所示。

图 2-14 地质雷达现场探测　　　　　　　图 2-15 超前地质钻探施工

以岩溶地铁隧道工程为例，各物探方法使用效果及其特点比较如表 2-1 所示。

2. 超前支护

所谓超前支护，就是指隧道开挖之前，在掌子面前方的自然地层设置一个像拱壳的连续体，使其既加固掌子面前方的自然地层，同时利用初期支护保持自然地层的特性，从而保证掌子面及地层的稳定，减少地表沉降量。早期的隧道施工，预支护的形式主要为打插钢板、木板或型钢，即所谓的插板法。现代常用的超前支护方法有超前锚杆、超前小导管、水平旋喷注浆、机械预切槽法和超前管棚法等。

各物探方法使用效果及其特点比较 表2-1

预报方法	预报距离	预报效果	不足
隧道地质预报（TSP）	100～150m	对于与轴线垂直的断裂带，预报较准。但多溶洞的预报多有出入，整体效果不佳	不适合预报溶洞等点状异常体，对于平行隧道轴线的异常体预报不佳
地质雷达（GPR）	5～30m	对于断裂带特别是富水带、破碎带有较高的识别能力	无法识别小型溶洞
超前钻探	0～15m	直观，清晰，部分钻孔可与注浆孔结合	耗时较长，需要加密钻孔数量，长距离效果不佳
瑞雷波法	针对断面	针对断面预报设置，能较好揭示掌子面前方断面的破碎情况，预报结果直观	一般只针对某些断面进行预报，需要增加断面数量才可反映三维信息

1）超前锚杆

超前锚杆（图2-16）是指沿隧道开挖面外轮廓钻孔，插入钢筋杆体并用水泥砂浆使杆体与围岩固结成整体。隧道开挖后，杆体及周边固结的部分围岩支承上覆岩土体，防止围岩坍塌，减少洞室变形。适用于应力不太大，地下水较少的软弱围岩。

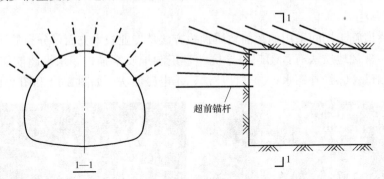

图2-16 超前锚杆示意图

2）超前小导管

超前小导管（图2-17）与超前锚杆所不同的是将钢筋杆体改为空心钢管，管壁预留注浆孔，管口止浆封面后，注入水泥浆。压力注浆渗透扩散管周较大的砂土体。管周注浆固结体形成一定厚度的隧道加固圈后，实现超前支护的目的。适用于一般软弱破碎围岩，也适用于地下水丰富的软弱破碎围岩。

3）水平旋喷注浆

水平旋喷注浆是指使用旋喷注浆机（图2-18、图2-19），沿着隧道掌子面周边的设计位置旋喷注浆形成旋喷柱体，通过固结体的相互咬合形成预支护拱棚。旋喷柱体沿隧道拱部形成环向咬合、纵向搭接的预支护拱棚，在松散不稳定地层隧道中，可有效控制坍塌和地层变形。适用于黏性土、砂类土、淤泥等地层。

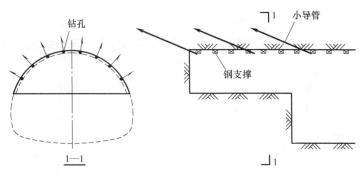

图 2-17　超前小导管示意图

图 2-18　意大利产重型水平旋喷钻机

图 2-19　三一重工产中型水平旋喷钻机

4）机械预切槽法

机械预切槽法是指利用专业的切槽机械（图 2-20），沿隧道外轮廓切割一定深度的切槽。切槽方式有带锯式和排钻式两种。在硬岩地层中，利用该切槽，作为爆破振动的隔振层，主要起隔振或减振的目的。在软石或砂质地层中，在切槽内填筑混凝土，形成预支护拱，提高隧道稳定性。

图 2-20　中铁建重工集团产切槽机

图 2-21　超前管棚施工

5）超前管棚

超前管棚是指利用钢拱架沿开挖轮廓线以较小的外插角、向开挖面前方打入钢管或钢插板构成的棚架来形成对开挖面前方围岩的预支护。适用于围岩压力大、对围岩变形及地表下沉有较严格要求的软弱破碎围岩隧道工程中。如图 2-21 和图 2-22 所示。

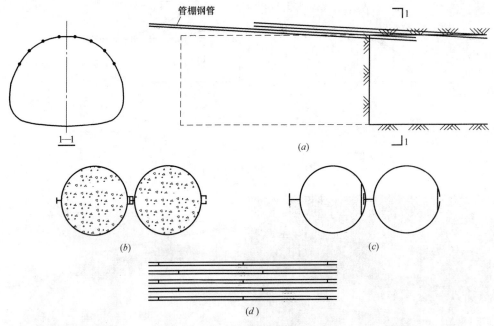

图 2-22 超前管棚示意图

（a）管棚的环向布置示例；（b）管棚钢管横向连接示例 1；（c）管棚钢管横向连接示例 2；（d）管棚钢管纵向错接示意

2.2.3 隧道支护

1. 初期支护

隧道初期支护一般为喷锚支护。喷锚支护指的是利用喷射混凝土和打入岩层中的金属锚杆的联合作用加固岩层。根据围岩的地质条件，可以采用多种支护形式：①喷锚支护；②单独采用锚杆或者单独采用喷射混凝土（一般为局部）；③喷锚支护加钢筋网；④喷锚支护加钢筋网及钢拱架。

初期支护施工的一般工序流程为：开挖后初喷混凝土→支护系统施工（锚杆、钢筋网、钢拱架等)→复喷混凝土至设计厚度[2-3]。

1）喷射混凝土

喷射混凝土是利用压缩空气，将按一定配比的混凝土拌和料通过管道输送并高速喷射到受喷面上凝结硬化，从而形成混凝土支护层。隧道喷射混凝土根据工艺流程一般分干喷、潮喷、湿喷和混合喷四种。主要区别是各工艺的投料程序不同，特别是加水和速凝剂的时机不同。

（1）干喷

干喷是将骨料、水泥和速凝剂按一定比例干拌均匀，然后装入喷射机（图 2-23），用压缩空气使干集料在软管内呈悬浮状态压送到喷枪，再在喷嘴处与高压水混合，以较高速度喷射到岩面上。干喷使用的机械结构较简单，机械清洗和故障处理容易。但其缺点是容易产生较大的粉尘，回弹量大，加水是由喷嘴处的阀门控制的，水灰比的控制比较难而且与操作手的熟练程度有关。

（2）潮喷

潮喷是将骨料预加少量水，使之呈潮湿状，再加水泥拌和，从而降低上料、拌和和喷射时的粉尘，但大量的水仍是在喷头处加入和喷出的，其喷射工艺流程和使用机械（图2-24）类似于干喷工艺。目前施工现场较多使用的是潮喷工艺。

（3）湿喷

湿喷是将骨料、水泥和水按设计比例拌和均匀，用湿式喷射机压送到喷头处，再在喷头上添加速凝剂后喷出（图2-25）。湿喷混凝土质量容易控制，喷射过程中的粉尘和回弹量很少，是应当发展应用的喷射工艺，但对喷射机械要求高，机械清洗和故障处理较麻烦。湿喷不适用于喷层较厚的软岩和渗水隧道。

图 2-23 pz 型干式混凝土喷射机

图 2-24 hpc-v 型潮式混凝土喷射机

（4）混合喷射

又称水泥裹砂造壳喷射法，它是将一部分砂加第一次水拌湿，再投入全部水泥强制搅拌造壳；然后加第二次水和减水剂拌和成 SCE 砂浆；将另一部分砂和石、速凝剂强制搅拌均匀。然后分别用砂浆泵和干式喷射机压送到混合管混合后喷出。混合喷射是分次投料搅拌工艺与喷射工艺的结合，其关键是水泥裹砂（或砂、石）造壳技术。混合喷射工艺使用的主要机械设备与干喷工艺基本相同，但混凝土的质量较干喷混凝土质量好，且粉尘和回弹率有大幅度降低。但使用机械数量较多，工艺较复杂，机械清洗和故障处理很麻烦。因此混合喷射工艺一般只用在喷射混凝土量大和大断面隧道工程中。

喷射混凝土的施工可采用人工喷射或机械手喷射，如图2-26～图2-28所示。

图 2-25 spb7 型湿式混凝土喷射机

图 2-26 rpj-d 型喷混凝土机械手

图 2-27 人工喷混凝土

图 2-28 机械手喷混凝土

2）锚杆

锚杆是用金属或其他高抗拉性能材料制作的一种杆状构件。锚杆安设在隧道的围岩中，使层状的、软质的岩体得到不同形态的加固，和围岩共同形成完整的支护结构，提供一定的支护抗力，共同抵抗围岩的位移和变形。锚杆分类如表 2-2 所示。

<table>
<tr><td colspan="3" align="center">锚杆分类表</td><td align="right">表 2-2</td></tr>
</table>

端头锚固式	机械内锚头锚杆（索）	胀壳式锚杆（索）
		楔缝式锚杆
		楔式锚杆
	粘结式内锚头锚杆（索）	水泥砂浆内锚头锚杆（索）
		树脂内锚头锚杆
全长粘结式		水泥浆全粘结式锚杆
		水泥砂浆全粘结式锚杆
		树脂全粘结式锚杆
摩擦式		缝管式锚杆
		楔管式锚杆
混合式		先张拉后灌浆预应力锚杆（索）
		先灌浆后张拉预应力锚杆（索）

锚杆布置分为局部布置和系统布置。局部布置主要用在裂隙围岩，隧道拱顶受拉破坏区为重点加固区域。拱腰以上部位锚杆方向应有利于锚杆的受拉；拱腰以下及边墙部位锚杆宜逆向不稳定岩块滑动方向。系统布置主要用在破碎和软弱围岩中，对围岩起到整个加固作用。在隧道横断面上，锚杆宜垂直隧道周边轮廓布置，对水平成层岩层，应尽可能与层面垂直布置，或使其与层面呈斜交布置。

锚杆的施工机械主要为锚杆钻机（图 2-29），某些凿岩台车也可用于锚杆施工。普通中空注浆锚杆见图 2-30。

3）钢筋网及钢架

钢筋网通常作环向和纵向布置。环向筋一般为受力筋，纵向筋一般为构造筋。钢筋网应根据被支护围岩面上的实际起伏形状，在初喷完成后进行铺设，与锚杆连接牢固。

钢架的整体刚度较大，可以提供较大的早期支护刚度。钢架可以采用型钢、工字钢、钢管或钢筋制成。钢筋网和钢架如图 2-31 和图 2-32 所示。

图 2-29 bhd 型锚杆钻机

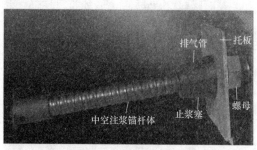

图 2-30 普通中空注浆锚杆

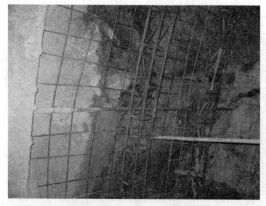

图 2-31 钢筋格栅钢架与钢筋网

图 2-32 工字钢钢架与钢筋网

2. 二次衬砌

二次衬砌是隧道工程施工在初期支护内侧施作的模筑混凝土或钢筋混凝土衬砌，与初期支护共同组成复合式衬砌。二次衬砌起到加固支护、优化路线防排水系统、美化外观、方便设置通信、照明、监测等设施的作用，以适应现代化高速道路隧道建设的要求。二次衬砌施工主要流程如下。

1）断面检查

根据隧道中线和水平测量，检查开挖断面是否符合设计要求，欠挖部分按规范要求进行修凿，并作好断面检查记录。墙脚地基应挖至设计标高，并在灌筑前清除虚砟，排除积水，找平支承面。

2）放线定位

根据隧道中线和标高及断面设计尺寸，测量确定衬砌立模位置，并放线定位。采用整体移动式模板台车时，实际是确定轨道的铺设位置。轨道铺设和台车就位后，都应进行位置、尺寸检查。放线定位时，为了保证衬砌不侵入建筑限界，须预留误差量和预留沉落量。

3）立模

根据放线位置，绑扎二衬钢筋（图 2-33），架设安装拱架模板或衬砌台车就位。衬砌台车是二次衬砌施工过程中使用的专用设备，用于对隧道内壁的混凝土衬砌立模。主要分为简易衬砌台车、全液压自动行走衬砌台车和网架式衬砌台车。其中全液压自动行走衬砌台车（图 2-34）应用最广泛，主要由行走系统、台车架、模板、液压系统构成。

图 2-33 二衬钢筋绑扎

图 2-34 整体式液压钢模台车

4）混凝土运送与浇筑

由于洞内空间狭小，混凝土多在洞外拌制好后，用运输工具运送到工作面再灌筑，常用运输工具为有轨混凝土运输车和无轨混凝土运输车。混凝土采用输送泵入模（图 2-35），利用插入式振捣器（图 2-36）为主，台车的自振系统为辅（附着式振捣器）进行混凝土的振捣。

图 2-35 泵送混凝土入模

图 2-36 二衬插入式振捣

5）压浆、仰拱和底板

压浆的目的是使衬砌与围岩密贴，限制围岩后期变形，改善衬砌受力工作状态。压浆浆液材料多采用单液水泥浆。

仰拱是为改善上部支护结构受力而设置在隧道底部的反向拱形结构。仰拱初衬完成后，应及时施作仰拱结构和仰拱顶填充，使支护尽早闭合成环，并为施工运输提供良好的条件。仰拱和底板可以纵向分条、横向分段灌筑。纵向通常可分为左右两部分，交替进行；横向分段长度应视边墙施工缝、伸缩缝、沉降缝及运输要求来确定。

2.3 实习重点

2.3.1 安全准备

钻爆法施工具有以下特点：①围岩条件复杂多变，不可预见因素多；②作业空间有限，地下水、通风、噪声、采光问题众多；③生产线多，专业多，综合性强；④隐蔽性、循环性大；⑤风险高，对作业管理人员的应变能力要求极高。因此，实习学生的安全工作至关重要，应充分做好安全准备工作。

1. 现场安全准备

施工现场应规范标准、整齐有序、没有安全隐患，为学生实习营造安全良好的环境。

1）隧道通风

隧道通风应满足以下基本要求：①充足的通风；②定期对空气进行检测并采取措施；③避免排到洞口的空气再流通；④延伸到施工面；⑤避免通风管扭曲；⑥对损坏部位立即进行修补。如图 2-37 所示。

2）隧道照明

隧道照明应满足以下基本要求：①保证所有施工地点和通道的照明；②在危险区域安装特种光源设备；③在危险场所使用闪光的警示光源；④所有的照明装置应防止雨水浸入；⑤定期对照明装置进行检查，维护和清洗；⑥安全照明系统（应急照明）。如图 2-38 所示。

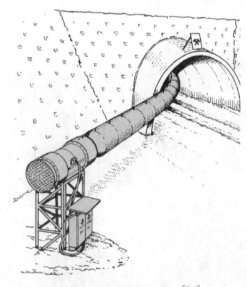 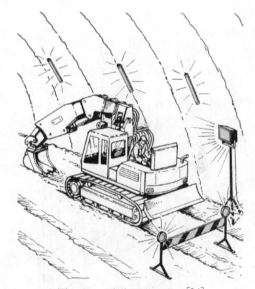

图 2-37　隧道通风示意图[2-4]　　　　　图 2-38　隧道照明示意图[2-4]

3）用电管理

隧道内用电应满足以下基本要求：①所有电力设备的安装、更换和维修应由具备资质的电工来进行；②贴上国家使用标准和要求；③使用的接地故障断路器不大于 30mA；④用固定支座来固定电缆和管道，防止由于碰撞、弯曲、磨耗、张拉过紧而带来的风险；⑤使用适当的固定和连接系统。如图 2-39 所示。

4）消防应急

消防应急系统应满足以下基本要求：①定期指挥紧急事件演习和救援程序；②经常参与消防队组织的紧急事件演习；③提供有效的应急通信设施；④安装急救及救援设施；⑤装配一定数量的灭火器及观察火灾等级；⑥提供足量的合乎尺寸的自救器材。如图 2-40 所示。

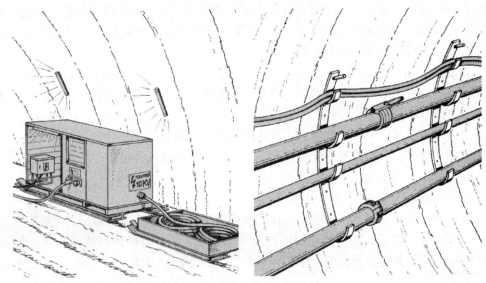

图 2-39 隧道电路示意图[2-4]

图 2-40 隧道消防应急系统示意图[2-4]

2. 个人安全准备

学生应认真学习所在项目的施工安全管理规定，接受各级安全教育培训。这里列举一些基本的安全常识。

在施工现场，应遵循以下基本要求：①规范穿戴安全帽、安全鞋（靴）、手套和防护衣；②观察学习现场的施工组织和施工工艺，适当参与监测和放样工作；③严禁玩手机等无关活动；④不要站在重物下方；⑤不要站在作业机械旁边；⑥不要进入危险区域；⑦必要时应佩带呼吸防护设备和耳膜防护设备。常见的危险行为如图 2-41 所示。

2.3.2 监控量测

监控量测是指通过多种量测手段对开挖后隧道围岩和支护进行动态监测，并以此指导

图 2-41 施工现场危险行为示意图[2-4]

隧道支护结构的设计与施工。目前隧道钻爆法施工以新奥法为主，新奥法不能单纯理解为隧道施工的某一种方法，它是把隧道的设计与施工合为一体，以"地层-荷载"模型为原理进行的支护结构设计，并以现场量测的手段修正设计、指导施工的一种理念。监控量测是钻爆法施工的关键环节，应当在实习中关注和学习。另一方面，监控测量充分结合了理论计算分析和施工生产实践，契合学生的知识水平和实习需求，应当作为实习的重点。

1. 监控量测目的

监控量测的主要目的有：① 掌握围岩力学形态的变化和规律；② 掌握支护结构的工作状态，评价围岩和支护系统的稳定性、安全性；③ 为理论解析、数据分析提供计算数据与对比指标；④ 为隧道工程设计与施工积累资料；⑤ 及时预报围岩险情，以便采取措施，防止事故发生；⑥ 指导安全施工，修正施工参数或施工工序；⑦ 依据各类观测曲线的形态特征，掌握其变化规律，进而对未来性态作出有效的预测。

通过监控量测及时反馈，对设计和施工进行评价与修正，如图 2-42 所示。

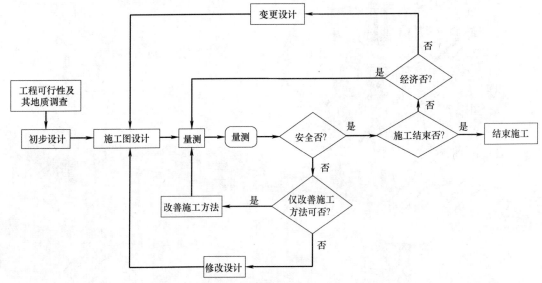

图 2-42　隧道监控量测与隧道设计施工关系图

2. 监控量测项目

监控量测的内容包括：工程地质与支护状态现场观察，岩体（岩石）力学参数测试，应力应变测试，压力测试，位移测试，温度测试，物理探测。

监控量测的项目分为必测项目和选测项目。

1）必测项目

（1）地质支护状态观察

观察内容为：①掌子面地质水文条件、岩性、结构面产状、有无断层，是否偏压，围岩类别，掌子面自稳情况，地下水的影响情况等；②锚杆的锚固效果、喷层的光洁度、喷层有无裂缝，裂缝的部位、长度、宽度、深度，喷层是否把钢支撑全部覆盖。

利用地质素描、照相或摄像技术、目测等手段将观测到的有关情况和现象进行详细记录。及时绘制开挖工作面地质素描图、填写开挖工作面地质状态记录表和施工阶段围岩级别判定卡。

（2）周边收敛量测

隧道围岩周边各点趋向隧道中心的变形称为收敛。周边收敛量测（图 2-43）主要是隧道内壁面两点连线方向的距离的变形量的量测，收敛值为两次量测的距离之差。主要量测仪器为收敛计（图 2-44）。根据量测结果，填写在标准的记录表格内计算隧道周边累计位移和周边位移收敛速率等。

（3）拱顶下沉量测

拱顶下沉是指拱顶测点与台阶面间相对沉降，一般以洞外某一不动点为基准点。主要量测仪器为全站仪、水准仪（图 2-45）、挂尺、伸缩杆。根据量测结果，填写在标准的记录表格内计算隧道拱顶累计沉降、相对沉降和沉降速率等。如图 2-46 所示。

图 2-43　隧道水平收敛现场量测

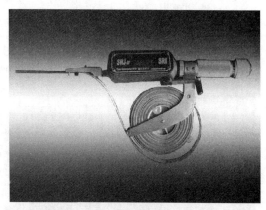

图 2-44　SWJ-4 型隧道净孔收敛计

图 2-45　水准仪

图 2-46　拱顶下沉现场量测

（4）地表沉降量测

地表沉降是指隧道开挖时对地面沉降的影响及其影响范围，当地表有构筑物时还需量测构筑物的沉降情况。一般用精密水准仪量测，如图 2-47 所示。根据各测点量测的数据，填入地表沉降表格，计算出该测点与不动点间的相对沉降值、沉降速率等。将量测数据经整理绘出地表纵向下沉量-时间关系曲线和地表横向下沉量-时间关系曲线以便分析研究。

图 2-47　地表沉降现场量测

2）选测项目

（1）钢架应力量测

测试格栅钢架中内、外钢筋的轴力（图 2-48）和型钢钢架内、外侧的应力（图 2-49），从而计算钢架所受到的轴力和弯矩。一般用应力传感器量测。

图 2-48　格栅钢架应力量测　　　　　　　图 2-49　型钢钢架应力量测

（2）围岩内部位移量测

用位移计量测（图 2-50）钻孔内（围岩内部）各点相对于孔口（岩壁）一点的相对位移，如图 2-51 所示。

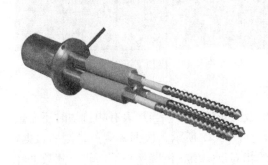

图 2-50　多点位移计　　　　　　　图 2-51　围岩内部围岩现场量测

（3）围岩压力及层间支护压力量测

将盒式压力传感器（压力盒）埋设于混凝土内的测试部位及支护-围岩接触面的测试部位，量测支护与围岩、初衬与二衬之间的接触应力大小。如图 2-52 和图 2-53 所示。

（4）锚杆应力及锚杆抗拔力

实际量测工作中，采用与设计锚杆强度相等且刚度基本相等的各式钢筋计来量测锚杆的应力-应变（图 2-54）。采用拉拔仪测量锚杆的抗拔力（图 2-55）。

（5）二衬应力量测

用钢筋计和混凝土应变传感器测量计算二衬截面内力，如图 5-56 和图 2-57 所示。

3. 监控量测规划管理

1）量测项目和量测手段

　　量测项目应根据具体工程的特点，围岩的地质条件、工程规模、重要程度、支护类型和施工方法，并结合业主的财力来选择。确定量测项目的原则是量测简单、结果可靠、成本低廉、便于施工采用、量测元件要尽量靠近工作面安设。对所选择的被测物理量要概念明确、量值显著、数据易于分析、易于反馈。对于浅埋的或在近水平岩层中施工的隧道工程，由于垂直方向的变形较大，应特别重视垂直方向位移的量测；对于深埋隧道，水平方向位移的量测往往比较重要。

图 2-52　压力盒

图 2-53　压力盒埋设

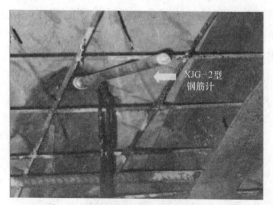

图 2-54　锚杆应力量测

图 2-55　锚杆抗拔力量测

图 2-56　钢筋计和埋入式应变计埋设

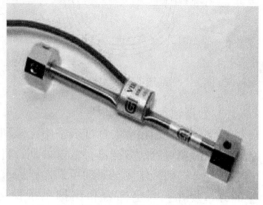

图 2-57　表面应变计

量测手段和仪表的选择主要取决于围岩工程地质条件和力学性质，以及测量的环境条件。对于在软弱围岩中施工的隧道工程，由于围岩变形较大，因而可以采用精度稍低的仪器和装置；而在硬岩中施工的隧道工程，由于围岩变形量相对较小，所以需采用高精度的量测设备。选择位移计时，在人工测读方便的部位，可选用机械式位移计；在拱顶、高边墙的中、上部，则宜采用电测式位移计。选择压力和应力量测元件时，应尽量选用钢丝式压力盒和锚杆应力计。仪器仪表等量测装置选择前需首先估算各物理量的变化范围，并根据测试重要程度确定测试仪器的精度和分辨率。

2）量测部位和测点布置

（1）量测部位

重点监测围岩质量及局部不稳定的块体，应在具有代表性的地段设置观测断面；在特殊的工程部位（如洞口、分叉处和洞内大断面紧急停车带）也应设置观测断面进行量测。

量测断面的间距根据隧道长度和地质条件施工方法不同而定，当地质条件情况良好或开挖过程中地质条件连续不变时，间距可适当加大。如果地质变化显著时，量测断面间距可缩短，在施工初期，为了掌握围岩动态，应缩小量测断面间距，当取得一定数据资料后可适当加大，在洞口及埋深较小的地段也应适当缩小量测断面的间距。

（2）测点布置

测点的布置应根据现场的量测项目，视隧道跨度和施工情况定。各项量测的测点，应尽可能布置得靠近工作面，使之能尽量完整地获得围岩开挖初期力学形态的变化和变形情况。洞周收敛位移、拱顶下沉及地表沉降量测测点应尽量布置在同一断面上，锚杆应力、喷层应力以及二衬应力等测点最好布置在同一断面上，以使量测结果互相对照，相互检验。如图2-58和图2-59所示。

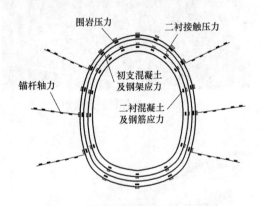

图2-58 某隧道断面测点布置图1

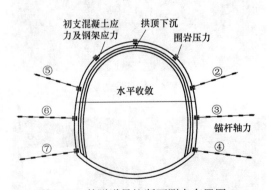

图2-59 某隧道导坑断面测点布置图2

3）数据记录与处理

量测数据应在相应的标准表格中记录和处理。由于原始数据包含着测量误差甚至测试错误。故需要对原始数据进行数学处理：将同一量测断面的各种量测数据进行分析对比、相互印证，以确认量测结果的可靠性；探求围岩变形或支护系统的受力随时间变化规律、空间分布规律，判定围岩和支护系统稳定状态。数据记录处理的几个示例见表2-3、图2-60、图2-61。

周边收敛测试记录表示例　　　　　　　　　　　　　　　　　表 2-3

××项目周边收敛测试记录表

承包单位：								合同段：						
监理单元：								编号：　　第　页						
起止桩号			检测方法			埋设日期				检验日期					
测线编号	测量时间				观测值				温度 ℃	修正后		相对第一次收敛值	相对上次收值	间隔时间	收敛速度	备注
	年	月	日	时	温度 ℃	I	II	平均值	修正值	观测值				
						m	mm	m	mm	m	mm	m	m	mm	mm	d	mm/d	
自检意见						监理意见								
检测		复核		施工主管		质检负责人				项目技术负责人				

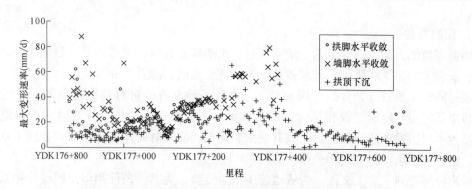

图 2-60　某隧道最大变形速率沿隧道纵向分布图

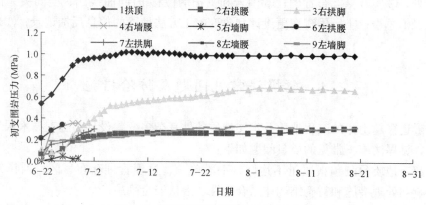

图 2-61　某隧道围岩压力随时间变化图

量测数据处理的内容主要有：①绘制位移、应力、应变随时间变化的曲线-时态曲线；②绘制位移速率、应力速率、应变速率随时间变化的曲线；③绘制位移、应力、应变随开挖面推进变化的曲线-空间曲线；④绘制位移、应力、应变随围岩深度变化的曲线；⑤绘制接触压力、支护结构应力在隧道横断面上的分布图。

4）监测结果分析与反馈

（1）地质评价

地质评价的主要内容有：①在洞内直观评价当前已暴露围岩的稳定状态，检验和修正初步的围岩分类；②根据修正的围岩分类，检验初步设计的支护参数是否合理，如不恰当，则应予修正；③直观检验初期支护的实际工作状态；④根据当前围岩的地质特征，推断前方一定范围内围岩的地质特征，进行地质预报，防范不良地质突然出现；⑤根据地质预报，并结合对已作初期支护实际工作状态的评价，预先确定下循环的支护参数和施工措施；⑥配合量测工作进行测试位置选取和量测成果的分析。

（2）围岩稳定性评价

围岩稳定性判断标准包括三个方面：位移量、位移速率、位移加速度。根据以上判断标准，如果围岩位移速度不超过允许值，且不出现蠕变趋势，则可以认为围岩是稳定的，初期支护是成功的。若表现出稳定性较好，则可以考虑适当加大循环进尺。

（3）二次衬砌的施作时间。

按新奥法施工原则，当围岩或围岩加初期支护基本达成稳定后，就可以施作二次衬砌。

5. 监测管理

编制好监测方案，内容包括：量测项目、量测仪器选择、测点布置、量测频率、数据处理、反馈方法、组织机构、管理体系。要保证监测成果的真实和及时。

根据隧道工程特点、自然地理和交通等条件，建立有效可行的监控量测工作汇报制度，将电话汇报与定期会议相结合，口头通报与书面报告相衔接，有效地为工程施工服务。监控项目组发现监测数据异常或其他紧急情况，应及时通知业主、监理和施工单位负责人，随后用纸质材料应向相关单位通报。

量测资料要列入竣工文件，为隧道施工积累资料，为其他条件类似工程设计和施工提供类比依据，并为隧道建成后运营管理服务。竣工文件中应包括下列量测资料：①现场监控量测计划；②实际测点布置图；③围岩和支护的位移-时间曲线图、空间关系曲线图以及量测记录汇总表；④经量测变更设计和改变施工方法地段的信息反馈记录；⑤现场监控量测说明。

2.4 钻爆法常见问题及防治措施

由于隧道穿越山体的工程地质及水文地质条件复杂多变，设计和施工技术水平和条件存在不足，钻爆法施工常见的质量问题如下：

（1）超前地质预测预报质量不达标（手段单一、过程管理存在盲区、判释失误等），将严重影响预处理措施和衬砌结构体系合理性，潜伏安全隐患；

（2）开挖前的预处理质量（包括超前预支护和不良与特殊地质处治）及效果检验控制

不达标，将给开挖及后续施工带来严重安全隐患；

（3）钢架、钢筋网、锚杆等构件质量不达标；

（4）爆破质量不达标；

（5）衬砌背后有空洞，回填质量不达标；

（6）衬砌厚度、强度、裂缝控制不达标；

（7）喷射混凝土质量不达标；

（8）富水地段的衬砌渗水严重；

（9）基底处理不当，在振动荷载作用下，出现翻浆冒泥；

（10）对围岩量测不重视，量测质量不达标（难以及时掌控围岩和支护结构的稳定动态，导致丧失处理大变形甚至结构失稳的良机）。

本节列举了钻爆法施工中复杂程度适中、危险程度较低、防治措施较成熟的问题，并给出原因分析和防治措施。

2.4.1 钻爆开挖

1. 爆破故障

为了保证爆破质量，应进行合理的爆破设计，按照标准的工艺进行施工。爆破效果的直观认知如图 2-62 和图 2-63 所示。常见的故障如下。

图 2-62　光面爆破效果差　　　　　　　图 2-63　光面爆破效果好

1）哑炮

（1）现象

炮眼中的起爆药包经点火或通电后，雷管与炸药全未起爆或雷管爆了而炸药未爆。

（2）原因分析

①炸药受潮；②雷管起爆力不足或未爆；③塑料导爆管壁破损；④有岩粉相隔，影响传爆。

（3）预防措施

①有水或潮湿炮眼采取防水措施；②严格检验炸药与雷管，保证质量；③每个雷管引爆导管不超过 10 根或双雷管引爆。

2）冲天炮

（1）现象

炮眼中装药起爆后，未能将周围岩石崩落，而仅仅将堵塞物推出眼外。

（2）原因分析

①炮孔堵塞不密实；②炮眼间距过大；③掏槽眼与工作面夹角过大；④点火顺序不对，或因导火索燃速不稳定，造成起爆顺序混乱。

（3）预防措施

①加强堵塞质量；②将炮眼间距减小；③改单式斜眼槽为 V 式掏槽。

3）带炮

（1）现象

工作面上先起爆的炮眼爆破后，把邻近炮眼的导火索、雷管或药包带出炮眼。

（2）原因分析

①炮孔堵塞不密实；②局部炮眼间距过小。

（3）预防措施

①加强反向起爆措施；②合理确定眼距，提高堵塞质量。

2. 塌方及冒顶

1）现象

隧道顶部岩石坠落、塌陷，如图 2-64 所示。

图 2-64 冒顶和塌方示意图

2）原因分析

（1）隧道开挖中，围岩性质及地质条件发生变化，岩质由硬变软，或出现断层、破碎带、梯形软弱带等不良地质情况而未及时改变开挖方法、支护方式。

（2）未严格按钻爆设计要求钻孔、装物；孔间距不符合要求或过量装药，爆破后使岩壁围岩过于破碎、裂缝深大而坍落，或爆破震动过大，造成局部围岩失稳而塌方、冒顶。

（3）水害：因出现大面积淋水或涌水。

（4）组织管理不善、工序衔接不当，支护不及时，采用支护方式不妥，衬砌未及时跟进。

3）预防措施

（1）隧道开挖中，如发现围岩性质、地质情况发生变化，应及时对所用的掘进方法、支护方式作相应调整，以适应新的围岩条件，确保安全施工。

（2）施工操作人员应严格按钻爆设计要求钻孔、装药、爆破，严禁超量装药，爆破员必须经培训合格方可上岗，避免人为因素造成塌方冒顶。

（3）对于出现突发性大面积淋水或涌水，应根据水量大小、补给方式、变化规律及水质成分等情况，正确采用诸如"超前钻孔或辅助坑道排水""超前小导管预注浆止水""井点降水及深井降水"等辅助施工方法，排除淋水、涌水对掘进施工的干扰和影响，消除坍方、冒顶隐患，确保围岩稳定及施工安全。

（4）加强施工组织管理，严格按施工组织设计施工，各工序应有序跟进，相互衔接。

3. 超挖和欠挖

1）现象

隧道在掘进开挖过程中，发生上、下、左、右轮廓超标。如图 2-65 和图 2-66 所示。

图 2-65　超挖

图 2-66　欠挖

2）原因分析

（1）测量不准，放线偏差较大；

（2）布孔位置偏差较大；

（3）炮孔钻眼过程中孔眼不直，发生斜孔超限；

（4）爆破参数选择有误，装药量过多或不合理。

3）预防措施

（1）精确计算爆破参数，正式进洞前进行工艺试验，地质条件变化时及时调整有关参数；

（2）钻孔过程中控制孔眼位置及其方向。

4）处理办法

（1）欠挖超过规定允许范围内的必须作凿除处理。

（2）超挖在允许范围内的均可在衬砌时用与衬砌相同强度等级的混凝土同时浇筑。

（3）超挖超过允许范围的，边墙脚及拱脚以上 1m 范围内的超挖，宜用与边墙及拱圈相同强度等级的混凝土同时浇筑；其余部位的超挖，宜用比拱墙混凝土低一级的混凝土填筑施工。

（4）超挖过大时，可设钢楔辅助支撑。

2.4.2　衬砌支护

1. 锚杆质量不达标

1）现象

（1）锚杆间距偏差超标。

（2）锚杆锚固有效长度不足。

(3) 锚杆与围岩固结力、抗拔力达不到设计要求。

(4) 锚杆与主要岩石结构层面垂直度偏差过大，致使锚固厚度不足，影响锚固效果。

(5) 锚杆杆体松动，失去锚固作用。

2) 原因分析

(1) 钻孔定位不准。

(2) 钻孔深度未达到设计要求或锚杆插入深度未达到要求（图2-68）。

(3) 锚杆注浆不足，或所钻孔径与锚杆直径不匹配（图2-67）。

(4) 锚杆在砂浆凝结未达一定强度前杆体曾遭撞击、晃动，锚杆使用前未除锈、除油。

(5) 钻工技术水平低，钻孔方向掌握不正确。

 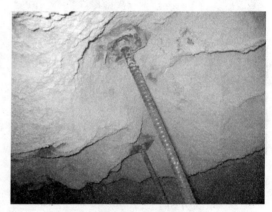

图 2-67　锚杆注浆不足　　　　　　　　图 2-68　锚杆锚固深度不够

3) 预防措施

(1) 钻孔前应严格按设计要求正确定出孔位，标以明显标记，成孔孔位实际偏差应按控制在±15mm以内。

(2) 钻孔深度要逐孔量测并记录，各类锚杆应按设计及施工规范要求仔细操作安设。

(3) 锚杆安妥后，要防止人、机对杆体的碰击，杆头三天内不得挂重物。

(4) 钻孔作业应选技术水平较高的人员操作，以正确掌握钻杆方向，使锚杆安设后能与岩层主要结构层面保持垂直。

(5) 注浆用水泥砂浆配比宜为水泥：水＝1：1～1.5：0.45～0.5，过稀难于灌满钻孔，过稠锚杆难于插入。施工时要做到随拌随用，并在初凝前用完，所用砂子直径不应大于3mm，使用前应过筛，注浆孔口压力不得大于0.4MPa。

(6) 应按锚杆总数1‰且不少于3根做抗拔力试验，其标准为28d抗拔力不小于设计值，最小抗拔力不小于0.9倍的设计值。

(7) 软弱围岩及土砂围岩中应加长锚杆长度或采用辅助施工方法加固围岩。

2. 喷射混凝土质量不达标

1) 现象

(1) 混凝土开裂；

(2) 混凝土剥落；

(3) 混凝土离层；

（4）混凝土厚度不足；

（5）混凝土强度不足。

如图 3-69 和图 3-70 所示。

图 2-69　喷射混凝土厚度不足、外观差

图 2-70　喷射混凝土开裂剥落

2）原因分析

（1）受喷面粉尘、杂物未清除不彻底。

（2）松动危石未清除，松动石块存有较大空隙，而混凝土受遮挡无法喷入。

（3）喷射混凝土所用材料不合格或混凝土配比不合适。

（4）养护不及时或养护时间不足。

（5）开挖爆破距喷射混凝土作业完成时间间隔过短，受爆破冲击、震动。

（6）缺乏对混凝土厚度的检查或检查频率不足。

3）预防措施

（1）喷射混凝土作业前应对受喷面粉尘、杂物用高压风或水彻底清除干净，防止混凝土与受喷面结合不良。

（2）喷混凝土前对松动石块、危石或遮挡物用人工彻底予以清除。

（3）喷射混凝土所用各种材料质量、规格必须合格，混凝土配比应通过试验确定，使拌制的混凝土有良好的流动性、和易性，满足设计强度和喷射工艺要求。

（4）混凝土终凝 2h 后应即喷水养护，经常保持其表面湿润，养护不得少于七天。

（5）因一般喷射混凝土施工需紧随开挖进行，故其受开挖爆破震动、冲击影响很大，混凝土需具一定强度后才能抵御，所以开挖爆破距喷射混凝土作业完成时间间隔不得少于4h，施工中应严格控制。

（6）对于受喷面高低不平、起伏过大的，应先对低洼处作喷混凝土找平处理，个别突出的应予以凿除。

3. 钢筋网安装不规范

1）现象

（1）露筋；

（2）网片混凝土离骨脱落；

（3）保护层不足。

2）原因分析

（1）钢筋网未随受喷面起伏安设，或因钢筋网所用钢筋过粗难于随受喷面起伏安设，或受喷面起伏过大，钢筋网难贴合（图2-71）。

（2）钢筋网与锚杆连接薄弱，所喷混凝土过厚，因自重或受开挖爆破震动而离骨脱落。

（3）钢筋网搭接不正确或有效搭接长度不足（图2-72）。

图 2-71　钢筋网未随岩面起伏铺设

图 2-72　钢筋网搭接不规范

3）预防措施

（1）受喷面起伏过大，需对洼坑处用喷射混凝土予以找平处理，并对全部受喷面予以初喷。钢筋网所用钢筋直径宜为6～8mm，一是可防止混凝土开裂，二是便于操作，易随受喷面起伏而设。

（2）钢筋网应与每一根锚杆牢固连结，绑扎时使钢筋随起伏而行，并使之与初喷面保持不大于3cm的间距，但在砂土层段内应使之密贴铺设，并用弯设成与受喷面相吻合的较粗钢筋压紧，挂网喷锚混凝土厚度不宜大于25cm。

（3）对于露筋的应予以补喷处理，离骨掉落的重新施作。

4．钢架制作、安装不规范

1）现象

①钢架偏移、倾斜；②钢架基脚悬空；③钢架制作、焊接不规范。如图2-73和图2-74所示。

图 2-73　钢架基脚悬空

图 2-74　钢架偏移、倾斜

2）原因分析

（1）钢架制作设备简陋、工艺落后。

（2）钢架安装间距控制不严，偷工减料。

（3）由于超欠挖或岩面、喷混凝土面不平整导致钢架倾斜。

（4）上台阶钢架或钢架连接板变形，导致下台阶钢架连接错位。

（5）钢架加工长度不足，或基底超挖过多。

（6）对松散软弱基底未制订处治措施或未按措施进行处治。

3）预防措施

（1）型钢钢架采用对焊连接时，必须增加绑焊措施；型钢钢架必须采用冷弯设备加工，确保弧度满足设计要求。

（2）连接钢板平面与钢架轴线应垂直焊接，节段钢架之间应通过连接钢板采用螺栓和焊接连接。

（3）格栅钢架与连接钢板焊接后，应采用 U 形钢筋进行绑焊。

（4）节段钢架间连接不紧密时，应采取加设钢楔等补救措施，保证上下钢架连接有效。

（5）及时打设锁脚锚杆，并与钢架连接牢固。

5. 初衬与围岩间有空洞或违规填充

1）现象

（1）初衬与围岩不密贴、有空洞（图 2-75）；

（2）用片石等对空洞进行违规填充（图 2-76）。

图 2-75　初衬与围岩之间空洞　　　　　图 2-76　初衬与围岩之间填片石

2）原因分析

（1）初期支护与围岩间不密贴或存在空洞的危害认识不足。初期支护与围岩间不密贴或存在空洞后，造成初期支护失去对围岩的支撑作用，围岩处于自由变形状态，围岩可能进一步松动，有产生塌方的危险；围岩产生的变形、松动也难以发现。

（2）超挖过大时，不愿用大量喷射混凝土进行回填。

（3）偷工减料。

3）防治措施

（1）提高控爆水平，减少超挖数量。

（2）有钢架地段，超挖部分应采用同级喷射混凝土回填。

（3）严格执行初期支护检测验收制。

（4）发现空洞后，应及时进行注浆回填处理。

2.5　思　考　题

2-1　主要分项工程（总体、开挖、爆破、超前支护、锚杆、喷射混凝土、钢架、二次衬砌等）的施工工艺是什么？

2-2　施工进度计划和实际工程进展情况如何？为什么？

2-3　施工技术难点是什么？

2-4　工程地质和水文地质概况如何？有哪些不良地质？应对措施是什么？

2-5　工程对附近建构筑物影响控制如何？

2-6　主要施工机械的工作原理、适用特点和作业效率是怎样的？

2-7　施工过程中遇到了哪些问题？如何处理和预防？

2-8　爆破设计与施工的主要内容是什么？

2-9　爆破材料的存放与使用有哪些注意事项？

2-10　喷锚支护的质量控制、检查与验收主要内容是什么？

2-11　监控量测是如何指导反馈设计与施工的？

参 考 文 献

[2-1]　冯紫良，章曾焕. 新奥法设计施工与管理 [M]. 北京：中国建筑工业出版社，2015.

[2-2]　张庆贺. 地下工程 [M]. 上海：同济大学出版社，1970.

[2-3]　陈小雄. 隧道施工技术 [M]. 北京：人民交通出版社，2011.

[2-4]　ITA Working Group 'Health and Safety'. Safe working in tunneling [M]. ITA.

第 3 章

盾　构　法

3.1 概　述

盾构法隧道施工是暗挖法施工中的一种全机械化施工方法，它是将盾构机械在地下推进，通过盾构外壳和管片支承四周围岩防止发生往隧道内的坍塌，同时在开挖面前方用切削装置进行土体开挖，通过出土机械运出洞外，靠千斤顶在后部加压顶进，并拼装预制混凝土管片，形成隧道结构的一种机械化施工方法。作为修建地下铁道较好的施工方法之一，随着近年来盾构机械设备和盾构法施工工艺的发展，盾构法的应用范围不断扩大。

盾构法施工具有以下优点：

(1) 作业在地下进行，不影响地面交通，减少对附近居民的噪声和振动影响；

(2) 施工费用不受埋深的影响，有较高的技术经济优越性；

(3) 盾构推进、出土、拼装衬砌等主要工序循环进行，易于管理，施工人员较少；

(4) 穿越江、河、海时，不影响航运；施工不受风雨等气候条件影响等。

盾构法施工的一般工艺流程中，盾构始发与进出洞、盾构掘进、管片拼装与防水、隧道同步注浆是施工的关键，因此在本章将对上述施工关键步骤进行详细说明。

3.2 盾构法主要内容

3.2.1 盾构的构造、分类与选型

1. 盾构的构造

盾构的基本构造主要分为盾构壳体、推进系统、拼装系统三大部分[3-2]，简单的土压平衡盾构的基本构造见图 3-1。

1) 盾构壳体

从工作面开始可分为切口环、支承环和盾尾三部分。

(1) 切口环

切口环（图 3-2）位于盾构的最前端，起开挖和挡土作用。切口环结构为圆筒形，前端设有刃口，以减少对底层的扰动。在圆筒垂直于轴线、约在其中段处焊有压力隔板，隔板上焊有安装主驱动、螺旋输送机及人员舱的法兰支座和四个搅拌棒，还设有螺旋机闸门机构及气压舱（根据需要），此外，隔板上还开有安装 5 个土压传感器、通气通水等的孔口。切口环保持工作面的稳定，把开挖下来的土砂向后方运输，因此，采用机械化开挖、土压式、泥水加压式盾构时，应根据开挖下来土砂的状态，确定切口环的形状、尺寸。

(2) 支承环

支承环（图 3-3）是盾构的主体结构，承受作用于盾构上的全部载荷。支承环是一个强度和刚性都很好的圆形结构，地层力、所有千斤顶的反作用力、刀盘正面阻力、盾尾铰接拉力及管片拼装时的施工载荷均由中体来承受。中体内圈周边布置有盾构千斤顶和铰接油缸，中间有管片拼装机和部分液压设备、动力设备、螺旋输送机支承及操作控制台。有的还有行人加、减压舱。中体盾壳上焊有带球阀的超前钻预留孔，也可用于注膨润土等材料。

①土体；②刀盘；③泥土仓；④压力墙；⑤千斤顶；
⑥螺旋输送器；⑦管片拼装机；⑧衬砌

图 3-1　盾构基本构造示意图

图 3-2　切口环结构示意图

支承环的长度应不小于固定盾构千斤顶所需的长度，对于有刀盘的盾构还要考虑安装切削刀盘的轴承装置、驱动装置和排土装置的空间。

（3）盾尾

盾尾（图 3-4）主要用于掩护隧道管片拼装工作及盾体尾部的密封，通过铰接油缸与中体相连，并装有预紧式铰接密封。铰接密封和盾尾密封装置都是为防止水、土及压注材料从盾尾进入盾构内。为减小土层与管片之间的空隙，从而减少注浆量及对地层的扰动，盾尾做成一圆筒形薄壳体，但又要能同时承受土压和纠偏、转弯时所产生的外力。盾尾的长度必须根据管片的宽度和形状及盾尾密封的结构和道数来决定。另外在盾尾壳体上合理布置了若干根盾尾油脂注入管和同步注浆管。

图 3-3　支承环结构示意图

图 3-4　盾尾结构示意图

2）推进机构

盾构推进是由刀盘旋转切削开挖面的泥土，在千斤顶推力作用下完成的。

（1）刀盘

刀盘（图3-5）是盾构机的核心部件，其结构形式、强度和整体刚度都直接影响到施工掘进的速度和成本。常见的刀盘有辐条式刀盘和面板式刀盘，它们的特点及适用性如下：

① 面板式刀盘在中途换刀时安全可靠，但开挖土体进入土仓时易粘结、易堵塞，在刀盘上易形成泥饼；

② 辐条式刀盘仅有几根辐条，辐条后设有搅拌叶片，土砂流动顺畅，不易堵塞。但不能安装滚刀，且中途换刀安全性差，需加固土体，费用高。

③ 辐条式刀盘对砂、土等单一软土地层的适应性比面板式刀盘较强；但由于不能安装滚刀，在风化岩及软硬不均地层或硬岩地层，宜采用面板式刀盘。

（2）千斤顶

① 盾构千斤顶的选择和配置

盾构千斤顶的选择和配置应根据盾构的灵活性、管片的构造、拼装管片的作业条件等来决定。

(a)   (b)

图3-5 刀盘

(a) 辐条式刀盘；(b) 面板式刀盘

② 千斤顶数量

千斤顶的数量根据盾构直径、千斤顶推力、管片的结构、隧道轴线的情况综合考虑。一般情况下，中小型盾构每只千斤顶的推力为600～1500kN，在大型盾构中每只千斤顶的推力多为2000～2500kN。

③ 千斤顶的行程

盾构千斤顶的行程应考虑盾尾管片拼装及曲线施工等因素，通常取管片宽度加上100～200mm的余量。另外，成环管片有一块封顶块，若采用纵向全插入封顶，在相应的封顶块位置应布置双节千斤顶，其行程约为其他千斤顶的一倍，以满足拼装成环所需。

④ 千斤顶的速度

盾构千斤顶的速度必须根据地质条件和盾构形式决定，一般取50mm/min左右，且可无级调速。为了提高工作效率，千斤顶的回缩速度要求越快越好。

⑤ 千斤顶块

盾构千斤顶活塞的前端必须安装顶块，顶块必须采用球面接头，以便将推力均匀地分布在管片的环面。其次，还必须在顶块与管片的接触面上安装橡胶或柔性材料的垫板，从而对管片环面起到保护作用。

3) 管片拼装机

管片拼装机（图3-6）俗称举重臂，是盾构的主要设备之一，常以液压为动力。为了能将管片按照设计所需要的位置安全、迅速地进行拼装，拼装机在钳捏住管片后，还必须具备沿径向伸缩、前后平移和旋转等功能。

拼装机的形式有环形、中空轴形、齿轮齿条形等，一般常用环型拼装机。这种拼装机安装在支承环后部，或者盾构千斤顶撑板附近的盾尾部，它如同一个可自由伸缩的支架，安装在具有支承滚轮的、能够转动的中空圆环上的机械手上。该形式中间空间大，便于安装出土设备。

图3-6 管片拼装机

2. 盾构分类

根据盾构机形状可分为圆形盾构和异形盾构（图3-7）；根据开挖面的挖掘方式可分为手掘式、半机械挖掘式和机械挖掘式盾构；根据切削面上的挡土方式可分为敞开式和闭胸式盾构；根据向开挖面施加压力的方式，可分为气压平衡式、泥水平衡式和土压平衡式盾构。下面介绍几种常用机械式盾构。

(a)　　　　　　　　　　　　　　　　(b)

图3-7 异形盾构

(a) 双圆形盾构[3-1]；(b) 矩形盾构[3-5]

1) 泥水平衡式盾构

泥水平衡式盾构（图3-8）是通过在支撑环前面装置隔板的密封舱中，注入适当压力的泥水，使其在开挖面形成泥膜，支承正面土体，并有由安装在正面的大刀盘切削土体表层泥膜，进而与泥水混合后，形成高密度泥浆，由排泥泵及管道输送至地面。送到地面的泥水，根据土体颗粒直径，通过一次分离和二次分离设备，将大颗粒土砂分离并排弃，分离后的泥水送到调整槽再次调整，使其形成优质泥水后再输送到盾构工作面[3-3]。

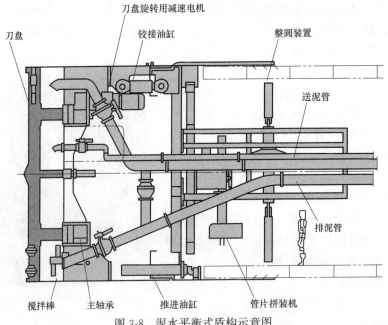

图 3-8 泥水平衡式盾构示意图

泥水平衡式盾构施工主要由盾构掘进系统、泥水加压和循环系统、综合管理系统、泥水分离处理系统和同步注浆五大系统组成。泥水平衡式盾构操作规范、方便，信息反馈能力强，可自动实时采集盾构掘进的各项数据，经分析总结后可以及时指导盾构掘进施工。

2）土压平衡式盾构（图 3.9）

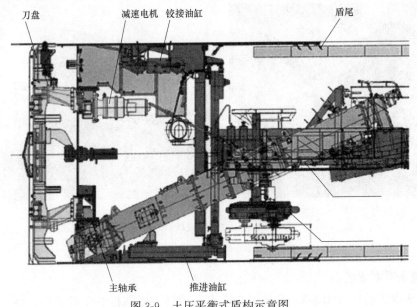

图 3-9 土压平衡式盾构示意图

3. 盾构的选型

盾构机的选型直接决定盾构法施工工程是事半功倍还是事倍功半，不宜凑合使用。从上述介绍可知，盾构的类型很多，根据不同的类型、不同的工法、不同的地质，盾构选型也各有区别。在城市地铁施工中主要采用泥水盾构和土压平衡盾构，见图 3-10。

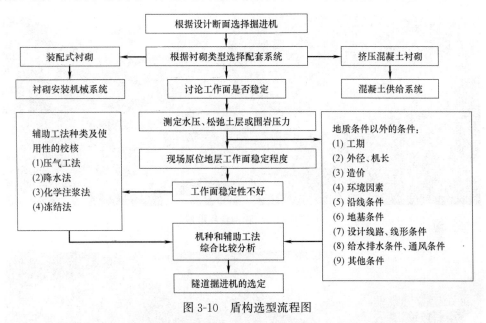

图 3-10 盾构选型流程图

针对工程条件及工程地质特点、难点，盾构机应该具备以下功能特点才能满足施工的需要：

(1) 基本功能要求；

(2) 对地质的适应性要求；

(3) 特殊地段的通过能力；

(4) 精确的方向控制；

(5) 环境保护；

(6) 掘进速度满足计划工期要求。

3.2.2 盾构隧道衬砌

1. 衬砌的组成

盾构隧道的衬砌，通常分为一次衬砌和二次衬砌。由于在开挖后要立即进行衬砌，故将数个钢筋混凝土、钢等制造的块体构件组装成衬砌，称此块体构件为管片。在一般情况下，一次衬砌是由管片组装成的环形结构，二次衬砌是在一次衬砌内侧灌注的混凝土结构。盾构管片的堆放与运输如图 3-11 和图 3-12 所示。

由于在盾尾内拼成圆环的衬砌，在盾构向前推进时，要承受千斤顶推进的反力，同时由于盾构的前进而使部分衬砌暴露在盾尾外，承受了地层给予的压力。故一次衬砌应能立即承受施工荷载和永久荷载，并且有足够的刚度和强度；不透水、耐腐蚀，具有足够的耐久性能；装配安全、简便，构件能互换。

装配成环衬砌一般由数块标准块 A、两块邻接块 B 和一块封顶块 K 组成（图 3-13）。彼此之间用螺栓连接而成。环与环之间一般是错缝拼装。K 型管片的就位方式有两种，过去常采用径向插入，只能靠螺栓承受剪力，有诸多缺点。故目前常采用沿隧道纵向插入，靠与 B 型块的接触面承受荷载，提高了整环的承载力。此法需要使千斤顶的行程加长，故盾构的盾尾也由此增长。

图 3-11 盾构管片堆放

图 3-12 盾构管片运输

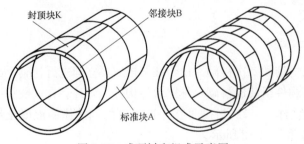

图 3-13 成环衬砌组成示意图

单块管片的尺寸有环宽（一环管片的纵向长度）和管片的长度及厚度。对于直径为 3.5～10.0m 的隧道，常用的环宽为 750～1000mm。管片的长度由一环的分块数决定。由管片的制造、运输、安装等方面的实践经验确定，并满足结构的受力性能要求。在饱和含水的软弱地层中应尽量减少接头数量，一般 10m 直径的隧道可分成 8～10 块。封顶块的尺寸一般用小封顶块，近来也有向大封顶块发展的趋势。管片的厚度应根据隧道直径、埋深承受荷载的情况、衬砌结构构造、材质、衬砌所承受的施工荷载以及接头的刚度等因素确定。适当增加分块数量和减弱接头刚度时，有使衬砌减薄的效果。目前常用的衬砌厚度与直径的比值为 4%～6%。

衬砌的材料通常有混凝土、钢筋混凝土、铸铁、钢、钢壳与钢筋混凝土复合而成的几种。一般选用钢筋混凝土，近年来采用钢纤维和合成纤维混凝土的情况也在逐渐增加。

衬砌断面的形式，在盾构法发展的初期，一般都与盾构的形状一致，即多采用圆形，近年来由于矩形、异形、马蹄形、异圆形等盾构的出现，衬砌断面形式也多样化起来。

2. 管片的连接构造

管片间的连接有沿隧道纵轴的纵向连接和与纵轴垂直的环向连接。通过长期的试验、实践和研究，管片的连接方式经历了从刚性到柔性方式的过渡。管片的连接方式有：

1) 螺栓连接

连接螺栓有直螺栓和弯螺栓 2 种。弯螺栓主要用于平板形管片，以减少螺栓孔对截面的削弱。近年来出现的贯穿类的连接方式也逐步得到推广使用。

2) 无螺栓连接

无螺栓连接用于砌块的接头连接，常依靠本身接头面形状的变化而无须其他附加机构连接的方式。

3) 销钉连接

销钉连接方式有沿环向设置的和沿径向插入的，也有沿纵向套合的。由于它的作用是防止接头面错动，有时被称为抗剪销。同螺栓连接相比，销钉连接时衬砌内壁光滑，连接省时省力，可以用较少的材料，简单的工序达到较好的效果。

3. 二次衬砌

二次衬砌（图 3-14）须在一次衬砌、防水、清扫等作业完全结束后进行。依据设计条件的不同，二次衬砌可用无筋或有筋混凝土浇筑，有时也用砂浆、喷射混凝土。浇筑二次衬砌时，特别是在拱顶附近填充混凝土极为困难，对此必须注意。必要时应预先备有砂浆管、出气管等，用注入的砂浆等将空隙填实。

图 3-14　二次衬砌

二次衬砌施工前，必须紧固管片螺栓，清扫衬砌并对漏水采取止水措施。脱模应在所浇筑的混凝土强度达到设计要求时进行，以防过早脱模导致混凝土裂纹等有害影响的发生。达到所需强度的时间，应根据在与现场同一条件下养生的混凝土试件抗压实验确定。脱模后，应进行充分养护。

如果对衬砌的漏水处理不彻底，或者虽然彻底但又出现了新的漏水处所，将在二次衬砌中出现漏水现象。此时，漏水多发生在二次衬砌施工缝和裂纹处。为了防止二次衬砌漏水，需防止裂纹的产生和对施工缝进行防水处理。为了防止产生裂纹，可在混凝土的配合比和施工方面采取措施。

在配合比方面的措施有：减少水泥用量或使用粉煤灰水泥、高炉水泥等；为防止干燥裂纹的发生，可降低单位用水量，使用 AE 减水剂等。在施工方面的措施有：选择合适的脱模时间；一次浇筑长度不要过长；进行充分养生；在施工缝处使用隔离层等。

作为施工缝的防水处理方法可采用：在施工缝中放置止水带；在施工缝内喷涂特殊的油灰（可与湿润黏着的材料）；在施工缝表面设导水槽等方法。

3.2.3 盾构始发与到达

1. 洞口土体加固技术

1）洞口土体加固必要性

（1）盾构从始发工作井进入地层前，首先应拆除盾构掘进开挖洞体范围内的工作井围护结构，以便将盾构推入土层开始掘进；盾构到达接收工作井前，亦应先拆除盾构掘进开挖洞体范围内的工作井围护结构，以便隧道贯通、盾构进入接收工作井。

（2）由于拆除洞口围护结构会导致洞口土体失稳、地下水涌入，且盾构进入始发洞口开始掘进的一段距离或到达接收洞口前的一段距离内难以建立起土压（土压平衡盾构）或泥水压（泥水平衡盾构）以平衡开挖面的土压和水压，因此拆除洞口围护结构前必须对洞口土体进行加固，通常在工作井施工过程中实施（图 3-15 和图 3-16）。

（3）在特定地质条件下（如富水软土地层），洞口围护结构可采用混凝土或纤维混凝土施作。盾构始发或接收施工时，可直接利用盾构刀具切除。

图 3-15 端头土体加固

图 3-16 相关设备下井

2）加固方法

常用加固方法主要有：注浆法、高压喷射搅拌法和冻结法。

（1）注浆法

按其原理分为两种：不改变土颗粒排列、只使注入材料渗透到土颗粒间隙并固结的渗透注浆法；沿注浆层面地层形成脉状裂缝、注浆材料使土颗粒间隙减小、土体被挤密的挤密注浆法（或劈裂注浆法）。前者适合于砂质土层，后者适合于黏性土层。

（2）高压喷射搅拌法

高压喷射加固材料，使其与被搅动的土砂混合，或置换被搅动的土砂，形成具有一定强度的改良地层。

（3）冻结法

对软弱地层或含地下水土层实施冻结，冻结的土体具有高强度和止水性，特别适用于大断面盾构施工和地下水压高的场合。

2. 盾构始发

盾构始发是指盾构在安装竖井内或过站竖井内，自盾构主机开始定位，刀盘向前推进贯入围岩，沿设计线路向前掘进，直至具备拆除负环条件为止。在盾构始发阶段，要完成盾构设备的安装与调试，始发辅助设备的安装与定位，盾构初始定位与掘进控制，盾构导向系统的安装与调试以及区间隧道洞口的处理。盾构始发流程见图 3-17。

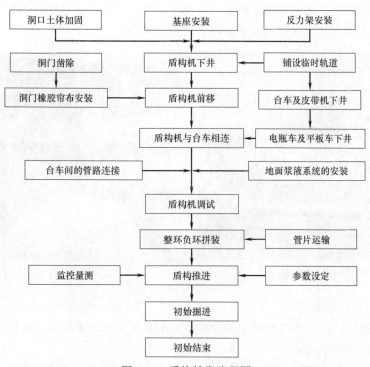

图 3-17　盾构始发流程图

1）始发设施的安装

（1）始发基座安装（图 3-18）

在洞门凿除完成之后，依据隧道设计线定出盾构始发姿态空间位置，然后反推出始发基座的空间位置。由于基座在盾构始发时要承受纵向、横向的推力以及抵抗盾构旋转的扭矩。所以在盾构始发之前，必须对始发基座两侧进行必要的加固。始发基座的安装高程根据端头地质情况进行适当抬高。

（2）接长导向轨道的安装

在始发基座安装后，由于始发基座的基准导轨前端与前方土体之间有约 1.5m 的距离（即盾构工作井端墙厚度和为方便洞门临时密封装置安装而留的空隙），为保证盾构安全及准确始发，在洞圈内与始发基座导向轨道相应位置安装两根接长导向轨道，安装倾角位置与基准导向轨道一致，并采用膨胀螺栓牢固地固定导轨。

（3）洞门临时密封装置

盾构在始发过程中，为防止泥水或地下水从洞门圈与盾构壳体间的空隙窜入盾构工作井内，影响盾构机开挖面土仓压力（泥水压力）、开挖面土体的稳定，盾构始发前必须在洞门处设置性能良好的密封装置。经施工实践证明，折叶式密封压板有受力好、密封好、操作简单、刚度好、安全可靠的优点。

（4）反力设施安装（图 3-19）

在盾构主机与后配套连接之前，开始进行反力架的安装。由于反力架为盾构机始发时提供反推力，在安装反力架时，反力架端面应与始发基座水平轴垂直，以便盾构轴线与隧道设计轴线保持平行。对反力架固定前应按设计对其进行精确的定位。反力架与工作井结构连接部位的间隙用高强素混凝土垫实，以保证反力架脚板有足够的受力面。混凝土负环管片紧靠在反力架上，以保证混凝土负环管片受力均匀。

图 3-18　始发基座施工　　　　　　　　图 3-19　反力架施工

2）盾构始发技术要点

（1）盾构基座、反力架与管片上部轴向支撑的制作与安装要具备足够的刚度，保证负载后变形量满足盾构掘进方向要求；

（2）安装盾构基座和反力架时，要确保盾构掘进方向符合隧道设计轴线；

（3）由于临时管片（负环管片）的椭圆度直接影响盾构掘进时管片拼装精度，因此安装临时管片时，必须保证其椭圆度，并采取措施防止其受力后旋转、径向位移与开口部位（临时管片安装时通常不形成封闭环，在其上部预留运输通道）变形（图 3-20）。

（4）拆除洞口围护结构前要确认洞口土体加固效果，必要时进行补注浆加固，以确保拆除洞口围护结构时不发生土体坍塌、地层变形过大，且盾构始发过程中开挖面稳定。

（5）由于拼装封闭环前，盾构上部千斤顶一般不能使用，因此从盾构进入土层到通过土体加固段前，要慢速掘进，以便减小千斤顶推力，使盾构方向容易控制；盾构到达洞口土体加固区间的中间部位时，逐渐提高土压仓（泥水仓）设定压力，出加固段达到预定的设定值。

（6）通常盾构机盾尾进入洞口后，拼装整环临时管片（负一环），并在开口部安装上部轴向支撑，使随后盾构掘进时全部盾构千斤顶都可使用（图3-21）。

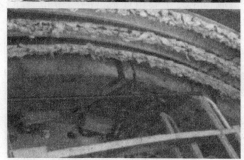

图 3-20　尾盾下半部下井

图 3-21　负环安装

（7）盾构机盾尾进入洞口后，将洞口密封与封闭环管片贴紧，以防止泥水与注浆浆液从洞门泄漏。

（8）加强观测工作井周围地层、盾构基座、反力架、临时管片和管片上部轴向支撑的变形与位移，超过预定值时，必须采取有效措施后，才可继续掘进。

3.盾构到达

盾构到达指盾构机到达过站竖井或拆卸井，要完成到达前的定位测量、接收架的安装、管片连接装置的安装和区间隧道洞口的处理等工作。盾构到达流程见图3-22。

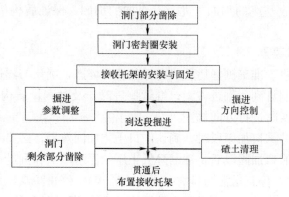

图 3-22　盾构到达施工流程图

1）盾构到达施工

（1）盾构机定位及接收洞门位置复核测量（图 3-23）

在盾构推进至盾构到达范围时，对盾构机的位置进行准确的测量，明确成洞隧道中心轴线与隧道设计中心轴线的关系，同时应对接收洞门位置进行复核测量，确定盾构机的贯通姿态及掘进纠偏计划。在考虑盾构机的贯通姿态时注意两点：一是盾构机贯通时的中心轴线与隧道设计轴线的偏差，二是接收洞门位置的偏差。综合这些因素在隧道设计中心轴线的基础上进行适当调整。纠偏要逐步完成，每一环纠偏量不能过大。

（2）洞门破除

在盾构机距离端头墙前一星期时，对洞门进行第一次破除，先将围护结构的主体凿除，只保留围护结构的外排钢筋和保护层。

待盾构机进入加固范围时快速将洞门围护结构剩余部分破除，确保钢筋割除干净。

（3）洞门圈的安装（图 3-24）

洞口密封主要由环板、洞门帘布、压板及固定它们的铁件组成。

图 3-23　盾构机到达接收基座　　　　　图 3-24　洞门圈示意图

（4）接收基座的安装

接收基座的中心轴线应与隧道设计轴线一致，同时还需要兼顾盾构机出洞姿态。接收基座的轨面标高除适应于线路情况外，适当降低 20mm，以便盾构机顺利上托架。为保证盾构刀盘贯通后拼装管片有足够的反力，将接收基座以盾构进洞方向＋5‰的坡度进行安装。要特别注意对接收基座的加固，尤其是纵向的加固，保证盾构机能顺利到达接收基座上。

2）盾构到达技术要点

（1）盾构暂停掘进，准确测量盾构机坐标位置与姿态，确认与隧道设计中心线的偏差值，并根据测量结果制订到达掘进方案；继续掘进时，及时测量盾构机坐标位置与姿态，并依据到达掘进方案及时进行方向修正。

（2）掘进至接收井洞口加固段时，确认洞口土体加固效果，必要时进行补注浆加固。

（3）进入接收井洞口加固段后，逐渐降低土压（泥水压）和掘进速度，适时停止加泥和泡沫（土压式盾构），停止送泥与排泥（泥水式盾构），停止注浆，并加强工作井周围地层变形观测，超过预定值时，必须采取有效措施后，才可继续掘进。

（4）拆除洞口围护结构前要确认洞口土体加固效果，必要时进行注浆加固，以确保拆除洞口围护结构时不发生土体坍塌和地层变形过大。

（5）盾构接收基座的制作与安装要具备足够的刚度，且安装时要对其轴线和高程进行校核，保证盾构机顺利、安全接收。

（6）拼装完最后一环管片，千斤顶不要立即回收，及时将洞口段数环管片纵向临时拉紧成整体，拧紧所有管片连接螺栓，防止盾构机与衬砌管片脱离时衬砌纵向应力释放。

（7）盾构机落到接收基座上后，及时封堵洞口处管片外周与盾构开挖洞体之间空隙，同时进行填充注浆，控制洞口周围土体沉降。

3.2.4 盾构掘进

盾构掘进（图 3-25）是盾构法隧道施工的主要工序，要保证隧道的实际轴线和设计轴线相吻合，并保证管片拼装质量，使隧道不漏水，地面不产生大的变形。

1. 盾构试掘进

盾构开始掘进段常设定为试掘进段。掘进段完成后开始拆除负环管片，通过试掘进段拟达到以下目的：

（1）用最短的时间对盾构机进行调试。

图 3-25　盾构掘进示意图

（2）了解和认识本工程的地质条件，掌握该地质条件下泥水平衡盾构的施工方法。

（3）收集、整理、分析及归纳总结各地层的掘进参数，制定正常掘进各地层操作规程，推力、推进速度和排泥量三者的相互关系，实现快速、连续、高效的正常掘进。

（4）熟悉管片拼装的操作工序，提高拼装质量，加快施工进度。

（5）通过本段施工，加强对地面变形情况的监测分析，反映盾构机出洞时以及推进时对周围环境的影响，掌握盾构推进参数及同步注浆量。

（6）通过对地层推进施工，摸索出在盾构断面处于各地层中时盾构推进轴线的控制规律。

2. 盾构正常掘进

盾构机在完成试掘进后，将对掘进参数进行必要的调整，为后续的正常掘进提供条件。主要内容包括：

（1）根据地质条件和试掘进过程中的监测结果进一步优化掘进参数。

（2）正常推进阶段采用试掘进阶段掌握的最佳施工参数。通过加强施工监测，不断地完善施工工艺，控制地面沉降。施工进度应采用均衡生产法。

（3）推进过程中，严格控制好推进里程，将施工测量结果不断地与计算的三维坐标相校核，及时调整。

（4）盾构应根据当班指令设定的参数推进，推进出土和泥水流量与衬砌背后注浆同步进行。不断完善施工工艺，控制施工后地表最大变形量在 −30～+10mm 之内。

（5）盾构掘进过程中，坡度不能突变，隧道轴线和折角变化不能超过 0.4%。

（6）盾构掘进施工全过程须严格受控，工程技术人员根据地质变化、隧道埋深、地面荷载、地表沉降、盾构机姿态、刀盘扭矩、千斤顶推力等各种勘探、测量数据信息，正确下达每班掘进指令，并即时跟踪调整。

（7）盾构机操作人员须严格执行指令，谨慎操作，对初始出现的小偏差应及时纠正，应尽量避免盾构机走"蛇"形，盾构机一次纠偏量不宜过大，以减少对地层的扰动。

3. 盾构掘进施工措施

1）盾构机影响因素分析

开挖面的稳定是盾构施工中控制的关键，是引起第一、二阶段地表变形的决定因素。而盾构掘进机刀盘的结构形式、刀具布置等因素是开挖面保持稳定的盾构机内在关键因素。因此，在盾构设计制造时应根据地质特性提出具体要求，以保证开挖面的稳定，从而减小地表变形。

2）施工参数控制

盾构推进时，当开挖面的土体受到水平支护应力小于土体的侧向应力，则开挖面土体向盾构内移动，引起地层损失，导致盾构前上方地面沉降；反之，当水平支护应力大于土体的侧向应力时，则开挖面土体向前上方移动，从而导致开挖面前上方地层隆起。对于土压盾构应严格控制土舱土压力值及其波动值，切实保证开挖面的稳定。

3）盾构姿态控制

由于地层软硬不均、隧道曲线和坡度变化以及操作等因素的影响，盾构推进不可能完全按照设计的隧道轴线前进，而会产生一定的偏差。当这种偏差超过一定界限时就会使隧道衬砌侵限，盾尾间隙则会变小使管片局部受力恶化，同时增大了地层损失使地表沉降加大，因此盾构施工中必须采取有效技术措施控制掘进方向，及时有效纠正掘进偏差。

施工时应通过合理设置区域油压、刀盘转速、掘进速度等施工参数，尽量保证盾构机姿态的稳定，若盾构机发生偏离轴线迹象，应及时纠偏。可通过盾构壳体进行体外注浆，尽早弥补损失。

3.2.5 管片拼装与防水

1. 管片拼装

盾构隧道是由预制管片逐环连接形成的，管片在盾壳保护下进行拼装。管片类型主要有球墨铸铁管片、刚管片、复合管片和钢筋混凝土管片，每环由数块管片组合而成。

1）拼装方式

（1）通缝拼装（图3-26）

各环管片的纵缝对齐的拼装方法。这种方式定位容易，纵向螺栓容易穿，拼装施工应力小，但是容易产生环面不平，导致环向螺栓难穿，并且环缝压密量不够。

（2）错缝拼装（图3-27）

错缝拼装即前后环管片的纵缝错开拼装。一般错开 $1/2 \sim 1/3$ 块管片弧长，整体性较好，但是施工应力大易使管片产生裂缝，纵向穿螺栓困难，纵缝压密差。

（3）通用楔形管片拼装

通用楔形管片拼装是利用左右环宽不等的特点，管片任意旋转角度进行拼装，这种拼装方法工艺要求高，在管片拼装前需要对隧道轴线进行计算预测，及时调整管片旋转角度。

楔形管片有最大宽度和最小宽度，用于隧道转弯和纠偏。隧道转弯的楔形管片油管片的外径和相应的施工曲线半径而定，楔形环的楔形量、楔形角由标准管片的宽度、外径、施工曲线半径而定。

图 3-26　通缝拼装　　　　　　　　图 3-27　错缝拼装

2）拼装工艺

管片拼装工艺见图 3-28。

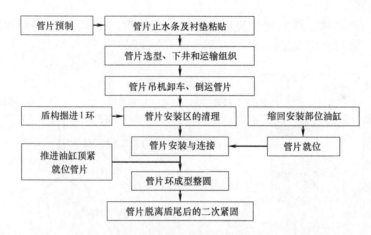

图 3-28　管片拼装工艺流程图

（1）先环后纵

先将管片拼装成圆环，拧好所有环向螺栓，而穿进纵向螺栓后再用千斤顶整环纵向靠拢，然后拧紧纵向螺栓，完成一环的拼装工序。用敞开式或机械切削盾构施工时，盾构后退量较小，可采用先环后纵的拼装工艺。

（2）先纵后环

缩回一块管片位置的千斤顶（不是将所有千斤顶全部同时缩回），使管片就位，立即伸出缩回的千斤顶，这样逐块拼装，最后成环。用挤压式盾构施工时，其盾构后退量较大，为不使盾构后退，减少对地面的变形，可用先纵后环的拼装工艺。

（3）先下后上

用举重臂拼装是从下部管片开始拼装，逐块左右交叉向上拼，这样拼装安全，工艺也简单，拼装所用设备少。

（4）先上后下

小盾构施工中，可采用拱托架拼装，即先拼上部，使管片支承于拱托架上。此拼装方法安全性差，工艺复杂，需有卷扬机等辅助设备。

2. 管片接缝防水

管片接缝防水是盾构隧道防水的重点，要保证在隧道使用年限内满足接缝防水要求，从材料选择、结构选型等多方面入手，进行符合其使用状态的防水试验，选择防水性能好、有利于施工的接缝形式。

1）防水密封垫

防水密封垫（图3-29）的作用原理是在管片接缝压密后，靠密封垫间的接触应力密封止水，主要分为树脂密封垫、橡胶密封垫、泡沫橡胶复合密封垫、异型橡胶复合密封垫。密封垫应满足以下要求：

（1）在管片可能的拼装状态下满足隧道设计年限内防水要求；

（2）作为橡胶材料，其材料性能要求应满足相关国家标准要求；

（3）在千斤顶推力和管片拼装的作用力下，不致使管片端面和角部损伤等弊病发生，同时弹性密封垫应方便管片拼装。

2）防水嵌缝

防水嵌缝（图3-30）填嵌到拼装后的管片嵌缝槽内，依靠填塞力和粘结力达到密封防水的作用。嵌缝材料应满足：

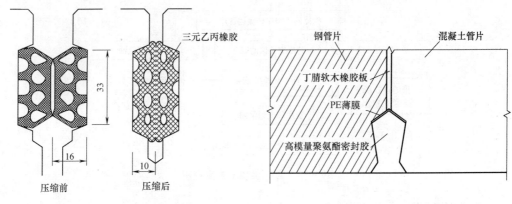

图3-29　防水密封垫示意图　　　　　图3-30　防水嵌缝示意图

（1）足够的粘结力、稳定性和强度；

（2）足够的弹性，能够适应隧道的变形。

嵌缝作业应在盾构千斤顶及盾构推进影响范围外的区域进行。在嵌缝施工前，必须清理嵌缝槽；在漏水部位施工时应先引流、封堵。

3.2.6　隧道同步注浆

盾构施工引起的地层损失和盾构隧道周围受扰动或受剪切破坏的重塑土的再固结以及地下水的渗透，是导致地表、建筑物以及管线沉降的重要原因。为了减少和防止沉降，在盾构掘进过程中，要尽快在脱出盾尾的衬砌管片背后同步注入足量的浆液材料充填盾尾环形建筑空隙。同步注浆示意图见图3-31。

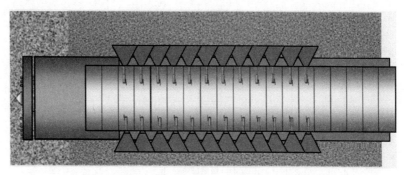

图 3-31 隧道同步注浆示意图

1. 同步注浆基本原理

（1）当盾构机掘进后，在管片与地层之间、管片与盾尾壳体之间将存在一定的空隙，为控制地层变形，减少沉降，并有利于提高隧道抗渗性以及管片衬砌的早期稳定，需要在管片壁后环向间隙采用同步注浆方式填充浆液，即为同步注浆。

（2）注浆过程是通过地面上的搅拌站按照设计配合比拌和的浆液，经过管道运输至隧道口的浆液车，浆液车通过电瓶车运输至盾构机后配套的储浆罐（浆液车与储浆罐通过软管连接），同时在储浆罐和运浆罐内均装有搅拌叶片对浆液随时进行搅拌，可防止浆液凝结或离析，然后储浆罐内的浆液通过两个注浆泵分别输送至安装在盾尾的四个注浆管道（一般管道是上下对称布置），最后由注浆管直接输送至壁后间隙起到填充作用，并且整个注浆过程是与盾构机的掘进同步进行的。泵送注浆量是通过调整液压油缸的速度进行调整，每个泵送油缸都装有计数指示器，盾构司机可以根据计数器上的读数了解每根注浆管内的注浆量。此外，盾构机盾尾还配挡浆板、密封设备，以及为防止盾尾内注浆管发生堵塞而配备的 4 个备用注浆管道。

（3）注浆有手动或者自动两种控制方式。在盾尾注浆管路的出口处装压力传感器，在盾构操作室和注浆控制箱上都可以看到注浆时管路出口处的压力。设置为自动控制时，应预先通过可编程控制器（PLC）设置注浆最大压力值和最小压力值，当注浆压力达到设定最大注浆压力时，注浆管路所连接的液压油缸立即自动停止工作；当注浆压力减小到 PLC 所设定的最小压力时，液压油缸自动启动重新开始注浆。手动控制方式则需要人工根据掘进情况随时调整注浆量。

2. 同步注浆工艺

同步注浆是保证地面建筑物、地下管线、盾尾密封及衬砌管片安全的重要一环，因此须严格控制，并依据地层特点及监控量测结果及时调整各种参数，确保注浆质量和安全。为了使环形间隙能较均匀地填充，并防止衬砌承受不均匀偏压，同步注浆对盾尾预置的 4 个注浆孔同时进行压注，并根据设在每个注浆孔出口处的压力器，对各注浆孔的注浆压力和注浆量进行检测与控制，从而获得对管片背后的对称均匀压注。同步注浆工艺如图 3-32 所示。

1）同步注浆材料的选择

在选用注浆材料时，需考虑以下条件：①注浆材料要充分填充到盾尾间隙的每一个角落；②填充后，要能在早期取得与土体相当的强度；③硬化后，体积的缩小量要小，止水

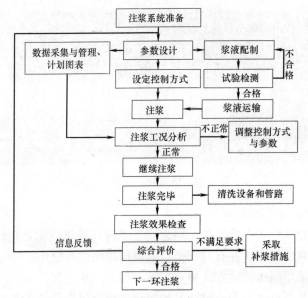

图 3-32 同步注浆工艺流程图

性要好；④地下水造成的稀释要小；⑤要能进行长距离压送；⑥压浆量要能控制。

2）注浆量和注浆压力

压浆量和注浆压力视压浆时的压力值和地层变形监测数据而定。施工中对注浆点进行压力、注浆量双参数控制，保证填充效果。

3）管路清洗

在施工时采取推进和注浆联动的方式。在混合管出口，安装一根模拟管，其长度和通径与本体内的注入管相同。注浆时，可从该管出口检查浆液质量，达到要求后，即可注入盾构注浆管中，这样使浆液在注入管中始终处于可塑状态，而不是过早结硬，引起堵管。

为确保管路畅通，工作面和压注管路在每次压注后都要及时清洗。

4）二次补压浆

二次注浆主要用于建筑物和地下管线的土体加固。当盾构穿越后，根据沉降情况，采取二次补浆的方法加固土体，直至稳定。

3.3 实习重点

3.3.1 盾构施工监测

1. 监测目的

盾构施工是一个动态过程，与之有关的稳定和环境影响也是一个动态过程。通过对盾构施工过程中围护结构、洞室主体及周边环境进行三维空间全方位、全过程的监测，一方面为工程决策、设计修改、工程施工和工程质量管理提供第一手监测资料和依据；另一方面，有助于快速反馈施工信息，以便及时发现问题并采用最优的工程对策。

（1）根据监测结果，发现可能发生危险的先兆，判断工程的安全性，以便提前采取必要的工程措施，防止工程破坏事故和环境破坏事的发生，保证工程顺利进行；

（2）以工程检测的结果指导现场施工，确定和优化施工方案，进行信息化施工；

（3）检验工程勘察资料的可靠性，验证设计理论和设计参数。

2．监测技术要求

（1）盾构施工中应结合工程所在地的施工环境、工程地质条件、工程施工方法与进度确定监控量测方案。

（2）监控量测方案应覆盖由于施工活动对隧道和环境造成安全隐患的各个方面，监控量测手段必须可靠、科学，对突发安全事故应有应急监测方案。

（3）针对不同的监测对象及监测部位，根据变形量、变形速率等，及时调整监控量测方案。

（4）所设计的各种监测项目要有机结合，相辅相成，测试数据能相互进行校验。地上地下同一个断面内的监控量测数据以及盾构掘进施工参数必须同步采集，以便进行科学分析。

（5）选择成熟先进的监控量测仪器和设备，同时应满足量测精度要求、抗干扰性强、适应长期测试等条件。

（6）采用大地测量方法进行监控量测时，应在变形区外埋设水准基点，水准基点一般不少于 3 个，应埋设在道面基层以下稳定的原状土层中（图 3-34），也可埋设在稳定的建筑物的墙上。

（7）观测点应埋设在能反应观测对象变形敏感的部位，并对测点采取有效的保护措施。

（8）在施工过程中进行连续监测，结合施工工况调整测试时间、测试频率，保证监测数据的连续性、完整性、系统性。

（9）在安全、可靠的前提下结合工程经验尽可能地采用直观、简单、有效的测试方法，合理利用监测点之间的关系，减少测点布设数量，降低监测成本。

3．监测项目及监测流程

1）监测项目（表 3-1）

盾构施工监测项目表　　　　　　　　　　　　　　　　　　　表 3-1

监测项目	监测仪器及工具	监测目的
隧道沿线地表沉降	电子水准仪、条码尺	掌握隧道施工过程对周围土体、地下管线和周围建筑物的影响程度及影响范围
建（构）筑物沉降		
地下管线沉降		
隧道拱顶沉降	电子水准仪、塔尺	掌握隧道施工过程周围土体的变化规律（图 3-35）
隧道净空收敛	数显式收敛计	了解施工过程盾构隧道本体位移情况
土体水平位移	测斜仪	了解盾构掘进时重要建（构）筑物处土体变形
端头水位变化	水位计	了解始发或接收时端头水位变化情况

2）监测流程（图 3-33）

4．监测方案

1）在盾构机推进前 60 天提交其关于监测施工的详细方案，以便得到监理工程师批准。监测方案包括：

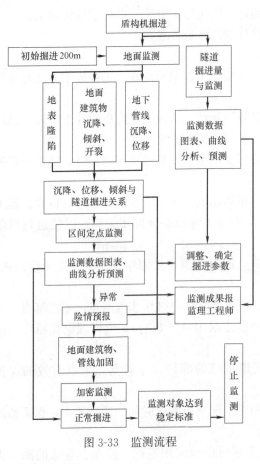

图 3-33　监测流程

（1）在 1：500 的线路平面图上清晰标出监测点位置并说明监测项目；监测点布设原则：①遵循相关国家或地方技术规范；②考虑监测对象的特定情况，包括重要性、距离远近、结构和基础形式等。

（2）测量方法、精度要求、仪器型号及性能、监测频率。

（3）给出各种管线、建筑物的监测预警值。

2）应在离始发井约 50 米范围为盾构机设立典型仪器配置的监测试验段。监测实验结果及时分析并反馈，据以调整施工参数。

5. 施工监测注意事项

（1）施工监测时应注意对周边环境的保护，如每天对正在掘进的隧道上方巡视，定期对已完隧道进行巡查。

（2）建筑物沉降是多种因素作用下产生的，累计沉降量控制可能满足不了，必须根据实际现状设定可确保该建筑物本身的基本机能及可以满足结构安全性的标准值。根据地铁施工监测的成功经验，将允许值的三分之二作为警告值，允许值的三分之一作为基准值，将警告值和允许值之间称为警告范围，实测值落在此范围，应提出警告，需商讨和采取施工对策，预防最终位移值超限。

（3）要设专人进行监测数据分析，严格执行监测数据交班会通报制度，及时对监测数据进行分析，结合工况进行分析，指导盾构掘进施工。一旦数据发现异常，及时分析，采取应急处理措施。

图 3-34　地面监测点

图 3-35　盾构监测定点

3.3.2 场地布置

盾构法施工整个内容包括盾构机的组装和调试、盾构掘进、水平和垂直运输、管片进场和堆放、浆液材料进场和拌制、渣土外运等。盾构法施工需要的人力、机械和各种施工材料较多，地面各工种需根据盾构施工特点穿插进行。因此，场地布置是盾构法施工的重要环节，它是盾构施工的前提和基础。盾构法施工场地布置具体包括龙门吊布置、弃土坑布置、管片堆放以及搅拌站的布置等。为了保证现场交通顺畅，减少现场材料和机具的二次搬运，避免各工序相扰，提高盾构施工的进度和效率，必须科学合理地进行场地布置。

1. 施工场地布置原则

对业主提供的施工用地，先进行现场实测实量，根据测量数据绘制出准确的平面用地范围图，然后根据盾构法施工的要求，在确定的有限的平面空间内进行施工现场的规划和布置。首先将施工用地分为施工用地区域和生活用地区域。由于施工区域扬尘多、噪声大、环境不好，因此2个区域应相隔一定的距离，并采取一定的隔离措施，一般尽可能将生活区域布置在上风口。施工区域的布置应符合盾构施工工序流程要求，尽量减少各工序之间的干扰。场内施工便道满足车辆行驶要求，运输方便通畅，现场车辆出入口方便、安全。施工场地用房满足施工要求，且不影响其他施工场地布置。堆放点各类施工材料堆放整齐，使用方便，管片堆场内管片便于调运，场地容量满足施工进度要求。弃土坑位置要便于龙门吊弃土和土方车辆外运，少污染、易清洁。

2. 场地布置方法

采用2台盾构机同时施工，一般使用2台大龙门吊和1台小龙门吊进行垂直运输作业，每台大龙门吊负责1台盾构施工。大龙门吊最大起重量通常为30t、40t和45t，需要根据渣土箱的体积选定龙门吊的起重量；小龙门吊常选用最大起重量为13t或16t，专门用于起吊管片，管片有1.2m和1.5m两种宽度，不同宽度的管片重量不同，因此由施工中使用的管片宽度选定小龙门吊，宽度为1.2m的管片选配12t的小龙门吊，否则选配16t的小龙门吊。

3. 龙门吊布置

在盾构施工中，除盾构机外龙门吊是使用频率最高的设备，是盾构配套设备中最重要的设备，施工中所有的垂直运输均由龙门吊完成（图3-36）。因此，龙门吊布置是施工场地布置的核心，它的工作区域不仅覆盖施工现场大部分范围，而且影响和决定现场内其他设施的布置。正确布置龙门吊是盾构施工场地合理布置的关键。应根据场地特点和要求、弃土坑位置和管片堆场的特点以及2台龙门吊自身情况综合考虑。以下为3种布置方式：

1）2台大龙门吊使用同一轨道，小龙门吊侧向平行布置

（1）特点

龙门吊轨道位于2个盾构竖井及2个出土口外侧，每个龙门吊工作范围覆盖盾构竖井及出土口整个区域，2台大龙门吊一前一后地作业，每台龙门吊负责1台盾构施工所需要进行的起吊渣土箱、下吊管片和施工所需材料的作业；小龙门吊负责从管片运输车上吊卸管片，将管片临时堆放在管片堆场区域，然后调配管片，将1环6块管片分成2组堆放在大龙门吊端头、大小龙门吊轨道之间的两个黑色区域（图3-37），便于大龙门吊往下吊运管片。

（2）优点

2台大龙门吊不仅可以相互替代作业，而且可以同时为1台盾构配套作业，在需要时可以加速1台盾构施工进度。若龙门吊A通过盾构竖井A进行垂直作业，龙门吊B即通过出土口B进行垂直作业，2台龙门吊间隔一段距离，独立作业互不干扰。龙门吊A可以通过盾构竖井B替代龙门吊B进行作业，同样龙门吊B也可以通过出土口A替代龙门吊A进行作业。

（3）缺点

但这种布置会使盾构施工循环时间长，施工进度较慢。由于1台大龙门吊完成1台盾构施工的全部垂直运输，在一个施工循环中，大龙门吊先进行渣土箱起吊和弃土作业，然后进行管片起吊下井作业，2道工序一前一后串联进行，作业总时间长。小龙门吊只进行地面卸车和调配堆放管片，在施工中闲置的时间较多，利用率低。此外，2台大龙门吊跨度大，横跨整个地铁车站，龙门吊自身成本较高。

2）2台大龙门吊分别使用各自轨道，小龙门吊正面布置

（1）特点

2台大龙门吊轨道位于各自出土口两侧，每台龙门吊作业范围仅限于自己的出土口和弃土坑，负责1台盾构施工所需要的起吊渣土箱作业；小龙门吊轨道位于2个盾构竖井外侧，作业区域覆盖两个盾构竖井，分别为2台盾构下吊管片和盾构施工所需材料，同时负责地面管片的卸车及其调配堆放，如图3-38所示。

（2）优点

1个盾构施工循环时间短，施工进度较快。大龙门吊专门用于起吊渣土箱和弃土作业，小龙门吊下吊管片和施工材料，起吊渣土箱和下吊管片由大小龙门吊同时完成，两道工序平行作业，缩短了一个施工循环时间。在施工中小龙门吊闲置时间少，利用率高。2台大龙门吊跨度小，自身成本较低。

（3）缺点

但这种布置2台大龙门吊不能相互替代作业，若1台大龙门吊出现故障时另一台不能替代其作业，2台龙门吊也不能同时为1台盾构配套作业。

3）3台龙门吊使用同一轨道

（1）特点

龙门吊轨道位于整个轨排井两侧，3台龙门吊作业范围覆盖整个轨排井区域。2台大龙门吊一前一后作业，每台龙门吊负责1台盾构施工所需要的吊土作业。小龙门吊通过轨排井分别为2台盾构机下吊管片和盾构施工所需材料，同时负责地面管片的卸车及其调配堆放，如图3-39所示。

（2）优点

这种布置集合了前2种龙门吊布置的优点，龙门吊作业配合效率很高。

（3）缺点

但这种布置只适用于比较宽敞的场合，比如地铁铺轨基地和轨排井这种特定的盾构施工场地。此外，3台龙门吊跨度大，自身成本很高。

4. 弃土坑布置

弃土坑是临时堆放盾构掘进产生渣土的蓄土池，装满渣土的渣土车利用大龙门吊将其

起吊至地面，并倾倒至弃土坑（图3-40）。弃土坑开挖大小主要由盾构施工速度和渣土外运时城市道路交通管制情况以及场地大小等确定。弃土坑合理布置有利于龙门吊弃土，减少弃土时龙门吊行程，缩短弃土时间，减少盾构施工等待时间，从而加快施工进度。因此，弃土坑布置是盾构施工场地布置的重要环节，直接影响盾构施工进度和现场文明施工程度。弃土坑布置一般遵循以下原则：

图 3-36　垂直龙门吊

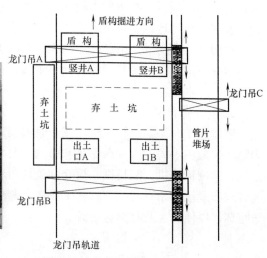

图 3-37　小龙门吊位于大龙门吊一侧

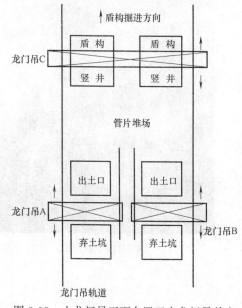

图 3-38　小龙门吊正面布置于大龙门吊前方

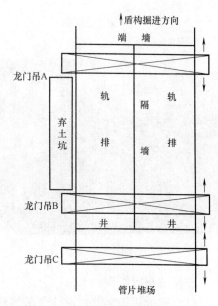

图 3-39　大小龙门吊使用同一轨道

（1）根据大龙门吊布置情况确定，在大龙门吊作业范围内。

（2）靠近盾构竖井或出土口，减少龙门吊弃土行程，弃土方便。

（3）弃土坑周围要有一定的场地空间，便于装渣和渣土外运。

（4）避免渣土外运车辆和管片运输车辆在施工场地内互相干扰。

（5）弃土坑周围冲洗方便，排水系统通畅，便于保持其周围环境卫生。

在图 3-37 所示龙门吊布置情况下，弃土坑布置在地铁车站侧面。整个弃土坑顺着车站方向，靠近车站围护结构呈长方形开挖。它和小龙门吊 C 布置区域相对应，分别位于车站两侧，2 台大龙门吊在靠近自己的位置分别向弃土坑弃土；也可以根据现场情况将弃土坑布置在车站顶板上方，如图中虚线所示。在图 3-38 所示龙门吊布置情况下，弃土坑布置在车站顶板上。在车站顶板回填土方以前建成 2 个大小相等的弃土坑，盾构竖井和出土口及弃土坑均近似位于同一轴线上，弃土坑靠近出土口，龙门吊弃土行程小，工作效率高。在图 3-39 所示龙门吊布置情况下，弃土坑布置在轨排井一侧。这种弃土坑布置和第一种情况相似，在轨排井一侧设置一个较大呈长方形的弃土坑，2 台大龙门吊分别向弃土坑弃土，互不干扰。

5. 搅拌站布置

盾构施工时需要进行同步注浆，浆液及时填充管片与土体之间的间隙，以防地面产生塌陷。浆液由水泥、砂、粉煤灰和膨润土及水按一定配合比在搅拌站制作而成。搅拌站由主机、螺旋输送机、配料机、筒仓和旋转给料器及水泥输送泵等设备组成（图 3-41）。正确合理布置搅拌站有利于节省施工场地，避免和其他施工设备发生干扰，同时减少浆液输送距离，以便快速及时输送浆液。

图 3-40 弃土坑

图 3-41 搅拌站

搅拌站布置原则：

（1）靠近盾构竖井，减少浆液输送距离。

（2）砂石料和水泥运输进场方便畅通。

（3）远离工人生活区，降低搅拌站工作噪声对工人生活区的干扰。

（4）根据所在城市经常性风向，布置在工人生活区下风区，避免搅拌站粉尘污染。

（5）不影响现场其他机械设备正常作业。

根据以上原则，搅拌站一般布置在盾构竖井的端头或侧面，具体布置位置根据现场实际情况确定。搅拌站布置在盾构竖井旁，占地面积相对较小，不影响各种运输车辆进出施工现场，避免干扰其他施工机械作业，有利于提高盾构施工进度和场地利用效率。场地布置是盾构法施工的首要环节，布置方式多种多样，需要根据盾构法施工的特点，综合考虑现场施工条件和场地大小等各种因素，正确合理地确定场地布置方式，为成功进行盾构施工奠定基础。

3.4 盾构法常见问题及防治措施[3-4]

从整体上说，盾构法施工的安全风险性是比较小的。盾构法施工在掘进时周围有盾壳保护，掌子面有土压（水压）平衡，施工安全性好。盾构法开挖、装渣、支护全部机械化作业，管片为工厂预制，施工质量易控制和保证，防水效果比较好。

但由于施工中各种不确定性因素的存在，盾构法施工仍存在工程风险并发生安全事故（图 3-42 和图 3-43）。

盾构施工主要风险包括：

（1）盾构进出洞阶段：工作井坍塌、进出洞时密封失效、盾构机械故障、后支撑问题等。

（2）盾构掘进阶段：压力设置不当、工作面失稳、遇到障碍物、盾尾密封失效、盾构设备故障灯、掘进轴线偏差等。

（3）管片拼装及防水阶段：管片环面不平整、管片环面与隧道设计轴线不垂直、管片破裂等。

（4）注浆阶段：注浆参数控制不当、浆液质量不符合标准、注浆浆管堵塞等。

图 3-42　外水从密封箱体处喷出致地面塌陷　　　图 3-43　盾构对地层扰动致地表隆起

3.4.1 盾构始发与到达

1. 盾构基座变形

1）现象

盾构基座（图 3-44）发生变形，使盾构掘进轴线偏离设计轴线。

2）原因分析

（1）盾构基座的中心夹角轴线与隧道设计轴线不平行，则盾构在基座上纠偏产生了过大的侧向力；

（2）盾构基座的整体刚度、稳定性不够，或局部构件的强度不足（图 3-45）；

（3）盾构姿势控制不好，盾构推进轴线与基座轴线产生较大夹角，致使盾构基座受力不均匀；

（4）对盾构基座的固定方式考虑不周，固定不牢靠。

3）防治措施

（1）对已发生变形损坏的构件，进行相应的加固或调换；

（2）盾构基座变形严重，将盾构脱离基座，对基座进行修复加固。

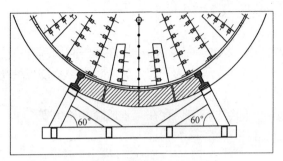

图 3-44　盾构基座

图 3-45　支撑端头板与支座承压板空隙大

2. 盾构始发段轴线偏离

1）现象

盾构始发段的推进轴线上浮，偏离隧道设计轴线较大。

2）原因分析

（1）洞口土体加固强度太高，使盾构推进的推进力提高；

（2）盾构正面平衡压力设定过高，导致盾构正面土体拱起变形，引起盾构轴线上浮；

（3）未及时安装上部的后盾支撑，使上半部分的千斤顶无法使用，当推力集中在下部，使盾构产生一个向上的力矩，导致盾构沿着向上的趋势偏离轴线；

（4）盾构机械系统故障，造成上部千斤顶的顶力不足。

3）防治措施

（1）施工过程中在管片拼装时加贴上部的楔子，调正管片环面与轴线的垂直度，便于盾构推进纠偏控制；

（2）在管片拼装时尽量利用盾壳与管片间隙作隧道轴线纠偏，改善推进轴线；

（3）用注浆的办法对隧道作少量纠偏，便于盾构推进轴线的纠偏。

3.4.2　盾构掘进

1. 土压平衡盾构螺旋机出土不畅

1）现象

螺旋机螺杆形成"土棍"，螺旋机无法出土，或螺旋机内形成阻塞，负荷增大，电机无法带动螺旋机转动，不能出土（图 3-46）。

2）原因分析

（1）盾构开挖面平衡压力过低，无法在螺旋机内形成足够压力，螺旋机不能正常进土，也就不能出土；

（2）螺旋机螺杆安装与壳体不同心，运转过程中壳体磨损，使叶片与壳体间隙增大，出土效率降低；

（3）盾构在砂性土及强度较高的黏性土中推进时，土与螺旋机壳体间的摩擦力增大，螺旋机的旋转阻力增大，电机无法转动；

（4）大块的漂砾进入螺旋机，卡住螺杆；

（5）螺旋机驱动电机因长时间高负荷工作，过热或油压过高而停止工作。

3）防治措施

（1）打开螺旋机的盖板，清理堵塞部位；

（2）更换磨损的螺杆。

2. 盾构掘进轴线偏差

1）现象

盾构掘进过程中，盾构推进轴线过量偏离隧道设计轴线，影响管片成环的轴线，通常伴随超挖欠挖、管片碎裂、隧道渗漏水等现象（图3-47）。

2）原因分析

（1）盾构超挖或欠挖，造成盾构的姿态不好，导致盾构轴线产生过量的偏移；

（2）测量误差，造成轴线的偏差；

（3）纠偏不及时，或纠偏不到位；

（4）盾构处于不均匀土层中，即处于两种不同土层相交的地带时，两种土的压缩性、抗压强度、抗剪强度等指标不同；

（5）盾构处于非常软弱的土层中时，若推进停止的间歇太长，则正面平衡压力损失，导致盾构下沉；

（6）拼装管片时落底块部位（盾壳内）清理不干净，相邻两环管片的夹缝内有杂质，使管片的下部超前，轴线产生向上的趋势，影响盾构推进轴线的控制；

（7）同步注浆量不够或浆液质量不好，泌水后引起隧道沉降，而影响推进轴线的控制；

（8）浆液不固结，在大的推力作用下隧道引起变形。

3）防治措施

（1）调整盾构的千斤顶编组或调整各区域油压，及时纠正盾构轴线；

图 3-46　刀盘结泥饼

图 3-47　管片拼装不齐致漏水

（2）对开挖面作局部超挖，使盾构沿被超挖一侧前进；

（3）盾构的轴线收到管片位置的阻碍不能进行纠偏时，采用楔子环管片调整环面与隧道轴线的垂直度，改善盾构后座面。

3.4.3　管片拼装与防水

1. 圆环管片环面不平整

1）现象

同一环管片在拼装完成后，迎千斤顶一侧环面不在同一平面上，不同块之间有凹凸现象存在，给下一环的拼装带来影响。导致换向螺栓穿进困难、管片碎裂（图 3-48 和图 3-49）。

2）原因分析

（1）管片制作误差尺寸累计；

（2）拼装时前后两环管片间夹有杂物；

（3）千斤顶的顶力不均匀，使环缝间的止水条压缩量不相同；

（4）纠偏楔子的粘贴部位、厚度不符合要求；

（5）止水条粘贴不牢，拼装时翻到槽外，使与前一环的环面不密贴，引起该块管片凸出；

（6）成环管片的环、纵向螺栓没有及时拧紧及复紧。

3）防治措施

对于已经形成环面不平的管片，下一环拼装施工中及时加贴楔子纠正环面，使环面平整。

图 3-48　管片拼装错台　　　　　　　　　　　图 3-49　管片破裂

2. 管片环面与隧道设计轴线不垂直

1）现象

拼装完成后的管片迎千斤顶的一侧整环环面与盾构推进轴线垂直度偏差超出允许范围，造成下一环管片拼装困难，并影响到盾构推进轴线的控制。

2）原因分析

（1）拼装时前后两环管片间夹有杂物，使相邻块管片间环缝张开量不均匀；

（2）千斤顶的顶力不均匀，使止水条压缩量不相同，累计后使环面与轴线不垂直；

（3）纠偏楔子的粘贴部位、厚度不符合要求；

（4）前一环环面与设计轴线不垂直，没有及时用楔子环纠正；

（5）盾构推进单向纠偏过多，使管片环缝压密量不均匀而使环面与轴线不垂直。

3）防治措施

（1）合理修改管片的排列顺序，利用增减楔子环（曲线管片）来纠偏；

（2）根据需要纠偏的量，在管片上适当的部位加贴厚度渐变的传力衬垫，形成楔子环，对环面进行纠正；

（3）当垂直度偏差较大，造成管片拼装困难，盾壳卡管片严重时，可采用纠偏量较大的刚性楔子。

3. 管片碎裂

1）现象

拼装完成的管片缺角掉边和有裂缝，使结构强度受到影响，且产生渗漏。

2）原因分析

（1）管片在脱模、存储、运输过程中发生碰撞，导致管片的边角缺损；

（2）拼装时管片在盾尾中的偏心量太大，管片与盾尾发生磕碰现象，以及盾构推进时盾壳卡坏管片；

（3）有定位凹凸榫的管片，在拼装时位置不准，凹凸榫没对齐，在千斤顶靠拢时会由于凸榫对凹榫的径向分布力而顶坏管片；

（4）管片拼装时相互位置错动，管片与管片间没有形成面接触，盾构推进时在接触点处产生应力集中，而使管片的角破损；

（5）前一环管片的环面不平，而使后一环管片单边接触，在千斤顶的推动下形同跷跷板，管片受到额外的弯矩而断裂；在封顶块与邻接块的接缝处的环面不平，也是导致邻接块两角容易碎裂的原因；

（6）拼装好的邻接块开口量不够，在插入封顶块时间间隙偏小，如强行插入，则导致封顶块管片或邻接块管片的角崩落；

（7）拼装机在操作时转速过大，拼装时管片发生碰撞，边角崩落。

3）防治措施

（1）因运输碰损的管片需进行修补后方能使用，须采用与原管片强度相应的材料进行修补；

（2）在井下吊运过程中损坏的管片，如损坏范围大，影响止水条的部位的，应予以更换；如损坏范围小，可在井下修补后使用；

（3）推进过程中被盾壳拉坏的管片，应立即进行修补，以保证止水效果；

（4）内弧面有缺损的管片进行修补时，所用的材料应与原管片强度等级相同，以保证强度和减少色差。

3.4.4　隧道同步注浆

1. 浆液质量不符合标准

1）现象

在盾构推进过程中，由于注浆浆液质量不好，使注浆效果不佳，引起地面和隧道的沉降。

2）原因分析

（1）浆液配合比与注浆工艺、盾构形式、周围土质不相适应；

（2）乘量不准，导致配合比误差，使浆液质量不符合要求；

（3）原材料质量不合格；

（4）浆液在运输过程中产生离析、沉淀。

3）防治措施

不符合要求的浆液重新进行配制。

2. 沿隧道轴线地面变形量过大

1）现象

沿隧道轴线地面变形过量，引起地面建筑物及地下管线损坏。

2）原因分析

（1）盾构开始掘进后，如不能同步地进行注浆或注浆效果差，则会产生地面沉降；

（2）盾尾密封效果不好，注浆压力又偏高，浆液从盾尾渗入隧道，造成有效注浆量不足；

（3）浆液质量不好，强度达不到要求，不能起到支护作用，造成地面变形量过大；

（4）注浆过程不均匀，推进过程中有时注浆压力大，注浆量足，有时注浆量少，甚至不注浆，造成对土体结构的扰动和破坏，使地层变形量过大。

3）防治措施

（1）根据地面变形情况及时调整注浆量、注浆部位，对于沉降大的部位采用补压浆的措施；

（2）损坏的盾尾及时更换，或在盾尾内垫海绵，对盾尾进行堵漏；

（3）从管片上进行壁后注浆，减少盾尾漏浆。

3. 双液注浆浆管堵塞

1）现象

双液注浆时，浆管堵塞、无法注浆、甚至发生浆管爆裂的情况，严重影响施工质量和进度。

2）原因分析

（1）长时间未注浆，浆管没有清洗，浆液在管路中结硬而堵塞管子；

（2）两种浆液的注浆压力不匹配，B液浆的压力太高而进入A液的管路中，引起A液管内浆液结硬，堵塞管子；

（3）管路中有支管时，清洗球无法清洗到该部位，使浆液沉淀而结硬。

3）防治措施

（1）每次注浆结束都应清洗注浆管，清洗注浆管时，不能将清洗球遗漏在管路内，以免引起更严重的堵塞；

（2）注意调整注浆泵的压力，保证两种浆液压力和流量的平衡；

（3）对于管路中存在的清洗球洗不到的分叉部分，应经常拆除分叉进行清洗。

3.4.5 实际施工问题及事故图例

实际施工问题及事故见图3-50～图3-53。

图 3-50　长春地铁一号线围护桩钢支撑意外脱落

图 3-51　青岛地铁 3 号线 08 标保儿站龙门吊倾倒

图 3-52　上海地铁某联络通道塌方

图 3-53　接收井外为含水砂层，加固长度不足致地面塌陷

3.5 思 考 题

3-1　什么是盾构法施工？什么是盾构机？

3-2　盾构法的优缺点分别是什么？

3-3　盾构法的构造组成是怎样的？有哪些分类？

3-4　盾构选型的过程是怎样进行的？

3-5　衬砌结构设计时需要考虑的荷载有哪些？

3-6　科学的场地布置需要综合考虑哪些因素？

3-7　盾构法施工包括哪些过程？

3-8　盾构衬砌防水的主要措施有哪些？

3-9　盾构施工过程中常见问题产生的原因及解决措施有哪些？

参 考 文 献

［3-1］ 白云，丁志诚. 隧道掘进机施工技术［M］. 北京：中国建筑工业出版社，2008.

［3-2］ 张庆贺. 地下工程［M］. 上海：同济大学出版社，1970.

［3-3］ 陈建平，吴立，闫天俊，许文峰. 地下建筑结构［M］. 北京：人民交通出版社，2008.

［3-4］ 黄兴安. 市政工程质量通病防治手册［M］. 北京：中国建筑工业出版社，2003.

［3-5］ 章华平. 城市导报［EB/OL］.（2015-12-18）. http：//citynews. eastday. com/csdb/html/2015-12/18/content_154671. html.

第 4 章

沉　井　法

4.1 概　　述

沉井是修筑深基础和地下构筑物的一种施工工艺。施工时先在地面或基坑内制作开口的钢筋混凝土井身，待其达到规定强度后，在井身内部分层挖土运出，随着挖土和土面的降低，沉井井身在其自重或在其他措施协助下克服与土壁间的摩阻力和刃脚反力，不断下沉，直至设计标高就位，然后进行封底。

沉井法在技术上比较可靠，挖土量少，对相邻建筑的影响比较小，沉井基础埋置较深，稳定性好，能支撑较大荷载，因此广泛应用于桥梁、烟囱、水塔等的基础。

沉井法施工的一般工艺流程如图 4-1 所示，其中沉井制作、沉井下沉、沉井封底是施工的关键，因此在本章将对上述施工关键步骤进行详细说明。

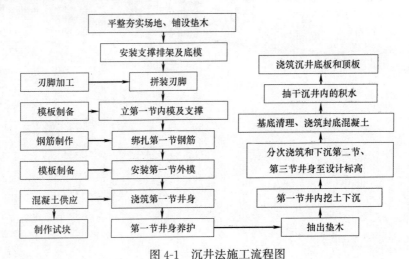

图 4-1　沉井法施工流程图

4.2 主要内容

4.2.1　沉井分类及构造

1. 沉井分类[4-1]

常见沉井平面图如图 4-2 所示。

1）按沉井个数分类

（1）单个沉井：仅有一个独立的沉井，或虽沉井个数不止一个但沉井之间的间距较大而使得彼此没有联系。

（2）群井：沉井个数不止一个且沉井之间的间距较小，彼此之间互有联系。

2）按施工方法分类

（1）一般沉井：直接在基础、筏基的位置制造，然后挖土下沉。有时基础位于水中，则先筑岛，再在岛上制造下沉。

（2）浮运沉井：先在岸边预制，再浮运就位下沉。有通航要求，人工筑岛困难或采用一般沉井不经济时采用浮运沉井。

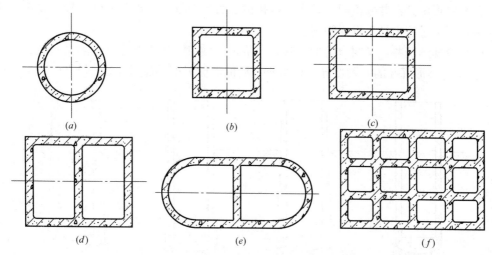

图 4-2　沉井按平面形式及沉井个数分类

（a）圆形单孔沉井；（b）正方形单孔沉井；（c）矩形单孔沉井；（d）矩形双孔沉井
（e）椭圆形双孔沉井；（f）矩形多孔沉井

3）按井壁材料分类

（1）混凝土沉井：因其抗压强度高而抗拉强度低，故多做成圆形，且仅适用于下沉深度不大 4 ~ 7m 的松软土层。

（2）钢筋混凝土沉井：应用最广，其抗拉抗压强度高，下沉深度大，既可做成重型或薄壁的一般沉井，也可做成薄壁浮运沉井及钢丝网水泥薄壁浮运沉井。

（3）钢沉井：优点是强度高、质量轻、易于拼装，一般用于制造空心浮运沉井；缺点是用钢量大，下沉时须外加压力，目前国内用的极少。

（4）其他材料的沉井：如木沉井、砌石圬工沉井等，一般用于盛产木材或石材且工程条件许可的情况下。

4）按平面形状分类

（1）按外边框形状分为：圆形、矩形和圆端形三种基本类型。

圆形沉井在下沉过程中易于控制方向，不容易倾斜、扭转或位移，且井壁仅受轴向力作用，即使侧压力分布不均匀，弯曲应力也较小，可充分利用混凝土抗压强度大的特点。

矩形沉井制造方便，能充分利用地基承载力，便于和上部结构的连接。

圆端形沉井具备了以上两种形式沉井的特点。

（2）按井孔布置方式分为：单孔、双孔及多孔沉井。

单孔用于平面尺寸很小的沉井，如小型涵洞的防冲槽等部位。当平面尺寸较大或很大时，为改善井壁受力条件，便于均匀取土下沉，在井中设置纵向或横向隔墙，就形成了双孔及多孔沉井。

5）按井筒铅垂剖面形状分类（图 4-3）

（1）柱形沉井：井壁受力较为均衡，下沉过程中易于控制方向，不容易倾斜，便于施工，往上接长简单，模板还可重复利用；但井壁阻力较大，如土体密实且下沉深度较大时，容易出现下部悬空从而造成井壁拉裂的现象。

（2）锥形沉井：井壁侧阻力较小，抵抗侧压力性能较为合理，但施工较为复杂，模板消耗多，下沉过程中易于发生倾斜。

（3）阶梯形沉井：又叫台阶形沉井，台阶一般做在沉井的下部，台阶宽一般为0.1～0.2m，实为锥形沉井的一种变异，台阶折算后的斜面坡度不超过1/20～1/50。

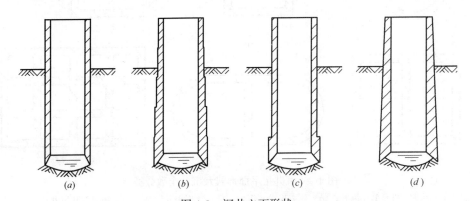

图4-3　沉井立面形状

（a）柱形；（b）阶梯形；（c）阶梯形；（d）锥形

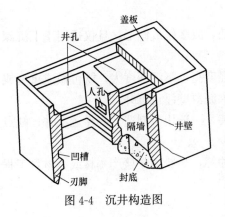

图4-4　沉井构造图

2. 沉井构造

1）沉井的轮廓尺寸

作为基础的沉井，其平面尺寸取决于建筑物底部的形状。保证下沉的稳定性及纵、横向刚度不相差过大（水平截面中长短边之比不大于3）。如建筑物的长宽比接近1，可考虑采用方形或圆形沉井。结构物边缘应尽可能支承于井壁或沉井顶板支承面上。对井孔内不填充混凝土的空心沉井，不允许结构物边缘全部置于井孔位置上。沉井的入土深度应根据上部结构、水文地质条件及各土层的承载力等确定。

2）沉井的主要构造

（1）井壁

井壁是沉井的主要部分，应有足够的厚度与强度，以承受在下沉过程中各种最不利荷载组合（水土压力）所产生的内力，同时要有足够的重量，使沉井能在自重作用下顺利下沉到设计标高。设计时通常先假定井壁厚度，再进行强度验算。井壁厚度一般为0.4～1.2m。对于薄壁沉井，应采用触变泥浆润滑套、壁外喷射高压空气等措施，以降低沉井下沉时的摩阻力，达到减薄井壁厚度的目的。但对于这种薄壁沉井的抗浮问题，应谨慎核算并采取适当、有效的措施。

（2）刃脚

井壁最下端一般都做成刀刃状的"刃脚"。其主要功用是减少下沉阻力。刃脚还应具有一定的强度，以免在下沉过程中损坏。刃脚底的水平面称为踏面。刃脚的式样应根据沉井下沉时所穿越土层的软硬程度和刃脚单位长度上的反力大小决定，沉井重、土质软时，踏面要宽些。相反，沉井轻，又要穿过硬土层时，踏面要窄些，有时甚至要用角钢加固的钢刃脚。

（3）内隔墙

根据使用和结构上的需要，在沉井井筒内设置内隔墙。内隔墙的主要作用是增加沉井在下沉过程中的刚度，减小井壁受力计算跨度。同时，又把整个沉井分隔成多个施工井孔（取土井），使挖土和下沉可以较均衡地进行，也便于沉井偏斜时的纠偏。内隔墙因不承受水土压力，所以，其厚度较沉井外壁要薄一些。

（4）井孔

沉井内设置的内隔墙或纵横隔墙或纵横框架形成的格子称作井孔，井孔尺寸应满足工艺要求（详见图4-4）。

（5）射水管

当沉井下沉深度大，穿过的土质又较好，估计下沉会产生困难时，可在井壁中预埋射水管组。射水管应均匀布置，以利于控制水压和水量来调整下沉方向，一般不小于600kPa。如使用触变泥浆润滑套施工方法时，应有预埋的压射泥浆管路。

（6）封底及顶盖

当沉井下沉到设计标高，经过技术检验并对井底清理整平后，即可封底，以防止地下水渗入井内。为了使封底混凝土和底板与井壁间有更好的联结，以传递基底反力，使沉井成为空间结构受力体系，常于刃脚上方井壁内侧预留凹槽，以便在该处浇筑钢筋混凝土底板和楼板及井内结构。凹槽的高度应根据底板厚度决定，主要为传递底板反力而采取的构造措施。

4.2.2　沉井制作

1. 施工准备工作

沉井施工前的准备工作，除去常规的场地平整（图4-5），修建临时设施，水、电、风等动力供应外，应着重做好下述工作：

图4-5　沉井制作场地准备

1）地质勘察

在沉井施工处需进行钻探，钻孔设在井外，距外井壁距离宜大于2m，需有一定数量和深度的钻孔，以提供土层变化、地下水位、地下障碍物及有无承压水等情况，对各土层要提供详细的物理力学指标，为制订施工方案提供技术依据。

2）编制施工方案

施工方案是指导沉井施工的核心技术文件，要根据沉井结构特点、地质水文条件、已有的施工设备和过去的施工经验，经过详细的技术、经济比较，编制出技术上先进、经济上合理的切实可行的施工方案。在方案中要重点解决沉井制作、下沉、封底等技术措施及保证质量的技术措施，对可能遇到的问题和解决措施要做到心中有数。

3）布设测量控制网

事先要设置测量控制网和水准基点，用于定位放线、沉井制作和下沉的依据。如附近存在建（构）筑物等，要设沉降观测点，以便施工沉井时定期进行沉降观测。

2. 沉井制作

沉井的施工程序为：平整场地→测量放线→开挖基坑→铺砂垫层和垫木或砌刃脚砖座→沉井浇筑→布设降水井点或挖排水沟、集水井→抽出垫木→沉井下沉封底→浇筑底板混凝土→施工内隔墙、梁、板、顶板及辅助设施[4-1]。

1）刃脚支设

沉井下部为刃脚，其支设方式取决于沉井重量、施工荷载和地基承载力。常用的方法有垫架法、砖砌垫座和土模（图 4-6）。

图 4-6 刃脚支设

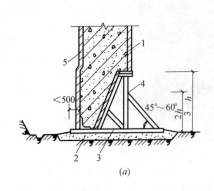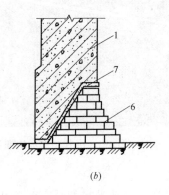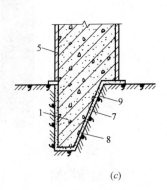

图 4-7 沉井刃脚支设

（a）垫架法；（b）砖垫座法；（c）土胎模法

1—刃脚；2—砂垫层；3—枕木；4—垫架；5—模板；6—砖垫座；7—水泥砂浆抹面；8—刷隔离层；9—土胎模

刃脚支设用得较多的是垫架法（图 4-7a）。垫架的作用是将上部沉井重量均匀传给地基，使沉井井身浇筑过程中不会产生过大不均匀沉降，使刃脚和井身产生裂缝而破坏；使井身保持垂直；便于拆除模板和支撑。采用垫架法施工时，应计算井身一次浇筑高度，使其不超过地基承载力，其下砂垫层厚度亦需计算确定。直径（或边长）不超过 8m 的较小的沉井，土质较好时可采用砖垫座（图 4-7b），砖垫座沿周长分成 6～8 段，中间留 20mm 空隙，以便拆除，砖垫座内壁用水泥砂浆抹面。对重量轻的小型沉井，土质较好时，甚至可用土胎模（图 4-7c），土胎模内壁亦用水泥砂浆抹面。

2）井壁制作（图 4-8）

沉井制作可在修建构筑物的地面上进行，亦可在基坑中进行，如在水中施工还可在人工筑岛上进行。应用较多的是在基坑中制作。

沉井施工有下列几种方式：一次制作、一次下沉；分节制作、一次下沉；分节制作、分节下沉（制作与下沉交替进行）。如沉井过高，下沉时易倾斜，宜分节制作、分节下沉。沉井分节制作的高度，应保证其稳定性并能使其顺利下沉。采用分节制作、一次下沉时，制作高度不宜大于沉井短边或直径，总高度超过 12m 时，需有可靠的计算依据和采取确保稳定的措施。

分节下沉的沉井接高前，应进行稳定性计算，如不符合要求，可根据计算结果采取井内留土、填砂（土）、灌水等稳定措施。

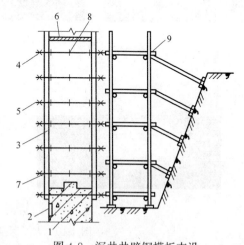

图 4-8 沉井井壁钢模板支设

1—下一节沉井；2—预埋悬挑钢脚手铁件；3—组合式定型钢模板；4—钢楞；5—对立螺栓；6——100×3 止水片；7—木垫块；8—顶撑木；9—钢管脚手架

井壁模板可用组合式定型模板，高度大的沉井亦可用滑模浇筑。分节制作时，水平接缝需做成凸凹型，以利防水。如沉井内有隔墙，隔墙底面比刃脚高，与井壁同时浇筑时需在隔墙下立排架或用砂堤支设隔墙底模。

4.2.3 沉井下沉

沉井下沉施工如图 4-9 所示，大型深基坑沉井法施工简略过程如图 4-10 所示。

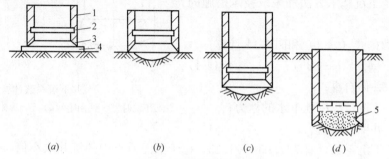

图 4-9 沉井下沉顺序图

（a）制造第一节沉井；（b）抽垫木、挖土下沉；（c）沉井接高下沉；（d）封底口

1—井壁；2—凹槽；3—刃脚；4—承垫木；5—素混凝土封底

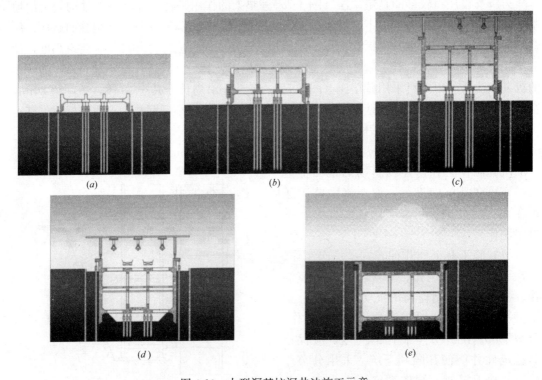

图 4-10　大型深基坑沉井法施工示意

（a）制作第一节沉井结构；（b）制作第二节沉井结构；（c）安装龙门吊；（d）沉井下沉；（e）封底

1. 下沉验算

沉井下沉前应进行混凝土强度检查、外观检查。并根据规范要求，对各种形式的沉井在施工阶段应进行结构强度计算、下沉验算和抗浮验算。

沉井下沉时，第一节混凝土强度达到设计强度，其余各节应达到设计强度的 70%。

沉井下沉，其自重必须克服井壁与土间的摩阻力和刃脚、隔墙、横梁下的反力，采取不排水下沉时尚需克服水的浮力。因此，为使沉井能顺利下沉，应进行分阶段下沉系数的计算，作为确定下沉施工方法和采取技术措施的依据。

下沉系数按式（14-1）和图 4-11 计算。

$$k_0 = (G-B)/T_f \qquad (4-1)$$

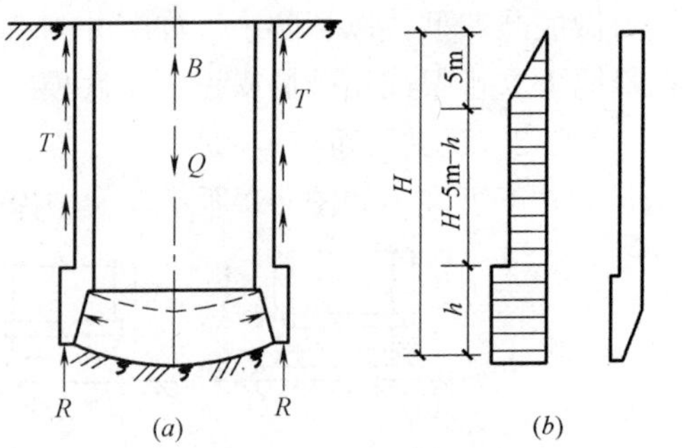

式中　G——井体自重；

图 4-11　沉井下沉系数计算简图

（a）下沉时力系平衡图；（b）下沉摩阻力计算简图

　　　　B——下沉过程中地下水的浮力；

　　　　T_f——井壁总摩阻力；

　　　　k_0——下沉系数，宜为 1.05～1.25，位于淤泥质土中的沉井取小值，位于其他土层中取大值。

井壁摩阻力可参考表 4-1。

井壁摩阻力	表 4-1
土的种类	井壁摩阻力（kN/m²）
流塑状黏性土	10～15
软塑及可塑状黏性土	12～25
粉砂和粉性土	15～25
砂卵石	17.7～29.4
泥浆套	3～5

当下沉系数较大，或在软弱土层中下沉，沉井有可能发生突沉时，除在挖土时采取措施外，宜在沉井中加设或利用已有的隔墙或横梁等作防止突沉的措施，并按式（4-2）验算下沉稳定性：

$$k'_0 = \frac{G-B}{T_f+R} \tag{4-2}$$

式中 R——沉井刃脚、隔墙和横梁下地基土反力之和；

k'_0——沉井下沉过程中的下沉稳定系数，取 0.8～0.9。

当下沉系数不能满足要求时，可在基坑中制作，减少下沉深度；或在井壁顶部堆放钢、铁、砂石等材料以增加附加荷重；或在井壁与土壁间注入触变泥浆，以减少下沉摩阻力等措施。

2. 垫架、排架拆除

大型沉井应待混凝土达到设计强度的 100％ 时可拆除垫架（枕木、砖垫座），拆除时应分组、依次、对称、同步地进行。抽除次序是：圆形沉井先抽除一般承垫架，后拆除定位垫架，矩形沉井先抽除内隔墙下垫架，再分组对称抽除外墙两短边下的垫架，然后抽除长边下一般垫架，最后同时抽除定位垫架。抽除时先将枕木底部的土挖去，利用绞磨或推土机的牵引将枕木抽出。每抽出一根枕木，刃脚下应立即用砂填实。抽除时应加强观测，注意沉井下沉是否均匀。隔墙下排架拆除后的空穴部分用草袋装砂回填。

3. 井壁孔洞处理

沉井壁上有时留有与地下通道、地沟、进水口、管道等连接的孔洞，为避免沉井下沉时地下水和泥土涌入，也为避免沉井各处重量不均，使重心偏移，易造成沉井下沉时倾斜，所以在下沉前必须进行处理。

对较大孔洞，在沉井制作时在洞口预埋钢框、螺栓，用钢板、方木封闭，中填与空洞混凝土重量相等的砂石或铁块配重（图 4-12a、b）。对进水窗则采取一次做好，内侧用钢板封闭（图 4-12c）。沉井封底后拆除封闭钢板、挡木等。

4.2.4 沉井封底

当沉井下沉到距设计标高 0.1m 时，应停止井内挖土和抽水，使其靠自重下沉至设计或接近设计标高，再经 2～3d 下沉稳定，或经观测在 8h 内累计下沉量不大于 10mm 时，即可进行沉井封底（图 4-13）。封底方法有排水封底和不排水封底两种，宜尽可能采用排水封底。

1. 排水封底（干封底）

排水封底是将新老混凝土接触面冲刷干净或打毛，对井底进行修整使之成锅底形，由刃脚向中心挖放射形排水沟，填以卵石做成滤水暗沟，在中部设 2～3 个集水井，深 1～

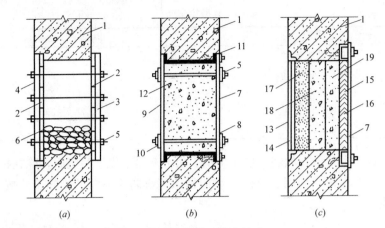

图 4-12 沉井井壁堵孔构造

(*a*) 大廊道口堵孔;(*b*) 管道孔洞堵孔;(*c*) 进水窗堵孔

1—沉井井壁;2—50mm 厚木板;3—枕木;4—槽钢内夹枕木;5—螺栓;6—配重;7—厚钢板;

8—槽钢;9—方木;10—方木;11—橡皮垫;12—砂砾;13—钢筋算子;14—5mm 孔钢丝网;

15—钢百叶窗;16—孔钢丝网;17—砂;18—粒径砂卵石;19—粒径卵石

2m,井间用盲沟相互连通,插入 $\phi600 \sim 800$mm 四周带孔眼的钢管或混凝土管,外包二层尼龙窗纱,四周填以卵石,使井底的水流汇集在井中,用潜水泵排出,保持地下水位低于基底面 0.5m 以下,如图 4-14 所示。

封底一般铺一层 150~500mm 厚碎石或卵石层,再在其上浇一层厚约 0.5~1.5m 的混凝土垫层,在刃脚下切实填严,振捣密实,以保证沉井的最后稳定。达到 50% 设计强度后,在垫层上绑钢筋,两端伸入刃脚或凹槽内,浇筑上层底板混凝土。封底混凝土与老混凝土接触面应冲刷干净;浇筑应在整个沉井面积上分层、不间断地进行,由四周向中央推进,每层厚 30~50cm,并用振捣器捣实;当井内有隔墙时,应前后左右对称地逐孔浇筑。混凝土采用自然养护,养护期间应继续抽水。待底板混凝土强度达到 70% 并经抗浮验算后,对集水井逐个停止抽水,逐个封堵。封堵方法是将滤水井中水抽干,在套管内迅速用干硬性的高强度混凝土进行堵塞并捣实,然后上法兰盘用螺栓拧紧或四周焊接封闭,上部用混凝土垫实捣平。

图 4-13 泵送混凝土沉井封底

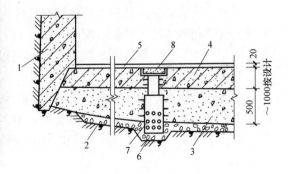

图 4-14 排水封底

1—沉井;2—卵石盲沟;3—封底混凝土;4—底板;
5—砂浆面层;6—集水井;7—$\phi600 \sim 800$mm
带孔钢或混凝土管,外包尼龙网;8—法兰盘盖

2. 不排水封底（水下封底）

当井底涌水量很大或出现流砂现象时，沉井应在水下进行封底。待沉井基本稳定后，将井底浮泥清除干净，新老混凝土接触面用水枪冲刷干净，并抛毛石，铺碎石垫层。封底水下混凝土采用导管法浇筑，如图 4-15 所示。

待水下封底混凝土达到所需强度后（一般养护 7～14d），方可从沉井内抽水，检查封底情况，进行检漏补修，按排水封底方法施工上部钢筋混凝土底板。

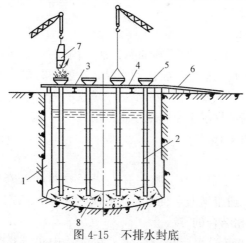

图 4-15　不排水封底

1—沉井；2—导管；3—大梁；4—平台；5—下料漏斗；6—机动车跑道；7—混凝土浇筑料斗；8—封底混凝土

4.3　实习重点

4.3.1　沉井下沉施工方法

1. 下沉方案选择

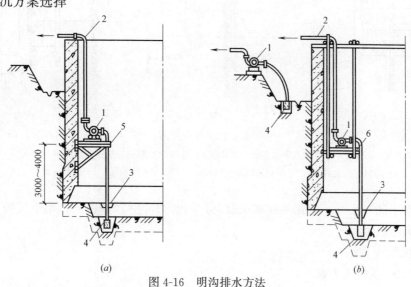

(a)　　　　　　　　　　　　(b)

图 4-16　明沟排水方法

(a) 钢支架上设水泵排水；(b) 吊架上设水泵排水

1—水泵；2—胶管；3—排水沟；4—集水井；5—钢支架；6—吊架

沉井下沉有排水下沉和不排水下沉两种方案。一般应采用排水下沉。当土质条件较差，可能发生涌土、涌砂、冒水或沉井产生位移、倾斜及沉井终沉阶段下沉较快有超沉可能时，才向沉井内灌水，采用不排水下沉。

当决定由不排水下沉改为排水下沉，或部分抽除井内灌水时，必须慎重，并应加强观察。

排水下沉常用的排水方法有：

1) 明沟、集水井排水

在沉井内离刃脚2～3m挖一圈排水明沟，设3～4个集水井，深度比地下水深1～1.5m，沟和井底深度随沉井挖土而不断加深，在井内或井壁上设水泵，将地下水排出井外。为不影响井内挖土操作和避免经常搬动水泵，一般采取在井壁上预埋铁件，焊钢操作平台安设水泵，或设木吊架安设水泵，用草垫或橡皮承垫，避免振动。如果井内渗水量很少，则可直接在井内设高扬程潜水泵将地下水排出井外。本法简单易行，费用较低，适于地质条件较好时使用（图4-16）。

2) 井点降水

在沉井外部周围设置轻型井点、喷射井点或深井井点以降低地下水位（图4-17a、b），使井内保持挖干土。适于地质条件较差，有流砂发生的情况时使用。

3) 井点与明沟排水相结合的方法

在沉井外部周围设井点截水；部分潜水，在沉井内再辅以明沟、集水井用泵排水（图4-17c）。

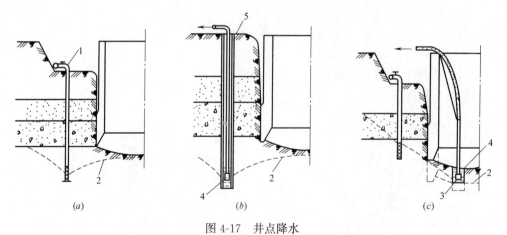

图4-17 井点降水

（a）真空井点降水；（b）深井井点降水；（c）井点与明沟结合降水

1—真空井点；2—降低后的水位线；3—明沟；4—潜水泵；5—深井井点

不排水下沉方法有：用抓斗在水中取土；用水力冲射器冲刷土；用空气吸泥机吸泥，或用水中吸泥机吸泥等。

2. 下沉挖土方法

1) 排水下沉挖土方法

排水下沉挖土方法，常用的有：人工或用风动工具挖土；在沉井内用小型反铲挖土机挖土；在地面用抓斗挖土机挖土（图4-18）。

挖土应分层、均匀、对称地进行，使沉井能均匀竖直下沉。有底架、隔墙分格的沉井，各孔挖土面高差不宜超过 1m。如下沉系数较大，一般先挖中间部分，沿沉井刃脚周围保留土堤，使沉井挤土下沉（图 4-19）；如下沉系数较小，应事先根据情况分别采用泥浆润滑套、空气幕或其他减阻措施，使沉井连续下沉，避免长时间停歇。井孔中间宜保留适当高度的土体，不得将中间部分开挖过深。

沉井下沉过程中，如井壁外侧土体发生塌陷，应及时采取回填措施，以减少下沉时四周土体开裂、塌陷对周围环境的影响。

沉井下沉过程中，每 8h 至少测量 2 次。当下沉速度较快时，应加强观测，如发现偏斜、位移时，应及时纠正。

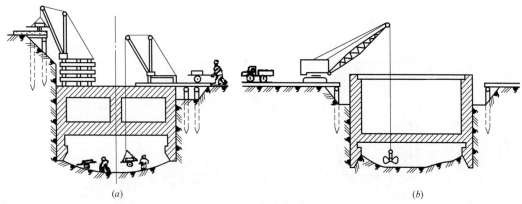

图 4-18　排水下沉挖土

（a）人工挖土；（b）抓斗挖土

2）不排水下沉挖土方法

一般采用抓斗、水力吸泥机或水力冲射空气吸泥等在水下挖土（图 4-20）。

（1）抓斗挖土

用吊车吊抓斗挖掘井底中央部分的土，使之形成锅底。在砂或砾石类土中，一般当锅底比刃脚低 1～1.5m 时，沉井即可靠自重下沉，而将刃脚下土挤向中央锅底，再从井孔中继续抓土，沉井即可继续下沉。在黏质土或紧密土中，刃脚下土不易向中央坍落，则应配以射水管冲土。沉井由多个井孔组成时，每个井孔宜配备一台抓斗。如用一台抓斗抓土时，应对称逐孔轮流进行，使其均匀下沉，各井孔内土面高差不宜大于 0.5m。

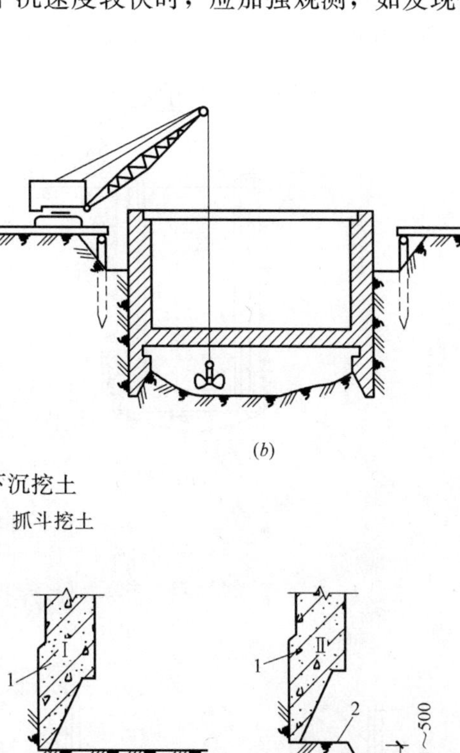

（2）水力机械冲土

图 4-19　排水下沉挖土流程

1—沉井刃脚；2—土堤；1、2、3、4—削坡次序

水力机械冲土是用高压水泵将高压水流通过进水管分别送进沉井内的高压水枪和水力吸泥机，利用高压水枪射出的高压水流冲刷土层，使其形成一定稠度的泥浆汇流至集泥坑，然后用水力吸泥机（或空气吸泥机）将泥浆吸出，从排泥管排出井外。冲黏性土时，

宜使喷嘴接近90°的角度冲刷立面，将立面底部刷成缺口使之坍落。冲土顺序为先中央后四周，并沿刃脚留出土台，最后对称分层冲挖，尽量保持沉井受力均匀，不得冲空刃脚踏面下的土层。施工时，应使高压水枪冲入井底，所造成的泥浆量和渗入的水量与水力吸泥机吸入的泥浆量保持平衡。

水力机械冲土的主要设备包括吸泥器（水力吸泥机或空气吸泥机）、吸泥管、扬泥管和高压水管、离心式高压水泵、空气压缩机（采用空气吸泥时用）等。

水力吸泥机冲土，适用于粉质黏土、粉土、粉细砂土中；使用不受水深限制，但其出土效率则随水压、水量的增加而提高，必要时应向沉井内注水，以加高井内水位。在淤泥或浮土中使用水力吸泥时，应保持沉井内水位高出井外水位1～2m。

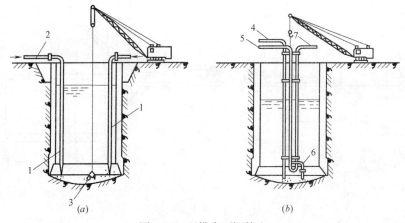

图 4-20 不排水下沉挖土

（a）用水枪冲土、抓斗水中抓土；（b）用水力吸泥器冲土

1—水枪；2—胶管；3—多瓣抓斗；4—供水管；5—冲刷管；6—排泥管；7—水力吸泥导管

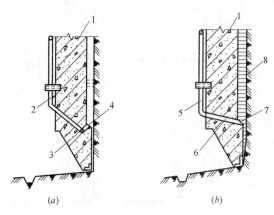

图 4-21 辅助下沉方法

（a）预埋冲刷管组；（b）触变泥浆护壁

1—沉井壁；2—高压水管；3—环形水管；4—出口；
5—压浆管；6—橡胶皮一圈；7—压浆孔；8—触变泥浆护壁

3）沉井的辅助下沉方法

常用的辅助下沉方法（图4-21）如下：

（1）射水下沉法

射水下沉法是用预先安设在沉井外壁的水枪，借助高压水冲刷土层，使沉井下沉。射水所需水压，在砂土中，冲刷深度在8m以下时，需要0.4～0.6MPa；在砂砾石层中，冲刷深度在10～12m以下时，需要0.6～1.2MPa；在砂卵石层中，冲刷深度在10～12m时，则需要8～20MPa。冲刷管的出水口径为10～12mm，每一管的喷水量不得小于0.2m³/s。但本法不适用于黏土中下沉。

（2）触变泥浆护壁下沉法

沉井外壁制成宽度为10～20cm的台阶作为泥浆槽。泥浆是用泥浆泵、砂浆泵或气压罐通过预埋在井壁体内或设在井内的垂直压浆管压入，使外井壁泥浆槽内充满触变泥浆，其液面接近于自然地面。为了防止漏浆，在刃脚台阶上宜钉一层 2mm 厚的橡胶皮，同时在挖土时注意不使刃脚底部脱空。在泥浆泵房内要储备一定数量的泥浆，以便下沉时不断补浆。在沉井下沉到设计标高后，泥浆套应按设计要求进行处理，一般采用水泥浆、水泥砂浆或其他材料来置换触变泥浆，即将水泥浆、水泥砂浆或其他材料从泥浆套底部压入，使泥浆被压进的材料挤出，水泥浆、水泥砂浆等凝固后，沉井即可稳定。

触变泥浆是以 20%膨润土及 5%石碱（碳酸钠）加水调制而成。采用本法可大大减少井壁的下沉摩阻力，同时还可起阻水作用，方便取土，并可维护沉井外围地基的稳定，保证其邻近建筑物的安全。

3. 井内土方运出方法

沉井内土方运出通常采用的方法是：在沉井边设置塔式起重机或履带式起重机等，将土装入斗容量 $1\sim2m^3$ 的吊斗内，用起重机吊出井外卸入自卸汽车运至弃土处，如图 4-22 所示。沉井内土方吊运出井时，对于井下操作工人必须有安全措施，防止吊斗及土石落下伤人。

4. 测量控制

沉井位置标高的控制，是在沉井外部地面及井壁顶部四面设置纵横十字中心控制线、水准基点，以控制位置和标高。沉井垂直度的控制，是在井筒内按 4 或 8 等分标出垂直轴线，各吊线坠一个对准下部标板来控制，并定时用两台经纬仪进行垂直偏差观测。挖土时，随

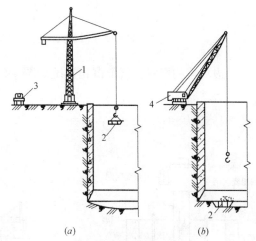

图 4-22　用塔式或履带式起重机吊运土方
（a）塔式起重机吊运土方；（b）履带式起重机吊运土方
1—塔式起重机；2—吊斗；3—运输汽车；4—履带式起重机

时观测垂直度，当线坠离墨线达 50mm，或四面标高不一致时，即应纠正。沉井下沉的控制，系在井筒壁周围弹水平线，或在井外壁上两侧用白铅油画出标尺，用水平尺或水准仪来观测沉降。沉井下沉中应加强位置、垂直度和标高（沉降值）的观测，每班至少测量两次（于班中及每次下沉后检查一次），接近设计标高时应加强观测，每 2h 一次，预防超沉。由专人负责并做好记录，如有倾斜、位移和扭转，应及时通知值班队长，指挥操作人员纠正，使偏差控制在允许范围以内。如图 4-23 所示。

4.3.2　气压沉箱基础

1. 气压沉箱原理

气压沉箱工法的原理是在沉箱下部预先构筑底板，在沉箱下部形成一个气密性高的钢筋混凝土结构工作室，向工作室内注入压力与刃口处地下水压力相等的压缩空气，使之在无水的环境下进行取土排土，箱体在本身自重以及上部荷载的作用下下沉到指定深度，然后进行封底施工。由于工作室内的气压的气垫作用，可使沉箱平稳下沉；同时由于工作室气压可平衡外界水压力，因此沉箱下沉过程中可防止基坑隆起、涌水及涌砂现象，尤其是在含承压水层中施工时，工作室内气压可平衡水头压力，无需地面降水，从而可显著减轻

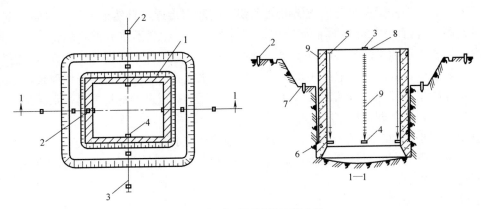

图 4-23　沉井下沉测量控制方法

1—沉井；2—中心线控制点；3—沉井中心线；4—钢标板；5—铁件；

6—线坠；7—下沉控制点；8—沉降观测点；9—壁外下沉标尺

施工对周边环境的影响。气压沉箱系统如图 4-24、图 4-25 所示。

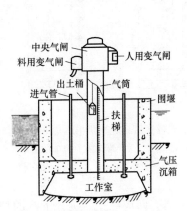

图 4-24　气压沉箱系统剖面图

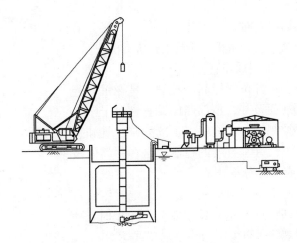

图 4-25　现代气压沉箱系统模拟图

2. 气压沉箱工艺优点

气压沉箱工法由于其在气压状态下下沉的特点，使其在深基坑与地下工程应用方面具有独特优点：

（1）气压沉箱工作室内的压缩空气由地面空压机系统持续供给，工作室内的气压可平衡地下水压力，因而可以避免沉箱下沉出土施工中坑底出现隆起和流砂管涌现象，尤其是在施工区域有承压水层的情况时，可有效控制周围土层的沉降。

（2）气压沉箱利用气压平衡箱外水压力，作业空间处于无水状态，因此不需要对箱外高水头潜水及承压水进行降水和降压处理，从而避免因降水引起周边土体的沉降。

（3）工作室内的压缩空气起到了气垫作用，可以消除沉箱急剧下沉的危险情况，同时容易纠偏和控制下沉速度及防止超沉，保证了工程安全和施工质量，也进一步减小了沉箱施工对周边环境的影响。

（4）经过多年气压沉箱施工的发展，气压沉箱工法可适用于各种地质条件，诸如软土、黏土、砂性土和碎（卵）石类土及软硬岩等地质条件。

（5）现代化的气压沉箱技术可以在地面上通过远程控制系统，在无水的地下作业室内实现挖排土的无人机械自动化，不会产生污水，排出的土体也可以作为普通土进行处理。基于上述优点，并且考虑到沉箱结构空间刚度明显优于地下连续墙等结构，因此新型沉箱工法在城市密集建筑区内复杂环境下的地下结构施工中有着无可比拟的优越性。本研究通过国内首个成功实施的无人化可遥控式气压沉箱施工的地铁区间隧道中间风井工程，验证了这一方法的优越性。

3. 施工流程

1）现场准备

（1）场地布置时应根据现场情况合理布置水、电线路，施工临时设施，地面控制室等。还应注意空压机停放位置，移动氧舱停放位置，供气管路的布置等，其中空压机的配置应考虑备用。现场并应配备应急发电机。

（2）对高气压作业人员必须提前进行培训。

（3）据现场土质情况及结构形式合理开挖基坑，铺设砂垫层、素混凝土垫层，并应注意砂垫层的排水。

2）沉箱地面制作

（1）沉箱可根据结构高度分为多次制作，多次下沉。地面制作时应包括刃脚制作、底板制作，以便下部形成密闭空间。底板制作时应考虑相关设备预埋件和预埋管路的布置。

（2）底板制作完毕后进行工作室内以及底板上施工设备的安装。主要包括：自动挖掘机、皮带运输机、螺旋出土机、人员进出塔、物料进出塔以及工作室内照明、通信、摄像等设备。同时现场应打设水位观测井，以观测地下水位变化情况。

3）沉箱第一次下沉

（1）在设备安装完毕后可进行沉箱第一次下沉，由于此时沉箱刃脚入土深度浅，前期下沉可采取无气压出土形式。待沉箱刃脚插入原状土2～3m后，即可向工作室内充入气压，进行气压下沉施工。

（2）沉箱工作室内气压大小应以平衡开挖面处外界水压力大小为限，不应过高或过低。

（3）沉箱出土采用遥控出土形式。其中出土采取螺旋出土机自动出土，使得出土过程不需经过烦琐的充、放气过程，提高了施工效率，同时也可将物料塔吊斗出土形式作为备用措施。

（4）为防止沉箱初期下沉速度太快，我们在沉箱外围设置了多个支撑砂桩，作为辅助支撑来控制沉箱下沉速度。砂桩可根据沉箱下沉需要，通过适当泻砂来自由调节支撑点的高度，并可分别调节各支撑点高度，从而起到控制沉箱下沉姿态的作用。

4）沉箱接高

由于沉箱分为多次制作，多次下沉，在下沉时需进行结构接高（最后一次下沉除外）。为提高施工效率，上节井壁的接高可与下沉同时进行。此时脚手体系可采取在外井壁上悬挑牛腿的方式搭设外脚手架，内脚手可直接在沉箱底板上搭设。随后上节井壁的接高与下沉同时进行施工。

5）沉箱后期下沉

（1）随着沉箱下沉深度的增加，工作室气压应不断调高，以便平衡开挖面不断增加的外界水压力。但工作室气压大小应以平衡开挖面处外界水压力大小为限，不应过高或过低。

（2）沉箱下沉到后期，由于气压反力等因素的作用，沉箱下沉系数会减小，使沉箱下沉困难，此时可利用外加多个压沉系统进行强制压沉。压沉动力系统可采用千斤顶，并通过地锚进行压沉。同时可利用各个千斤顶施加不同压力来控制沉箱姿态。

（3）同时可通过设置外围泥浆套减阻，灌水、砂压重等方式进行辅助下沉。

（4）一般应慎用减压下沉工艺，尤其是在砂性土、承压水层中更应慎用。

6）封底施工

沉箱下沉到最终标高后进行封底施工。预先在沉箱底板（即工作室顶板）制作时按一定间距预埋导管（导管直径与混凝土泵车尺寸相对应），在沉箱下沉过程中，导管上端先采用闸门封堵，当沉箱下沉到位准备封底施工前，在沉箱底板上采用一长导管一段与底板预埋导管连接，另一段与地面泵车导管连接，即可采用泵车直接向工作室内浇筑混凝土。封底混凝土要求采用自流平混凝土，以保证混凝土可以在工作室内的一定范围自然摊铺。当一处浇筑完毕后，泵车移到下一导管处继续浇筑，直至封底混凝土充满整个工作室空间。封底混凝土达到强度后，再对其与底板之间的空隙处进行压注水泥浆处理。

4. 施工安全及维护

1）工作室设备保养及维修

工作室内施工设备在施工过程中需要人员通过人员塔进入到工作室内的高气压环境下进行维修保养。作业人员作业完毕仍通过人员塔按规定程序减压出舱。

2）高气压作业安全

为保证高气压下作业人员安全，相关人员必须经过专业培训，现场须配备专业气压医生。作业人员进出高气压环境必须严格遵守相关减压程序。现场须配备移动减压舱，作应急备用。

4.4　沉井法常见问题及防治措施[4-2]

4.4.1　沉井下沉困难

1. 原因分析

（1）井壁与土间的摩阻力过大；

（2）沉井自重不够，下沉系数过小；

（3）遇有障碍物。

2. 预防措施及处理方法

（1）继续浇灌混凝土增加重量，在井顶均匀加铁块或其他荷重；

（2）挖除刃脚下的土或在井内继续进行第二层碗形破土；用小型药包爆破震动，但刃脚下挖空宜小，药量不宜大于0.1kg刃脚应用草垫防护；

（3）不排水沉井改为排水沉井，以减少浮力；

（4）在井外壁装置射水管冲刷井周围土，减少摩阻力，射水管亦可埋于井壁混凝土内；此法仅适用于砂及砂类土；

（5）在井壁与土间灌入触变泥浆或黄土，降低摩阻力，泥浆槽距刃脚高度不小

于 3m;

（6）清除障碍物。

4.4.2 沉井下沉过快

1. 原因分析

（1）遇软弱土层，土的耐压强度小，使下沉速度超过挖土速度；

（2）长期抽水或因砂的流动，使井壁与土间摩阻力减小；

（3）沉井外部土液化。

2. 预防措施及处理方法

（1）可用木垛在定位垫架处给以支撑，并重新调整挖土，在刃脚下不挖或部分挖土；

（2）将排水法下沉改为不排水法下沉，增加浮力；

（3）在沉井外壁间填粗糙材料，或将井筒外的土夯实，加大摩阻力，如沉井外部的土液化发生虚坑时，可填碎石处理；

（4）减少每一节筒身高度，减轻沉井重量。

4.4.3 沉井倾斜

图 4-26 沉井倾斜

1. 原因分析（图 4-26）

（1）沉井刃脚下的土软硬不均；

（2）没有对称地抽除垫木或没有及时回填夯实，并在四周的回填土夯实不均；

（3）没有均匀挖土使井内土面高低悬殊；

（4）刃脚下掏空过多，沉井突然下沉，易于产生倾斜；

（5）刃脚一侧被障碍物搁住，未及时发现和处理；

（6）排水开挖时井内涌砂；

（7）井外弃土或堆物，井上附加荷重分布不均造成对井壁的偏压。

2. 预防措施及处理方法

（1）加强沉井过程中的观测和资料分析，发现倾斜及时纠正；

(2) 分区、依次、对称、同步地抽除垫木，及时用砂或砂砾填夯实；

(3) 在刃脚高的一侧加强取土，低的一侧少挖土或不挖土，待正位后再均匀分层取放；

(4) 在刃脚较低的一侧适当回填砂石或石块，延缓下沉速度；

(5) 不排水下沉，在靠近刃脚低的一侧适当回填砂石，在井外射水或开挖，增加偏心压载以及施加水平外力等措施。

4.4.4 沉井偏移

1. 原因分析

(1) 大多由于倾斜引起；当发生倾斜和纠正倾斜式，井身常向倾斜一侧下部产生一个较大压力，因而伴随产生一定位移，位移大小随土质情况及向一边倾斜的次数而定；

(2) 测量定位差错。

2. 预防措施及处理方法

(1) 控制沉井不再向偏移方向倾斜；

(2) 有意使沉井向偏位的相反方向倾斜，当几次倾斜纠正后，即可恢复到正确位置或有意使沉井偏位的一方倾斜，然后沿倾斜方向下沉，直至刃脚出中心线与设计中心位置相吻合或接近时，再将倾斜纠正；

(3) 对下沉较多的一侧底板实施上抬注浆；

(4) 加强测量的检查复核工作。

4.4.5 沉井遇障碍物

1. 原因分析

沉井下沉局部遇孤石、大卵石、地下沟道、管线、钢筋、树根等造成沉井搁置、悬挂。

2. 预防措施及处理方法

(1) 遇较小孤石，可将四周土掏空后取出，较大孤石或大块石、地下沟道等，可用风动工具或用松动爆破方法破碎成小块取出，炮孔距刃脚不少于 50cm，其方向须与刃脚斜面平行，药量不得超过 200g，并设钢板防护，不得用裸露爆破，钢管、钢筋、树根等可用氧气烧断后取出；

(2) 不排水下沉，爆破孤石，除打眼爆破外，亦可用射水管在孤石下面掏洞，装药破碎吊出。

4.4.6 沉井遇硬质土层

1. 原因分析

(1) 遇厚薄不等的黄砂胶结层，质地坚硬，开挖困难。

2. 预防措施及处理方法

(1) 排水下沉时，以人力用铁杆打入土中向上撬动，取出，或用铁镐、锄开挖，必要时打炮孔爆破成碎块；

(2) 不排水下沉时，用重型抓斗、射水管和水中爆破联合作业，先在井内用抓斗挖 2m 深锅底坑，用潜水工用射水管在坑底向四周方向距刃脚边 2m 冲 4 个 400mm 深的炮孔，各放 200g 炸药进行爆破，余留部分用射水管冲掉，再用抓斗抓出。

4.4.7　沉井遇倾斜岩层

1.原因分析

（1）地质构造不均，沉井刃脚部分落在岩层上，部分落在软岩土层上，封底后容易造成沉井下沉不均，产生倾斜。

2.预防措施及处理方法

（1）应使沉井大部分落在岩层上，其余未到岩层部分，如土层稳定不向内崩塌，可进行封底工作，若井外土宜向内塌，则可不排水，由潜水工一面挖土，一面以装有水泥砂浆或混凝土的麻袋堵塞缺口，堵完后再清除浮渣，进行封底；

（2）井底岩层的倾斜面，应适当做成台阶。

4.4.8　流砂

1.原因分析

（1）井内锅底开挖过深，井外松散土涌入井内；

（2）井内表面排水后，井外地下水动水压力把土压入井内；

（3）爆破处理障碍物，井外土受振进入井内。

2.预防措施及处理方法

（1）采用排水法下沉，水头宜控制在 1.5～2.0m（图 4-27）；

（2）挖土避免在刃脚下掏挖，以防流砂大量涌入（图 4-27），中间挖土也不宜挖成锅底形；

（3）穿过流砂层应快速，最好加荷，使沉井刃脚切入土层；

（4）采用土井或井点降低地下水位，防止井内流淤，土井宜安装在井外，井点则可设置在井外或井内；

（5）采用不排水法下沉沉井，保持井内水位高于井外水位，以避免流砂涌入。

图 4-27　流砂

4.5　思　考　题

4-1　沉井法的施工流程是怎样的？

4-2　与其他地下结构施工方法相比，沉井法有哪些优点？

4-3　简述沉井法的基本原理。

4-4　沉井的分类及其分类标准有哪些？

4-5　如何选择适合工程的沉井构造？

4-6　气压沉箱用于封底有哪些优点？

4-7　沉井法施工中常见问题及其解决方法有哪些？

参 考 文 献

［4-1］　葛春辉．钢筋混凝土沉井结构设计施工手册［M］．北京：中国建筑工业出版社，2004.

［4-2］　黄兴安．市政工程质量通病防治手册［M］．北京：中国建筑工业出版社，2003.

第 5 章

顶 管 法

5.1 概　述

顶管法（Pipe Jacking Method）是采用液压千斤顶或具有顶进、牵引功能的设备，利用顶管工作井承压壁，将管节按照设计高程、方位、坡度，逐节顶入土层，直至首节管节被顶入接收端工作井的施工方法。这一方法从早期的人工手掘逐渐向自动控制、机械开挖发展，并出现了一系列辅助技术（如中继间技术、曲线顶管技术）。顶管法因其扰动小、综合成本低等优点，广泛应用于高速公路、铁路、河流、名迹保护区、地面建筑物、地下构筑物和地下管线的穿越工程。

顶管法具有如下特点：

（1）不阻断交通，不破坏道路和植被，对周边建筑基础影响小，污染少，噪声低。

（2）施工设备少，工序简单，施工速度快，综合施工成本低。

（3）与明挖法相比，顶管法土方开挖量少、对围护要求少、对降水要求不高、不影响交通、对临近管线和建筑物的影响较小。

（4）与盾构法相比，顶管法不需拼装衬砌、工期短，地面沉降小，造价低，更适用于修建中小型地下市政管道（内径不大于4m）。

（5）适用于埋深较大、交通干线附近和对周围环境对位移、地下水有严格限制的地下管道工程。

实习主要内容：了解顶管法施工组织设计，掌握顶管法施工技术构成，熟悉顶管法施工中的核心工艺和关键技术；结合理论知识，主动发现问题，并尝试寻找答案；对可能发生的事故或故障充分重视，学习现场技术人员的解决方法。

5.2 顶管法主要内容

顶管法的施工工艺可简述如下：首先，在管线的始发端建造一个工作井。在井内的顶进轴线后方，布置一组形成较长的油缸（又称主站油缸，简称主油缸，俗称千斤顶），一般称对称布置，如2只、4只、6只、8只，数量多少根据顶管管径的大小和顶力大小而定。管道放在主油缸前面的导轨上，管道的最前端安装掘进机（图5-1）。主油缸顶进时，以掘进机开路，推动管道穿过工作井井壁上预埋的穿墙管（孔）把管道顶入土中。与此同时，进入掘进机的泥土不断被挖掘，经管道外排。当主油缸达到最大行程后缩回，放入顶铁填充缩回行程，主油缸继续顶进。如此不断加入顶铁，管道不断向土中延伸。当井内导轨上的管道几乎全部顶入土中后，虽会主顶油缸，吊去全部顶铁，将下一节管段吊下工作井，安装在前节管道的后面，接着继续顶进。如此循环施工，直至顶完全程。图5-1为顶管施工的示意图。

5.2.1 顶管法施工的组织设计

前期准备和专项施工组织设计两个部分依次进行，内容如下：

1）前期准备：应对施工沿线进行踏勘，了解建（构）筑物、地下管线和地下障碍物的状况。对邻近建（构）筑物、地下管线要指定监测和技术保护措施。

2）专项施工组织设计应包括以下主要内容：（1）工程概况；（2）工程的地质、水文条件；（3）施工现场总平面布置图；（4）顶管掘进机的选型；（5）管节的连接与防水；（6）中继间的布置；（7）顶力计算及后座布置；（8）测量、纠偏方法；（9）顶管施工参数的选定；（10）减阻泥浆的配制与注浆方法；（11）顶管的通风、供电措施；（12）进出洞措施；（13）施工进度计划、机械设备计划及劳动力安排计划；（14）安全、质量、环境保护措施；（15）应急预案。

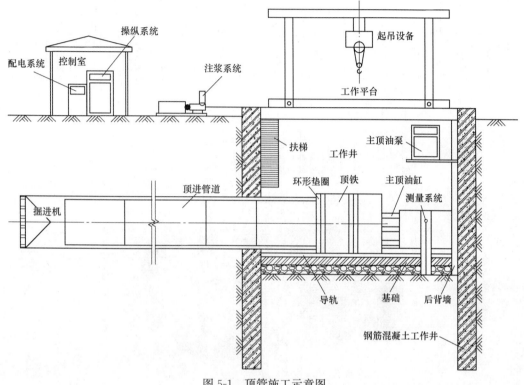

图 5-1 顶管施工示意图

5.2.2 顶管法施工的技术构成

图 5-2 为顶管法施工技术构成图。完整的顶管法施工大体包括工作井、推进系统、注浆系统、定位纠偏系统及辅助系统五个部分。以泥水平衡顶管为例，顶管设备布置示意图如图 5-3 所示。

1. 工作井

在需要顶进的管道一端建造的竖井称为工作井，或称始发井、工作坑。工作井按其使用用途可分为顶管工作井和接收工作井。顶管工作井简称工作井是为布置顶管施工设备而设置，一般设置有后背墙以承受施工过程中的反力；接收工作井简称接收井是为接收顶管施工设备而设置。通常管节从顶管工作井中一节节推进，到接收工作井中把掘进机吊起，当首节管进入接收井时，整个顶管工程才告结束。

工作井中常需要设置各种配套装置，包括工作平台、洞口止水圈、扶梯、集水井、后背墙以及基础与导轨。

1）工作平台

工作平台宜布置在靠近主顶油缸的地方，由型钢架设而成，上面铺设方木和木板。

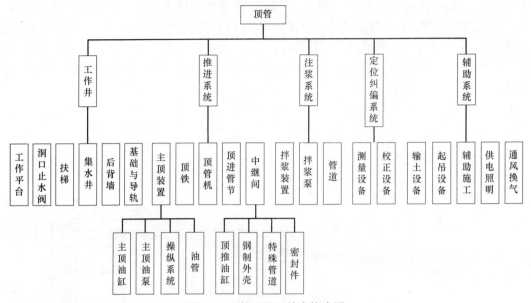

图 5-2　顶管法施工技术构成图

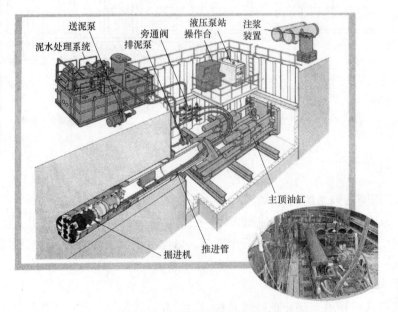

图 5-3　顶管设备布置示意图

2）洞口止水圈

洞口止水圈安装在顶管工作井的出洞洞口，防止地下水和泥砂流入工作井。

3）扶梯

工作井内需设置扶梯，以方便工作人员上下，扶梯应坚固防滑。

4）集水井

集水井用来排除工作井底板处的集水，或兼作排除泥浆的备用井。

5）后背墙

后背墙位于顶管工作井顶进方向的对面，是顶进管节时为顶管工作井提供反作用力的一种结构。后背墙在顶管施工中必须保持稳定，具有足够的强度和刚度。它的构造因工作井的构筑方式不同而不同。在沉井工作井中，后背墙一般就是工作井的后方井壁。在钢板桩工作井中，必须在工作井内的后方与钢板之间浇筑一座与工作井宽度相等的厚度为0.5~1m的钢筋混凝土墙。由于主顶油缸直径较细，若把主顶油缸直接抵在后背墙上，后背墙受力太集中很容易损坏。为了防止这类事情发生，在后背墙与主顶油缸之间，需垫上一块厚度为200~300mm的钢构件，即后靠背。在后靠背与钢筋混凝土墙之间设置木垫，通过它把油缸的反力均匀地传递到后背墙上，这样后背墙就不容易损坏。后背墙布置示意图请参见图5-4。

6）基础与导轨

基础是工作井坑底承受管节重量的部位。基础的形式取决于地基土的种类、管节的重量及地下水位。一般的顶管工作井常采用土槽木枕基础、卵石木枕基础及混凝土木枕基础。①土槽木枕基础：适用于地基承载力大而又没有地下水的地方。这种基础在工作井底部平整后，在坑底挖槽并埋枕木，枕木上安放导轨；②卵石木枕基础：适用于有地下水但渗透量较小、以黏土为主的粉土。为防止安装导轨时扰动地基土，可铺设一层100mm的碎石以增加承载力；③钢筋混凝土基础：适用范围比较广，适用于地下水位高、地基土软弱的情况。这种基础是在工作井地基浇筑一定厚度的钢筋混凝土，导轨安装在钢筋混凝土基础上。它的作用主要有两点：一是使管节沿一定稳定的基础导向顶进；二是让顶铁工作时能有一个可靠的托架。导轨一般采用型钢焊接而成，应具有较高的尺寸精度，并具有耐磨和承载力大的特点；导轨下方应用刚性结构垫实，两侧撑牢固定。基础和导轨是顶管的出发基准，应该具有足够的强度和刚度，并具有兼顾且不移位的特点。

2. 推进系统

1）主顶装置

主顶装置主要由主顶油缸、主顶液压泵站、操纵系统以及油管等组成。①主顶油缸：是主顶装置的主要设备，工程中习惯称之为千斤顶，它是管节推进的动力。主顶油缸安装在顶管工作井内，一般均匀布置在管壁两侧，油缸主要由缸体、活塞、活塞杆及密封件组成，其形式多为可伸缩的液压驱动的活塞式双作用油缸。②主顶液压泵站：主顶液压泵站的压力油由主顶油泵通过高压油管供给。③操纵系统：主顶油缸的推进和回缩是通过操纵系统控制的。操作方式有电动和手动两种，前者使用电磁阀或电液阀，后者使用手动换向阀。④油管：常用的油管有钢管、高压软管等。管接头的形式根据系统压力选取，常用的管接头有卡套式和焊接式。主顶装置及油缸布置示意如图5-4所示。

2）顶铁

顶铁是顶进过程中的传力构件，起到传递顶力并扩大管节端面承压面积的作用，一般由钢板焊接而成。顶铁由O形顶铁和U形顶铁组成。①O形顶铁：直接与管子接触的构件，通过该构件可以将主顶油缸的顶力全断面地传递到管子上，用以扩大管子的承载面积。②U形顶铁：该构件是O形顶铁与主顶油缸之间的垫块，用以弥补主顶油缸行程的不足。U形顶铁的数量和长度取决于管子的长度和主顶油缸的行程大小。顶铁应具有足够的强度和刚度。尤其要注意主顶油缸的受力点与顶铁相对应位置肋板的强度，防止顶进受力后顶铁变形和破坏。顶铁布置示意图如图5-5所示。

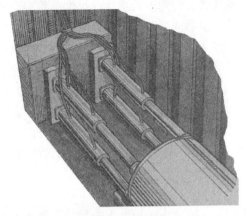

图 5-4　主顶装置及后背墙示意图[5-3]

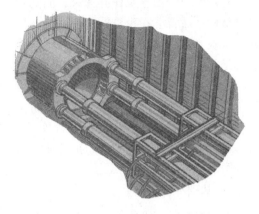

图 5-5　顶铁布置示意图[5-3]

　　3）掘进机

　　掘进机是在一个护盾的保护下，采用手掘、机械或水力破碎的方法来完成顶管开挖的机器。掘进机安放在所顶管节的最前端，主要功能一是开挖正面的土体，同时保持正面水土压力的稳定；二是通过纠偏装置控制掘进机的姿态，确保管节按照设计的轴线方向顶进。目前的掘进机形式主要有泥水平衡、土压平衡、气压平衡等。

　　4）顶进管节

　　顶进管节通常包括钢筋混凝土管、钢管、玻璃钢夹砂管、顶应力钢筒混凝土管等。钢筋混凝土管的管节长度有 2～3m 不等。这类管接口必须在施工时和施工完成以后的使用过程中都不渗漏。这种管接口形式目前主要是 F 形接头。钢管的长度根据工作井的长度确定，接口焊接而成。它的优点是焊接接口不易渗漏，缺点是只能用于直线顶管。玻璃钢夹砂管也可用于顶管，管节的防腐性能比较好。预应力钢筒混凝土管在顶管工程中正在得到应用，由于管节能够承受较大的内压，所以适用于给水管道工程。

　　5）中继间

　　中继间是长距离顶管中不可缺少的设备。中继间安装在顶进管线的某些部位，把这段顶进管道分成若干个推进区间。它主要由多个顶推油缸、特殊的钢制外壳、前后两个特殊的顶进管节和均压环、密封件等组成。顶推油缸均匀地分布于保护外壳内，当所需的顶进力超过主顶工作站的顶推能力、管材或者后座装置所允许承受的最大顶力时，需要在施工的管道中安装一个或多个中继间进行接力顶进施工。

　　3. 注浆系统

　　注浆系统由拌浆、注浆和管道三部分组成。①拌浆：拌浆是把注浆材料按一定比例加水以后再搅拌成所需的浆液；②注浆：注浆是通过注浆泵来进行的，它可以控制注浆压力和注浆量；③管道：管道分为总管和支管，总管安装在管道内的一侧，用支管把浆液输送到每个注浆孔。

　　4. 定位纠偏系统

　　1）测量设备

　　常用的测量装置就是置于基坑后部的经纬仪和水准仪。经纬仪用来测量管道的水平偏差，水准仪用来测量管道的垂直偏差。机械式顶管有的使用激光经纬仪，它是在普通经纬仪上加装一个激光发射器而构成的。激光束打在掘进机的光靶上，通过观察光靶上光点的位置就可判断管子顶进的偏差。

2）纠偏装置

纠偏装置是纠正顶进姿态偏差的设备，主要包括纠偏泊缸、纠偏液压动力机组和控制台。对曲线顶管，可以设置多组纠偏装置，来满足曲线顶进的轨迹控制要求。

5. 辅助系统

1）输土设备

输土设备因顶进方式的不同而不同。在手掘式顶管中，大多采用人力车或运土斗车出土；在土压平衡式顶管中，可以采用有轨运土车、电瓶车和土砂泵等方式出土；在泥水平衡式顶管中，则采用泥浆泵和管道输送泥水。

2）起吊设备

起吊设备一般分为龙门吊和吊车两类。其中，最常用的是龙门吊，它操作简便、工作可靠，不同口径的管子应配不同起重量的龙门吊，它的缺点是转移过程中拆装比较困难。汽车式起重机和履带式起重机也是常用的地面起吊设备，它们的优点是转移方便、灵活。

3）辅助施工

顶管施工离不开一些辅助的施工方法。不同的顶管方式以及不同的土质条件应采用不同的辅助施工方法。顶管常用的辅助施工方法有井点降水、高压旋喷、压密注浆、双液注浆、搅拌桩、冻结法等。

4）供电照明

顶管施工中常用的供电方式有低压供电与高压供电。①低压供电：根据掘进机的功率、管内设备的用电量和顶进长度，设计动力电缆的截面大小和数量。这是目前应用较普遍的供电方式。对大口径长距离顶管，一般采用多线供电方案。②高压供电：在口径比较大而且顶进距离又比较长的情况下，需采用高压供电方案。先把高压电输送到掘进机后的管子中，然后由管子中的变压器进行降压，再把降压后的电送到掘进机的电源箱中。高压供电的好处是途中损耗少而且所用电缆可细些，但高压供电，要做好用电安全工作和采取各种有效的防触电、漏电措施。照明通常采用低压供电，应选用 12～24V 低压电源，同时采取安全用电措施加以保护。

5）通风换气

通风换气是长距离顶管中不可缺少的一环，否则可能发生缺氧或气体中毒的现象。顶管中的通风应采用专用的空气压缩机或者鼓风机。通过通风管道将新鲜的空气送到掘进机内，把混浊的空气排出管道。除此以外，还应对管道内的有毒有害气体进行定时的检测。

5.2.3 核心工艺

顶管施工能否顺利进行最主要取决于四个基本要素：（1）详细的地质资料；（2）适用于该地质情况的掘进机；（3）合适的施工工艺；（4）一批训练有素且具有高度责任心的施工人员。

根据以上要素和以往施工经验，顶管法的核心工艺可归纳为掘进机选型、掘进机进出洞技术、中继间技术、减阻技术和顶管纠偏技术等。

1. 掘进机选型

顶管掘进机包括顶管工具管和顶管机两种类型。

顶管施工是用掘进机在地下挖土，同时，借助于设在工作井或中继间中油缸的推力，把掘进机及其随后的管节，一节节地从工作井顶推到接收井中的一种非开挖敷设地下管道的施工方法。

工具管是指安装在所顶管道前端，一个钢制的供施工人员在其中进行挖土、纠偏和测量等作业的特殊管节。在工具管内通常是没有挖土机械的。

顶管机与工具管不同，它是一个设有各种挖土机械的特殊管节。在这个特殊管节内安装有反铲等挖土装置的，则被称之为半机械顶管机。在这个特殊管节内安装有机械挖土体装置，并且用泥水压力来平衡土压力和地下水压力，同时又采用泥水来输送弃土的，则被称之为泥水平衡顶管机。在这个特殊管节内安装有机械挖土体装置，并且用土仓内泥土的压力来平衡土压力和地下水压力，同时又采用螺旋输送机来排出弃土的，则被称之为土压平衡顶管机。典型的土压平衡掘进机和泥水平衡掘进机示意图请参见图5-6。

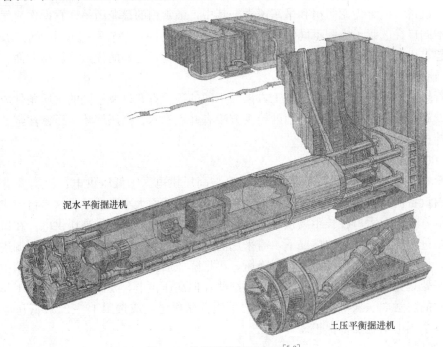

图 5-6　常见顶管机示意图[5-3]

顶管施工诞生至今的一百余年里，掘进机发展大体上经历了以下四个阶段：挖掘面敞开的顶管施工阶段、气压顶管施工阶段、泥水平衡顶管施工阶段和土压平衡顶管施工阶段。

掘进机选用的基本原则：

1）适应性原则

如果选用的掘进机不能与施工条件相适应，所导致的后果将是不堪设想的：轻者将影响施工的进度，重者可能顶管施工失败。

（1）与土质相适应：掘进机都是有一定范围的，有的适用于软土，有的适用于砂砾，没有一种是万能的。首先要了解该机的结构和工作原理，再查看它的使用业绩，根据生产厂商所提供的业绩资料做进一步的核实和调查研究。

（2）与设计条件相适应：这里是指设计图纸中的要求和规定，如顶进管的直径、材质，顶进的长度和线型，工作坑和接收坑的构筑形式，覆土深度等条件。

（3）与地面条件相适应：地面建筑物、公路、铁路、大堤、驳岸等要求掘进机施工过后的地面沉降小。

（4）与地下条件相适应：是否有地下水、地下构筑物、各种公用管线、桩基和可能遇到的其他障碍物等。

2）可靠性原则

（1）掘进机设计的可靠性：这是决定掘进机质量的关键，由于环境因素对人和掘进机产生的影响，发生错误的可能性必然存在，所以选择掘进机必须充分考虑产它的易使用性和易操作性。

（2）掘进机的耐用性：产品使用少故障、寿命长就是耐用。对掘进机而言，其主轴密封的耐用性应放在第一位，因为一旦主轴密封损坏了，现场通常是无法修理的。但是，任何产品都不可能保证100％的不会发生故障，只是发生故障的概率越小越好。

（3）设备的可维修性：当掘进机发生故障后，要求能够很快地通过维护或维修排除故障。掘进机的可维修性与掘进机的结构有很大的关系。

3）安全性原则

由于掘进机是在地下进行施工作业的一种特殊机械，施工作业有一定的危险性。

（1）机械的安全性：一般来说，掘进机的操作越容易，发生人为失误或其他问题造成的安全问题的可能性就越小。掘进机内所设置的过载保护和报警装置可减少安全事故的发生。

（2）应对外部条件的安全性：在穿越河流时选用不需要人在管道内作业的遥控掘进机，比较安全。

4）经济性原则

（1）掘进机的性价比高；

（2）掘进机的适用范围广；

（3）掘进机的施工速度快、施工质量高；

（4）弃土处理容易且处理成本低。

掘进机的选型参考可见表5-1。

掘进机选型参考表　　　　　　　　　　　表5-1

掘进机类型\使用条件			工具管		半机械式掘进机			机械式掘进机			
			手掘式	挤压式	网格水冲式	反铲式	气压式	加泥土压式	普通泥水式	破碎型泥水式	泥浆式
直径（mm）	2000以上	大直径	★	★	★	★	★	★	★	★	★
	1200～1800	中直径	☆	☆	※	×	※	☆	★	★	☆
	1000以下	小直径	×	×	×	×	×	×	★	★	×
顶距（m）	1000m以上	超长距离	×	×	★	×	☆	★	★	★	★
	300～1000m	长距离	×	×	★	☆	☆	★	★	★	★
	300m以下	一般距离	★	★	★	★	★	★	★	★	★

续表

掘进机类型 使用条件			工具管		半机械式掘进机			机械式掘进机			
			手掘式	挤压式	网格水冲式	反铲式	气压式	加泥土压式	普通泥水式	破碎型泥水式	泥浆式
覆土深度（D）	5.0以上	深覆土	★	★	★	★	★	★	★	★	★
	2.0~5.0	一般覆土	★	※	★	☆	☆	★	★	★	★
	1.25~2.0	浅覆土	×	×	×	×	×	★	※	※	※
土质	黏性土	有机土 N=0	×	★	☆	×	☆	★	☆	☆	☆
		黏土 N=0~10	☆	☆	☆	×	☆	★	★	★	☆
		粉质黏土 N=10~30	☆	※	☆	※	★	★	★	★	☆
	砂性土	粉砂 N=10~15	※	×	★	※	★	★	★	★	☆
		松软砂土 N=15~30	※	×	☆	×	☆	★	★	★	★
		固结砂土 N=>30	☆	×	※	★	☆	★	★	★	★
	砂砾土	松软砂砾 N=10~40	※	×	※	☆	×	☆	☆	☆	★
		密实的砂砾 N=>40	☆	×	※	★	×	☆	☆	☆	★
		含卵石砂砾	※	×	×	×	×	☆	※	☆	★
		卵石层	※	×	×	×	×	☆	×	※	★
	岩土	硬土 N=>50	★	×	☆	☆	×	★	★	★	☆
		软岩 抗压强度小于15MPa	☆	×	×	×	×	★	☆	☆	×
地下水	无		★	×	※	★	×	★	×	×	☆
	渗透系数（m/s）	大于1.0×10⁻³	※	×	×	※	×	★	※	※	★
	渗透系数（m/s）	大于1.0×10⁻⁷	☆	※	☆	※	☆	★	★	★	☆
地面沉降要求	很高	5~10mm	×	×	×	×	×	★	★	★	☆
	较高	10~50mm	×	×	×	×	×	★	★	★	★
	一般	50mm以上	★	×	☆	☆	☆	☆	☆	☆	★
超过管外径六分之一粒径以上的障碍			★	×	☆	★	★	×	×	☆	×

注：1. 标有"★"者，为首选适用；标有"☆"者，为次选适用；标有"※"者，为有条件（即采取一定的辅助措施后）适用；标有"×"者，为不适用；

  2. D—代表所顶管道的外径（mm）。

简要介绍几种常用的掘进机如下：

1）气压平衡掘进机

气压平衡顶管用于手掘式工具管或半机械式的顶管施工中。气压平衡顶管的基本原理就是使挖掘面与保持一定压力的压缩空气相接触，以起到两个作用：一方面用来疏干挖掘面上土体中的地下水，另一方面用来保持挖掘面的稳定。

气压平衡掘进机可分为全气压和局部气压两种，所谓全气压就是包括挖掘面以内的所有顶进管道中都充满压缩空气。

全气压施工的主要缺点是劳动条件差、施工效率低，气压冒顶对工程和人员安全构成较大的威胁。在总结全气压施工的基础上，我国研究成功了局部气压施工方法。局部气压施工将压缩空气的范围仅限于开挖面，而操作人员仍在常压下工作，因而大大改善了劳动条件；弃土用管道排放，施工效率高；压缩空气万一冒顶，不对工程和人员构成威胁。

气压平衡掘进机通常用于排除顶管中可能遇到的障碍物。

2）泥水平衡掘进机

泥水平衡顶管施工是继气压平衡顶管之后，土压平衡顶管之前这一阶段所开发成功的一种非常成熟的顶管施工工艺。它的特点是平衡的精度比较高、施工的速度比较快，适用于覆土深度大于 1.5 倍管外径且透水系数不太大的砂质土和黏土，不适用于透水系数大的砂卵石。

泥水平衡顶管施工对泥水管理这一环节要求比较高，进水必须是比重在 $1.03\sim1.30$ 之间的泥水而不允许用清水，泥水可在挖掘面上形成一层泥膜，这层泥膜可以平衡地下水压力，防止泥水向外溢出，同时又可防止地下水内渗透，而清水是不具有这种特性的。

泥水平衡掘进机的优点有：

（1）适用的土质比较广，最适用的土质是渗透系数小于 $10^{-3}\,\mathrm{cm/s}$ 的砂性土。

（2）地面沉降较小，挖掘面稳定，土层损失小。

（3）施工速度较快，弃土采用管道运输，可以连续出土。

泥水平衡掘进机的缺点是：

（1）弃土的运输和存放都比较困难。

（2）大直径泥水平衡式顶管，因泥水量大，作业场地大，不宜在人口密集、道路狭小的市区采用。

（3）大部分渗透系数大的土质要加稀土、膨润土和 CMC 等稳定剂，稍有不慎，容易坍方。

（4）黏粒太多的土质，泥水分离困难，成本高。

（5）不适用于有较大石块或障碍物的土层。

3）土压平衡掘进机

土压平衡顶管施工是继泥水平衡顶管之后发展起来的一种新的顶管施工工艺，而且现在的土压平衡掘进机在刀排后部多设有搅拌棒，这样刀盘切削土体的同时，就对土仓内的土进行搅拌，使土仓内的土变成具有较好的塑性和流动性，同时，还可以通过加泥的方式把透水性很大的土改良成不透水的土。

土压式顶管施工的主要特征是在顶进过程中，利用土仓内的压力和螺旋输送机排土来平衡地下水压力和土压力，它排出的土可以是含水量很少的干土或含水量较多的泥浆。它与泥水式顶管施工相比，最大的特点是排出的土或泥浆一般都不需要再进行泥水分离等二次处理。它与手掘式及其他形式的顶管施工相比较，又具有适应土质范围广和不需要采用任何其他辅助施工手段的优点。所以，土压式顶管施工越来越受欢迎。

土压平衡顶管施工的特点是可以在 0.8 倍管外径的浅覆土条件下顶进。

土压平衡掘进机有以下优点：

（1）适用土质范围广，适用土质为软黏土、粉质结土以及部分蒙古质粉土，增加添加剂后，可适用于砂性土、小粒径的砾石层，但施工成本提高。

（2）能保持挖掘面的稳定，地层损失小，从而减小了地面沉降，可用于地面沉降较小的场合。

（3）可以在较薄的覆盖层下施工，最小覆盖层为 0.8 倍的工具管外径。

（4）弃土为干土，运输、处理都比较方便。

土压平衡掘进机的缺点：

（1）在黏粒含量较少的土层、砂砾层中施工，则必须添加稀土或土体改良剂，这样就提高了施工成本，而且砾石的粒径必须小于螺旋输送机内径的 1/3。

（2）开挖面遇到较大的障碍物则无法处理，因此在施工前要作详细的地质调查。

（3）在砂性土层中施工，地下水较高时，要防止螺旋输送机出泥口喷发，喷发会给施工带来危险。

2. 掘进机进出洞技术

1）出洞方案确定

当顶管工作井施工完成后，或者在顶管工作井施工的同时，就应该考虑顶管出洞的方案。顶管出洞方案应根据地下水文地质、埋设深度、管径的大小、周边环境和工作井的结构形式等综合因素研究确定。顶管的出洞方案正确与否对顶管施工的顺利进行是至关重要的。在以往的顶管出洞施工实例中，可以找到许多由于出洞方案的失误或者施工质量的问题而造成的顶管出洞事故。这些事故轻则可以引起出洞段的沉降过大，严重的会导致工作井出洞段的管道下沉，周边管线和构（建）筑物破坏，工作井淹没，甚至会危及井下施工人员的生命安全。所以，任何低估出洞风险的想法都是错误的。产生出洞事故的原因有很多，确定正确的顶管出洞方案，才能避免出洞事故。

选择出洞方案时，一般都要考虑加固措施，否则很可能在打开洞门的时候就会造成塌方。即使出洞段的土体是能够自立的黏土，虽然在打开洞门的过程中是安全的，但是在顶进过程中，由于这段土体的强度比较低，经过管道在顶进过程中与土体的不断摩擦，出洞段的管道很可能下沉。随着顶进距离的增加，管道下沉的情况会逐渐恶化：在下沉段管道下方的管接口缝隙张开量增大，引起管接口的泥浆渗，甚至造成管子顶坏的情况。加固的方法很多，比较常用的是高压旋喷桩、搅拌桩、压密注浆和双液注浆的方法。对顶管的出洞，加固的强度不宜过高，一般无侧限抗压强度为 0.8MPa 即可。但是加固的土体强度应该比较均匀，具有较好的抗渗性能，尤其是在出洞段土体与井壁的交界处。因为搅拌桩具有低强度和均匀的特点，实际出洞施工往往采用搅拌桩加固。搅拌桩的缺点在于不能做到与井壁相贴，因此在搅拌桩与井壁之间往往会增加了一排高压旋喷桩或者压密注浆。对深埋的出洞口，在砂性地层中要做好加固施工是有难度的，对加固体的质量检验也很难做到位，故此类工程发生出洞安全事故的案例较多。对于深埋的出洞段加固，由于不能采用搅拌桩加固，所以一般都是直接用高压旋喷桩加固。

对于出洞段有承压水影响的情况，一般埋设深度都比较深，在砂性地层中的出洞风险会更大。在这种工况条件下，除了采取以上的加固措施以外，认真地做好深井降水是非常重要的。若采用降水措施，应设置水位观测井，确认降水效果。

2）出洞止水装置选择

无论是管节从顶管工作井中出洞还是在接收工作井中进洞，管节与洞口之间必须留有一定的间隙。如果不对此间隙进行止水处理，地下水和泥砂就会从该间隙中流入工作井，影响工作井中的正常作业，严重的会造成洞口上部土体塌陷，甚至影响周围的建筑物和地下管线的安全。因此，顶管工程中洞口止水是非常重要的。洞口设置止水装置是为了防止掘进机进洞口时发生水土流失，造成大量塌方。洞口止水装置应根据工作井的具体条件进行设计，针对不同构造的工作井，洞口止水的方式也不同，具体如下：

（1）钢板桩围成的工作井：首先应该在管子顶进前方的井内，浇筑一道前止水墙，墙体由钢筋混凝土构成。其宽度与井的内侧宽度相同，高度根据管径的不同而定；厚度约为0.3~0.5m；然后再在前止水墙洞口的钢法兰上安装洞口止水装置。

（2）钢筋混凝土沉井：在出洞口预先埋设钢筒和钢法兰，然后在钢法兰上焊接和安装洞口止水装置。

（3）圆形工作井：先将出洞口浇筑成一平面，并在洞口预埋钢筒和钢法兰。同样洞口止水装置就焊接和安装在平面的洞口钢法兰上。

（4）对于覆土深度很深的情况（一般指大于10m以上或者在穿越江河的工作井中）：洞口止水装置必须做两道，也可以增加一道盘根止水装置，盘根止水装置能够通过螺栓进行压紧。为了应急防止洞口渗漏，在两道橡胶止水法兰的中间预留注浆孔，以备压注堵漏剂。

（5）常见的出洞止水装置有以下几种形式：

① 图5-7是一种以前较常用的出洞止水装置形式，它是由轧兰、挡环、盘根穿墙管等组成。该穿墙止水的缺点是随着管道顶进长度的增加，盘根与钢管面磨损，间隙增大，需随时调整盘根压缩盘，效率低、劳动强度大、加工成本高，且无法进行更换。对于水压高的顶管其止水效果也不理想。

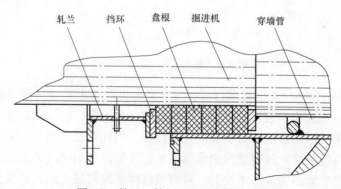

图5-7 轧兰、挡环、盘根穿墙管示图

② 图5-8是另一种常用的帘布橡胶板止水。它的特点是用复式橡胶止水，根据水头

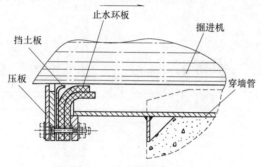

图5-8 帘布橡胶板止水

压力可以用一层～三层来选择，而且既能平面止水又能轴线止水。缺点是在施工中，会磨损严重而失去止水效果，且不易更换。

③ 图 5-9 是一种应用于承受水压较大（一般顶管埋深大于 10m 以上或穿越江河的顶管）的出洞止水装置，由预埋带法兰套管、焊接钢法兰、橡胶止水法兰板、中间钢法兰、钢压板和盘根止水装置组成。其中橡胶止水法兰采用钢丝编织橡胶法兰。钢压板是扇形板，上面设置腰形孔，可以径向收缩，以阻止橡胶法兰翻转。盘根止水装置能够通过螺栓进行压紧。为了应急防止洞口渗漏，在两道橡胶止水法兰中间预留注浆孔，以备压注堵漏剂。

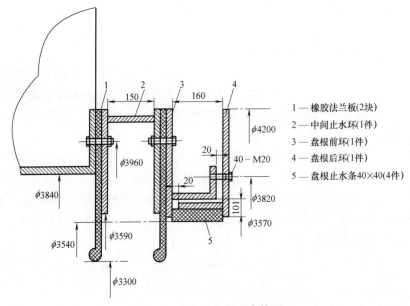

1—橡胶法兰板(2块)
2—中间止水环(1件)
3—盘根前环(1件)
4—盘根后环(1件)
5—盘根止水条40×40(4件)

图 5-9 高水压出洞止水装置

④ 图 5-10 是一种针对长距离顶管可在线更换的出洞止水装置。在长距离顶管尤其是超长距离顶管中，密封止水装置始终处于滑动状态，顶进距离越长则滑动次数越多，会造成密封装置的磨损，进而影响密封装置的止水性能。因此在长距离尤其是超长距离顶管工程中，要能进行在线更换，其穿墙洞侧设两道密封装置，其中一道为工作密封，一道为修理密封。在工作密封磨损失效需更换时，可调节修理密封临时止水，并更换工作密封。同时配备备用压浆装置临时止水。

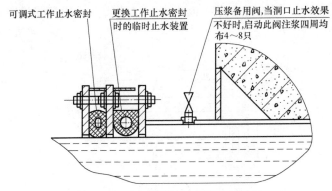

图 5-10 可在线更换的出洞止水装置

3）出洞施工要点

掘进机由工作井内穿越封门进入待开挖土体的过程称为出洞。顶管出洞工作是顶管施工的关键工序，由于顶管工作井的结构不同，深度、土质情况不，出洞口的技术措施是不同的。顶管出洞施工要点如下：

（1）封门施工

有外封口和内封门。对埋深小于10m的沉井，可以在沉井的洞门外侧预先设置钢板桩外封门，随沉井一起下沉。在洞门内可以砖砌封堵洞口，当掘进机出洞时，拆除砖砌墙，掘进机入洞以后再拔起钢板桩外封门。对埋设深度较深的工作井，由于设置外封门的起拔比较困难，所以主要是考虑洞门外的土体加固。另外在洞口填黄黏土，并设置内钢封门。洞口封门还应该根据土质条件、封门的拆除及掘进机的形式来选定。既要考虑打开洞门时的安全，又不能忽视封门的拆除和掘进机对出洞过程的适应性。

（2）土体加固

为保证出洞施工顺利进行，可采用对洞口土体进行加固的措施。工作井的出洞段土体加固应严格按照专项施工方案执行，控制加固土体的均匀性和强度，必要时在出洞口的管道两侧采用降水法疏干地下水，以稳定土体。

（3）洞口止水装置

安装在工作井预留孔的内侧预埋钢法兰和钢筒，顶管前在钢法兰上焊接安装洞口止水装置，可采用钢丝编织橡胶法兰板和扇形钢压板，也可采用盘根止水的形式。要确保该装置与基坑导轨上的管道同心。

（4）轴线控制

在基坑导轨、主顶油缸架、承压壁、出洞口应严格控制好设计轴线，保证安装精度高，确保牢固稳定。

（5）封门拆除

封门拆除前工程技术人员应详细了解现场情况及封门图纸，制定拆除的顺序和方法。对于外封门的情况，当掘进机出洞时，应先把砖封门拆除。由于在洞门外已经进行了必要的土体加固措施，又有外钢封门挡住，土体不会向洞内涌进来。但是对有地下水的粉砂地层，预先做好降水技术措施是很有必要的。将掘进机推进到洞口内时，洞口止水圈已能发挥作用，然后，把头露在地面上的槽钢一块块拔起，掘进机就能安全出洞。对于内封门的情况，一般顶管埋设深度较深，由于没有外封门的安全屏障，所以当打开内封门之前，必须确认封门外的土体处于稳定状态，同时，封门拆除和掘进机出洞的过程应尽快完成，以避免发生不必要的工程风险。

（6）出洞的姿态控制

机头出洞推进时，要将机头和前几节管节的上端用拉杆连接好，并调整好主顶油缸编组，以防机头出洞入土后磕头。出洞时，掘进机的姿态控制对后续的顶进非常重要，尤其是钢管顶进更应该进行严格控制。出洞的掘进机姿态控制要点：①基坑导轨的安装精度要高，轴线与设计值一致。②要保持开挖面的土体稳定，只有稳定的开挖面才能使得掘进机的导向正确。③应注意到出洞的掘进机姿态控制主要是通过调整主顶油缸的编组实现的。④出洞过程尽可能做到连续慢速顶进。

4）进洞施工要点

掘进机穿越加固体进入接收井的过程称为进洞。进洞施工要点如下：

（1）土体加固

由于掘进机进洞姿态难以确定，对于接收井一般不采用洞口止水装置，因此进洞措施要做得更为完善。对接收井洞口一般采用地基加固措施，并用扇形板将首管与接收井预埋钢法兰焊接。首管为特殊管，外壁包一层钢板，掘进机进入接收井时，坑内应计算好标高并安放引导轨。

（2）掘进机位置姿态的复核

在掘进机进洞前复核位置及姿态，以使顶管在进洞施土中始终按预定的方案实施，以良好的姿态进洞，准确就位在掘进机接收基座上。数据确定无误后，按测量数据及时调整掘进机的姿态，向洞门中心位置推进。严格控制掘进机姿态，正确进入穿墙洞。一般在掘进机到达接收工作井 30m 左右时，需做一次定向测量。

（3）基座安装

根据掘进机姿态在接收井内放置接收架并固定，接收架标高比掘进机标高略低，并适当设置纵向坡度。基座位置和标高应与掘进机靠近洞门时的姿态相吻合，以防机头磕头。

（4）管节连接

为防治掘进机进洞时，由于正面压力的突降而造成前几节管节间的松脱，宜将掘进机直到第五节管节的相邻接口全部连接牢固，以防磕头。

（5）封门拆除

掘进机在靠近洞口时，应降低正面土压力的设定值，同时控制顶进速度与出泥量的平衡。如果是砖封门，进洞时可用掘进机直接把砖封门挤倒或用刀盘慢慢将砖封门切削掉。

（6）洞口封堵

掘进机进洞后，洞圈和掘进机、管节间的建筑空隙是泥水流失的主要通道。封门拆除后，掘进机以最快速度切入洞口，当掘进机切口伸出洞门后，掘进机与穿墙洞的间隙采用环形钢板临时封堵。当掘进机通过穿墙洞后，再安装一道环形钢板与进洞的钢管节牢固焊接，同时通过管道内注浆孔向外压注水泥浆，填充穿墙洞处空隙。

5）进出洞施工风险与防范

顶管施工中的进出洞口工作是一项很重要的工作，如果进出洞安全、可靠、顺利，那么可以说顶管施工已经成功了一半。许多顶管工程的失败就在进出洞口这两个环节上。

（1）土体加固不当

在掘进机进出洞时，如果洞口外土体强度不够且未进行加固处理时，大量土体和地下水通过洞口涌入工作井，将导致洞口周围地表大面积塌陷，危及周围建筑物和地下管线。反之，如果加固强度太高，又会给机头刀盘切削和土体开挖顶进带来困难，引起机械故障并影响工程进度。在掘进机进出洞时上述两种情况均可能发生，相对而言前者发生概率较大。因此选择合适的洞口土体加固措施是非常必要的。土体加固方法选择的依据包括土质类别、土体物理力学性能、加固深度和范围、工期和规模等。

（2）出洞防磕头

掘进机出洞时由于沉井下沉时周围土体被破坏或在出洞时洞外泥水流失过多，造成出洞时掘进机因自重太重而下磕，即掘进机的磕头现象。为防止磕头现象，可采取以下措施：①可在洞内下部填上一些硬黏土或用低强度等级的混凝土在洞内下部浇筑一块托板，或者在洞内预埋一副短的延伸导轨把掘进机托起；②把掘进机与前几节管节用拉杆连接起来；③调整后座主推千斤顶的合力中心，出洞时观察掘进机的状态，一旦发现下磕趋势，立即用底部的千斤顶进行纠偏。

（3）出洞防管节后退

覆土较深或土体较软时，出洞时应防止掘进机及前几节管节往后退的情况发生。发生上述情况的原因是由于全封闭式掘进机的全断面上主动土压力所造成的使掘进机后退的力大于掘进机及管节周边摩擦阻力和它们与导轨间摩擦阻力的总和。管节一旦后退，前方的土体就会发生不规则的坍塌。如果是在比较单一的土中，土体沿着滑裂面坍塌，严重影响洞口上部的安全，由于上部土体扰动后土压力变小，掘进机再次推进的方向也会沿滑裂面往上爬高。如果是在不均匀的土中，掘进机不仅会爬高，而且会向一侧偏移，导致管节在后续顶进过程中无法控制。为此必须采取措施来防止掘进机及管节的后退，通常可以在洞口两侧安装上手拉葫芦，在主顶油缸回缩之前，设法用手拉葫芦把最后一节管节或掘进机拉住不让其后退。手拉葫芦的另一个功能是防止掘进机的大刀盘向某一方向旋转时产生的力矩使掘进机朝另一个方向偏转。当然，出洞防管节后退的方法很多，如将管节与基坑导轨连接固定等。

（4）出洞控制顶速

机头出洞时需要依次通过止水圈、砖墙、旋喷桩等，砖墙或旋喷桩的硬度比较大，因此控制机头出洞时的顶速非常重要。顶速过快会产生泥水仓压力大于止水圈胶皮的外翻弹力，导致胶皮外翻，顶管过程中胶皮外翻位置会不断漏水，破坏泥水的正常循环，从而影响正常顶进。另外，刀头切削下的砖墙或旋喷桩很难被循环带出，被迫向两侧挤压，造成顶力不断增大，在水压作用下，没有及时被带出的砖墙和旋喷桩被冲至胶皮内侧，机头顶进时与这些硬物挤压，使胶皮很快被挤烂。再则，顶速过快位机头正面压力异常增大，造成旋喷桩整体移位而破坏，使其失去原有的止水性能。如果旋喷桩打得效果不好或有空洞，出洞时顶速过慢会将洞口上方抽空形成塌陷，如有此现象发生时应及时调整顶进速度，避免机头上方土体不断落下，造成地面进一步塌陷。

（5）进洞防流砂

与出洞相比较，进洞时出现的问题也是相同的。常见的有方向出现偏差而无法进洞，这在长距离、曲线顶管中比较多见，防范的关键是加强测量及校核工作。针对含水量大的砂性土，在机头进洞前应做好必要的加固和降水措施，确保进洞口加固土体的稳定。对于含承压水的砂性土层，应该重点做好深井降水措施，确认降水水位在管底以下 0.5m。为了防止进洞过程中发生水土涌入接收井的危险情况，应该准备必要的应急物资、设备和人员，包括配置水泵、发电机、堵漏材料等。

3. 中继间技术

中继间是长距离顶管中必不可少的设备。在顶管施工中，通过加设中继间的方法，就可以把原来需要一次连续顶进几百米或几千米的长距离顶管，分成若干个短距离的小段来分别加以顶进。中继间示意图如图 5-11、图 5-12 所示。

当在顶管施工过程中，如果使用基坑中主顶油缸的最大推力都无法把管子顶到接收井时，那么，就必须在这一段管道的某个部位安装上一个中继间。先用中继间把中继间以前的管道和掘进机向前顶一段距离（通常约为中继间油缸的一次行程）。然后，再用主顶油

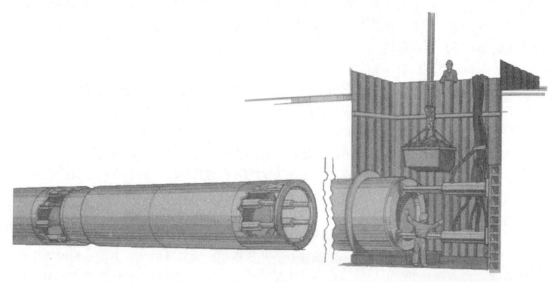

图 5-11 中继间示意图[5-3]

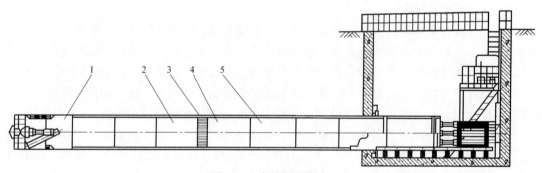

图 5-12 中继间的顶进
1—掘进机；2—前特殊管；3—中继间；4—后特殊管；5—混凝土管

缸把中继间合拢。接下来，重复上述动作，就把原来一次顶进的管道分两段来顶，如图5-13所示。

如果距离再长，分两段还不行，可在距第一个中继间后面管道的某个部位再安装上第二个中继间，把整段管道分三段来顶。一直这样分下去，理论上可以加无数个中继间，一次连续顶进的管道也可以是无限长的。实际上，加多个中继间是常有的事。

1）中继间油缸

中继间油缸的形式有两种：一种是柱塞式的单作用油缸，另一种是活塞式的双作用油缸。通常，中继间油缸的行程都不太长，在 300～500mm 之间。柱塞式单作用中继间油缸的外形如图 5-14 所示。柱塞式单作用中继间油缸只有一个油口，当来自中继间油泵的高压油进入油口以后，柱塞就往前伸。当中继间需要合拢，即柱塞要回缩时只能依靠该中继间后面的基坑主顶油缸或是它后面的中继间油缸前伸来实现。前、后安装板是用来固定中继间油缸的。

活塞式双作用中继间油缸的外形如图 5-15 所示。活塞式双作用中继间油缸有两个油口，当来自中继间油泵的高压油进入无杆腔油口时，油缸活塞杆就往前伸。同时，有将腔

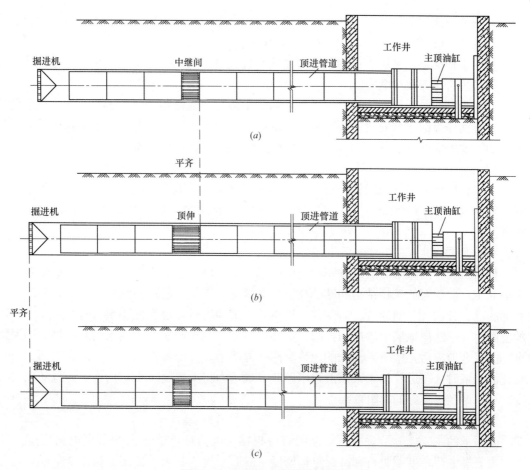

图 5-13　中继间工作原理示意图
（a）初始阶段；（b）中继间顶伸阶段；（c）主工作站顶进阶段

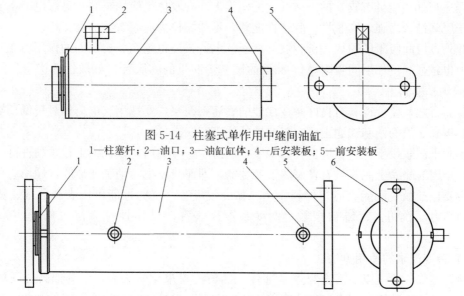

图 5-14　柱塞式单作用中继间油缸
1—柱塞杆；2—油口；3—油缸缸体；4—后安装板；5—前安装板

图 5-15　活塞式双作用中继间油缸
1—活塞杆；2—有杆腔油口；3—油缸缸体；4—无杆腔油口；5—后安装板；6—前安装板

内的油从油口流回油箱。当中继间需要合拢时，只需让压力油从有杆腔油口进入即可。

2）中继间的安放设置

在通常情况下，基坑主顶的推力即使达到最大设计值，估计也无法把管子推到接收井时，就必须考虑安放中继间。

安放中继间的一般做法是：为了防止遇到土质突然变化和其他的不测，掘进机后的第一个中继间应提前一些安放，须留有较大的余地。即当基坑主顶的实际推力达到最大设计值的 50% 时，须安放第一个中继间。当基坑主顶的实际推力达到最大设计值的 60% 时，须启用第一个中继间。

第二台以后的中继间安放时机是：每当基坑主顶的实际推力达到最大设计值的 70% 时，须安放一个中继间。每当基坑主顶的实际推力达到最大设计值的 80% 时，须启用该中继间。

4. 减阻技术

顶管工程中的减阻一般通过膨润土触变泥浆形成的泥浆套实现。膨润土是以蒙脱石为主的黏土。蒙脱石的矿物结构和结晶化学性质特殊，其层与层之间结合力较弱，在水中具有膨胀性、分散性、润滑性、流变性等性能。管节顶进时，触变泥浆填补管节与周围土体的空隙，并不断向地层中渗透和扩散，进而形成一个相对密实、不透水的套装物，即泥浆套。泥浆套形成后，接下来注入的泥浆不能向外渗透，只能留在管节与泥浆套之间。当管洞充满泥浆时，顶进管被泥浆浆液包围，其有效重力将大幅度减小，顶进阻力也随之大幅度减小，即产生良好的减阻效果。

1）膨润土介绍

膨润土的主要成分是蒙脱石。蒙脱石可根据层电荷密度高低分为低层电荷密度蒙脱石、中等层电荷密度蒙脱石和高层电荷密度蒙脱石三类。其中，低层电荷密度蒙脱石具有较好的膨胀性和胶体性能，很适合作泥浆材料；中等层电荷密度蒙脱石在自然界中较常见，经适当处理能具有较好的分散性，可作为泥浆等胶体类应用材料；高层电荷密度蒙脱石由于层间结合力强，膨胀性、胶体性能差，不适宜作为泥浆等胶体类使用。

此外，层间吸附的阳离子价越高，离子的电荷强度也越高，对层面的作用力尤其是静电引力也越强。例如层间吸附单价 Na^+ 的钠基膨润土的膨胀性、分散性远优于层间二价 Ca^{2+} 的钙基膨润土。

总而言之，要获得具有良好触变性能的膨润土泥浆，要选用层电荷相对较低、端面电荷相对较高一类的钠基膨润土或人工改性的钠基膨润土。

膨润土泥浆用于各类钻进工程的护壁、润滑、悬浮钻屑，以保证工程顺利进行，其主要原因是因为膨润土泥浆具有良好的流变性能，即泥浆发生流动和变形的特性，这种流变性能主要包括触变性能、剪切稀释作用、黏度效应等。这些性能可用表观数度、塑性黏度、动切力、静切力、流动指数、稠度系数来表征，具体计算方法可阅读本章文献 [5-1]。

2）触变泥浆的使用方法

顶管泥浆一般是以膨润土为主要材料，CMC（粉末化学浆糊）或其他高分子材料等为辅助材料的一种均匀混合溶液。膨润土分散在水中，其片状颗粒表面带负电荷，端头带正电荷。若膨润土的含量足够多，则颗粒之间的电键使分散系形成一种卡片网架结构，膨润土水分散体呈凝胶状态，一经触动（摇晃、搅拌、振动或通过超声波、电流），颗粒之间的连接电键即遭到破坏，释放出网架中的水使膨润土分散体随之变稀。如果外界因素停止作用，分散体又变稠形成凝胶体。这种当浆液受到剪切时稠度变小，停止剪切时稠度又增加的性质称为触变性，相应的水分散体称为触变泥浆。膨润土具有独特的矿物结构和结晶化学性质，顶管用膨润土就是利用膨润土的这一优良性能。

施工时，若顶管采用触变泥浆套法，一般在下管之前，应预先在管壁上留出注浆孔。管前可加一超前环，以形成 10～20mm 的超挖量为触变泥浆层。

3）顶管膨润土触变泥浆的作用机理

根据管径的不同，后续管节的直径一般比掘进机的直径小 20～50mm，管道与周围土体之间存在空隙；纠偏对土体一侧产生挤压作用，而另一侧由于应力释放也会形成空隙。因此，在顶管顶进的轨迹中存在许多的空隙。顶管施工中浆液作用为：①减阻作用，将顶进管道与土体之间的干摩擦转换为液体摩擦，减小顶进的阻力；②填补作用，浆液填补施工时管道与土体之间产生的空隙；③支撑作用，在注浆压力下，减小土体变形，使管洞变得稳定。

（1）泥浆套的形成及减阻机理

注浆时，从注浆孔注入的泥浆首先填补管节与周围土体之间的空隙，抑制地层损失的发展。泥浆与土体接触后，在注浆压力的作用下，注入的浆液向地层中渗透和扩散，先是水分向土体颗粒之间的孔隙渗透，然后是泥浆向土体颗粒之间的孔隙渗透；当泥浆达到可能的渗入深度之后静止下来，短时间内泥浆会变成凝胶体，充满土体的孔隙，形成泥浆与土壤的混合体；随着浆液渗透越来越多，会在泥浆与混合体之间形成致密的渗透块，随着渗透块的增多，在注浆压力的挤压作用下，许多的渗透块相互粘结，形成一个相对密实、不透水的套状物，即泥浆套。泥浆套作用示意图如图 5-16 所示。

图 5-16　泥浆套作用示意图

泥浆套能够阻止泥浆继续渗入土层。如果注入的润滑泥浆能在管道外周形成一个比较完整的泥浆套，则接下来注入的泥浆不能向外渗透，留在管道与泥浆套的空隙之间，在自重作用下，泥浆会先流到管道底部，随后向上涨起。当管洞充满泥浆时，顶进管在整个圆周上被膨润土悬浮液所包围，受到浮力作用管道将至少变成部分飘浮，它们的有效重量将变小，甚至可能变成负的。如图 5-17 所示，管道在泥浆的包围之中顶进，其减摩效果良好。实际施工中，由于受环向空腔不连续、不均匀、泥浆流失、地下水影响以及压注浆工艺等因素影响，减摩效果会受到一定影响。

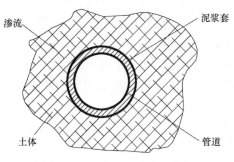

渗流　　　　　　　　　　泥浆套

土体　　　　　　　　　　管道

图 5-17　泥浆与土体相互作用

（2）浆液渗流距离

膨润土泥浆渗入土层的孔隙内，充满孔隙并继续流动，其流速取决于孔隙的横断面与泥浆的流变特性。土体孔隙将对泥浆的流动产生阻力，在克服流动阻力的过程中，泥浆压力与地下水压力之差即压浆压力将随着渗入深度的增加而成比例地衰减。相应每一种压浆压力都有一个完全确定的渗入深度，即渗流距离。泥浆的渗流距离就相当于泥浆套的厚度。

为了能够形成低渗透性的膜，就必须使泥浆不太容易渗透到土体中去。试验表明，泥浆浓度越高，在土体中的渗透距离越短。在高浓度泥浆和高注浆压力下容易形成泥浆套。一旦泥浆套形成，泥浆套厚度增加就会变慢。为了减小渗透，改善泥浆套的形成，可以添加聚合物。聚合物通常是由大量的小化学单体连接在一起而形成大的长链分子。聚合物的长链分子就像增强纤维一样，形成一张网留住膨润土颗粒并堵塞土体孔隙。

（3）填补及支承机理

由于管径差以及纠偏操作会使管道与土体之间产生空隙，周围土体要填补这些空隙，进而产生地面沉降。另外，每当后续管节随掘进机一起向前顶进时，会对周围土体产生剪切摩擦力，产生拖带效应，使得土体产生沿管道顶进方向的移动；而当更换管节停止顶进时，土体会产生部分弹性回缩，向顶进的反方向移动。合理的注浆可以减小这些土层运动。

从注浆孔注入的泥浆首先会填补管节与周围土体之间的空隙，进而形成泥浆套。由于掘进机的开挖会对管道周围土体产生扰动，使部分土体结构遭到破坏而变成松散土体。在注浆压力作用下，泥浆套能够把超过地下水压力的液体压力传递到土体颗粒之间，成为有效应力压实土体。同时，泥浆的液压能够起到支撑土洞的作用，使其保持稳定，不让土体坍塌到管道上，从而减小地面沉降。由于土体与管道之间被泥浆隔离，使得管道顶进对土体产生的剪切摩擦力大大减小，可以减小深层土体移动。

4）注浆工艺流程

注浆应该分为三条线，主要目的是在管外壁形成完整的触变泥浆润滑套。

（1）机尾同步注浆

同步注浆的目的是及时填充机头和管节之间的空隙以及纠偏产生的空隙，在泥土接触管节前先一步填满空隙，建立泥浆套。注浆量一般为理论建筑空隙的 6～7 倍即可。软土或纠偏动作小时少些，砂性土或纠偏动作大时多些。同步注浆，首先要安装压力表，控制好注浆压力。在每节管子开顶时打开机尾球阀之前先确定机尾泥浆压力表是否已建立起压力，以确保浆液通达。只有当沿线所有管节上的补浆球阀全部关闭，而机尾同步压出球阀开启时，才能保证机尾处定点定量地同步压浆。

（2）沿线补浆

沿线补浆的目的是对管外泥浆渗透到土层中造成的泥浆套缺损进行修补。具体操作是在运动中逐一开启球阀，压出一些浆后立即关闭。需要注意的是逐一开启，逐一关闭。切忌浆液单侧、大量分布，这些有压力的浆液把管节压在对面土体中，常常造成顶力剧烈上升。一旦有一只球阀没有完全关闭，将会造成所有浆液都从这里溢出，甚至打穿地面。而机尾处反而没有压力浆，造成恶性循环。沿线补浆一般是 2～3 节管节设置一个断面，并与同步压浆区分开来，分别计量。

（3）洞口注浆

管节刚进入洞口时如果没浆填充，土体就会立即塌落裹住管节。洞口是泥浆套的破坏源，在洞口要进行专门针对性的不断填充。一般是在洞口止水圈内安装专门的球阀，并另行计算。洞口地面是否塌陷是判断洞口注浆质量的标准之一。

典型注浆布置示意图如图 5-18 所示。

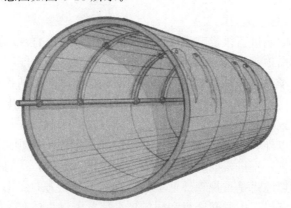

图 5-18　典型注浆布置示意图[5-3]

5）注浆质量控制

为使注浆产生良好的效果，保证注浆质量，从施工到注浆结束，对注浆过程的每个环节都需要严格控制。其控制要点如表 5-2 所示。

注浆质量控制　　　　　　　　　　　　　　　　　　　　　　表 5-2

项目	控制要点
浆液质量控制	①每次注浆前都要认真检查贮浆池中浆液的黏度,保证原浆黏度符合要求; ②浆液要充分搅拌,让其充分进行水化反应; ③贮浆池上设置防雨装置,防止雨水对浆液黏度的影响; ④要对膨润土进行过筛处理,清除其中的砂子、水泥、石块等杂物,以保证注浆顺利,减少注浆泵堵塞磨损

项目	控制要点
注浆压力的调整与控制	①注浆时压力不宜太高,因为注浆压力太高了容易产生冒浆,不易形成浆套; ②当注浆压力较大时,调整浆液黏度或注浆速度、浆液的配比及外加剂量,以保证注浆压力的持续和平稳
观察注浆泵的工作情况	注浆过程中要仔细观察注浆泵的工作情况,一旦发现注浆泵工作异常或注浆泵发生堵塞要及时处理,尽快恢复正常注浆
掌握好压水量	①在每次注完浆后,都应压一定量的清水,以防浆液在管路与注浆泵中凝固; ②压水量应仔细计算,过多过少都不行;过多,靠近注浆管附近的浆液被水稀释,浆液体强度降低;过少,浆液将在管路中凝结
形成环状浆液	①顶管管节采用钢筋混凝土 F 形管,其承口端与插口端之间有环形间隙; ②利用上述间隙,在钢筋混凝土 F 形管靠近承口端的内壁上布置管节浆孔入口,在橡胶密封圈外侧环缝位置布置压浆孔出口;具体是在钢筋混凝土 F 形管尾部环向均匀地布置 4 只压浆孔,呈 90°环向交叉布置;压浆孔采用预理钢管,在其内侧带有螺牙,以便于压浆软管与之连接,并且不用时可以用堵头封堵; ③顶进机推进时,通过现存的压浆设备将膨润土泥浆送到压浆孔,通过压浆向外注浆; ④膨润土泥浆通过内壁的压浆孔入口进入到管节承口端与插口端的环形间隙中,泥浆在充满环形间隙后,向土体中扩散,这样点状浆液出口变成了环状浆液出口,形成有效的环形泥浆护套,提高了压浆质量,可以取得良好的减阻效果

6） 触变泥浆润滑套与顶力的关系

触变泥浆润滑套的质量直接影响顶进过程中的顶力,可以直观地从顶进系统的压力表上反映。如果是长距离顶管,各中继间的顶力和主顶装置的顶力能够分别反映各段的注浆减阻效果。在施工现场,通过顶力变化曲线图能够非常明确地得到各施工阶段的顶力变化情况,如果顶力发生突然上升,很可能是由于泥浆润滑套的质量发生问题了,或者是因为停止顶进时间过长导致泥浆套缺失引起的顶力上升。在施工现场,除了应该显示顶力随顶进距离变化的曲线图以外,还应该绘制管外壁单位面积摩阻力随顶进距离变化的曲线图。因为对于一个顶程而言,掘进机的迎面阻力往往是变化不大的,我们关心的是管外壁侧向摩阻力的变化,更确切地讲是重视管外壁单位面积侧向摩阻力的变化。完整的触变泥浆润滑套的建立是与管道密封、中继间密封和洞口止水装置密封直接有关的。当然泥浆材料的质量、注浆工艺的管理和施工过程的停顿时间过长都可能对顶力产生很大的影响。应该从每个施工环节严格管理和控制。一旦出现顶力突然上升的情况,应该立即对现状进行分析,找出故障的原因。比如注浆量并不是越多越好,有的时候管外壁单侧有浆,继续向有浆一侧压浆,势必在有浆一侧会产生巨大的泥浆压力推动管子向无浆一侧压去。这一推力是非常大的,是与注浆压力成正比的关系。在无浆一侧的管外壁与土体之间必然会产生巨大的摩擦力。注浆量越大、注浆压力越高,这种恶劣的现象就越严重。

5. 纠偏

纠偏是指管道偏离设计轴线,利用掘进机的纠偏机构减少这一偏差,这一过程叫做纠偏。

造成管道偏差的原因很多:掘进机轴线较正不直、导轨铺设误差大、主站合力偏心距选择不当、穿墙孔下方的承托力不够等都会造成穿墙过程的轴线偏差;上下土层不一、左右压力不对称等会造成轴线偏差;承插管的端面垂直度大、焊接管接管处有转角会增加纠偏难度。

承插管与钢管因有分段与不分段的区别，这两种管道的纠偏是不同的，下面分别介绍。

1）承插管纠偏

混凝土掘进机后面跟随的是分段的管节，段与段之间不传递弯矩，纵向很容易弯转，类似蛇游。所以掘进机出洞后，管段都能顺着洞穴前进。掘进机的作用是"导向"。

混凝土管掘进机一般分两段，前段为纠偏段，后段为稳定段，纠偏段与稳定段之间安装纠偏油缸，纠偏段相对于稳定段可以上下、左右转动，即掘进机纠偏。混凝土顶管的纠偏示意如图 5-19 所示。图 5-19（a），管道偏离了轴线。图 5-19（b），掘进机纠偏，纠偏段的前端向下，后端上抬，同时带动掘进机稳定段前端上抬。掘进机稳定段上抬的结果，使与第一节管段间的下部间隙增大。通常掘进机偏差的标尺设在掘进机纠偏段的后部，结果造成偏差不减反而增加的假象。假设此时掘进机的纠偏角是 β，纠偏段与原管轴线形成角 α_1。图 5-19（c），管道继续顶进，掘进机与第一节管段之间的下部间隙会变小，随着顶进，慢慢消失。这时掘进机纠偏段与原管轴线的夹角变大，变为 α_2，并且有 $\alpha_2>\alpha_1$。此时管道偏差不再发展，随着顶进开始减少。图 5-19（d），管道继续顶进，掘进机前端慢慢向轴线靠拢，后续管段进入弯曲段，掘进机与第一节管段之间的上部间隙增加，第一节管段与第二节管段间的间隙一旦进入弯曲段，上部间隙也会增加，掘进机纠偏段与后续管轴线的夹角增大到 α_3，并有 $\alpha_3>\alpha_2>\alpha_1$。

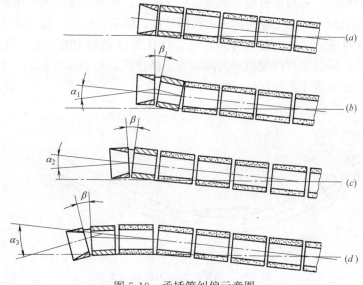

图 5-19　承插管纠偏示意图

分析承插管的纠偏过程，可以得到承插管纠偏有以下几条规律：

（1）纠偏比较灵敏，宜采用小角度纠偏。

（2）纠偏宜勤纠微调，在顶进中纠偏。在静止状态纠偏，容易造成掘进机周围土体变动。

（3）纠偏对第一段管段造成的应力最复杂，第一管段的质量要确保。

（4）采用较长管段时，第一段管段的长度宜减短，管段长不利于纠偏。

（5）掘进机偏差标尺离开端部较远的，纠偏效果迟后，不利于纠偏。应通过计算得到掘进机端面偏差，并以此作为纠偏依据。

（6）施工中应不断绘制掘进机端面偏差的轨迹曲线。

2）焊接钢管纠偏

早期钢管顶管，都采用三段双铰型掘进机，与钢管焊接。用这种掘进机完成的顶管工程中千米以上的顶管就有7条，而且都顺利完成。近年混凝土掘进机出现在钢管顶管，纠偏方法又有不同。于是出现了"焊接钢管掘进机纠偏"和"掘进机加过渡段纠偏"，下面分别叙述。

（1）焊接钢管掘进机纠偏

钢管掘进机不但要起"导向"作用，而且还要起"产生纠偏反力"的作用。"导向"作用能不能发挥，要看纠偏反力能不能迫使钢管弯曲。只有产生了足够的纠偏反力，钢管才能弯曲，钢管才能实现"纠偏"。纠偏反力不够，管道仍然不能实现纠偏。

焊接掘进机纠偏原理是：掘进机导向，随着管道不断顶进，逐渐形成足够的纠偏反力，迫使钢管弯曲。

钢管弯曲必然产生纵向弯矩，为了解决掘进机与钢管之间的弯矩转递问题，早期的掘进机与钢管是焊成一体，可以直接传递弯矩。掘进机纠偏后，前后段间形成一个纠偏角 α。随着管道的顶进，在掘进机纠偏段与土层之间会形成一个土楔。土楔被挤压后，形成如图5-20所示的纠偏反力 Q。因管道在泥浆槽以后的断面扩大，纠偏反力仅存在于掘进机泥浆槽以前的部分。从掘进机端部到管道扩大断面，称为纠偏踏面。如果与纠偏踏面接触的土体极限反力较小，则土楔中的土向两侧挤出，管道不能完全按洞穴方向前进，极端情况甚至纠偏无反映，管道仍按原方向移动。只有当 Q 足够大时，跟进管道在纠偏反力作用下开始弯曲，同时在弯曲段顶点的内侧与土体挤压，弯曲段后部的外侧也与土挤压，产生土反力，到此管道才实现纠偏（图5-20）。

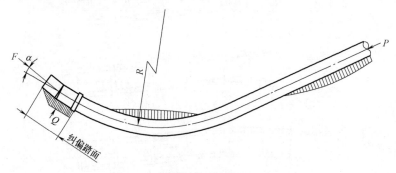

图5-20　钢管纠偏受力机理示意图

从焊接钢管顶管的纠偏受力机理分析，可以得出以下规律：

① 钢管的刚性越大，导向越困难；也就是钢管口径越大，纠偏越困难。

② 掘进机纠偏段的长度要与土层的承载力相适应。纠偏段短，纠偏踏面上的反力就小，如遇到承载力较小的土体，可能无法迫使钢管弯曲，达不到纠偏的目的。也就是说，在软土地区施工，掘进机的纠偏段要长一些，而且初始纠偏角要比较大。

（2）掘进机加过渡段纠偏

前面已经说过，我国早期的钢管掘进机是与钢管焊接的，施工很顺利。后来混凝土掘进机开始用于钢管顶管，产生了新问题。掘进机加过渡段就是在这一情况下逐渐形成的新方法。为了说明加过渡段的必要性，先从分析无过渡段存在的问题入手。

① 掘进机与钢管套接存在的问题接头拉开

与钢管套接的掘进机主要是指混凝土掘进机。从前面的钢管顶管纠偏原理可知，掘进机在纠偏中的作用有两个：导向和产生纠偏反力。但混凝土掘进机在施工中只能导向，不能满足钢管顶管的需要。

混凝土掘进机会形成足够的纠偏反力，这是接头拉开的主要原因。接头拉开的后果是很严重的，实际上有造成停工、危及生命、改变方案等重大损失。

粗略统计，接头拉开事故有以下规律：$DN1000mm$ 左右的钢管，成功的多，失败的少；$DN2000mm$ 左右的钢管，事故频发；$DN3000mm$ 以上的较长距离的顶管，到 2008 年年底为止，无一幸免于难。可见事故频率与管径的大小有很大关系。这是因为：

a. 混凝土掘进机纠偏段相对于管径的长度，随着管径的增加反而在减小，也就是随着管径增加，掘进机的纠偏反力反而在减少。例如小口径顶管常用的遥控式掘进机，其纠偏段长度大于管径，而大口径混凝土掘进机的纠偏段长度反而小于管径，甚至小于半径。因此造成大管道的纠偏反力严重不足。

b. 随着管径的增加，钢管的纵向抗弯刚度成几何级数增加。原因是钢管纵向抗弯刚度与管径的 3 次方成正比。纵向抗弯刚度的增加，意味着要迫使大钢管改变走向，需要有更大的纠偏反力。

c. 同样的纠偏斜率，同样的接头转角，随着管径的增加，接头张开宽度必然增加（图 5-21）。

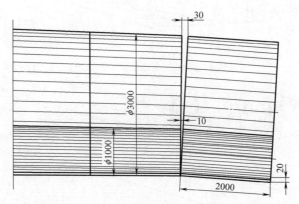

图 5-21　转角、接头拉开宽度与管径的关系

混凝土掘进机与钢管间的接头拉开一般发生在管道纠偏阶段。因为掘进机纠偏不灵敏，往往加大纠偏角。在大角度纠偏下，容易造成纠偏过急，钢管弯曲过大。由此可见，如能达到纠偏平稳，用混凝土掘进机顶钢管还是可能成功的，例如中口径钢管顶管。但是对 3m 以上的大口径钢管，实践证明就是技术水平较高的施工队伍仍然是很困难的。

② 掘进机加过渡段方法

为了解决混凝土掘进机用于钢管顶管，经过不断地摸索，吸取失败中的教训，初步形成了掘进机加过渡段的方法。

　　过渡段纠偏的基本原理：利用承插管容易纠偏的特点完成前部管轴线的纠偏，依靠承插管已经完成的弯曲洞穴迫使钢管纵向弯曲，实现钢管的纠偏。

　　掘进机加过渡段的具体做法是在掘进机后跟进几段承插管，通过承插管再与钢管套接。掘进机后面的所有接头上，都要安装接头限位装置。

　　为了说明过渡段在纠偏中是如何发挥作用的，下面以两个过渡段的顶管纠偏为例加以说明（图 5-22）。

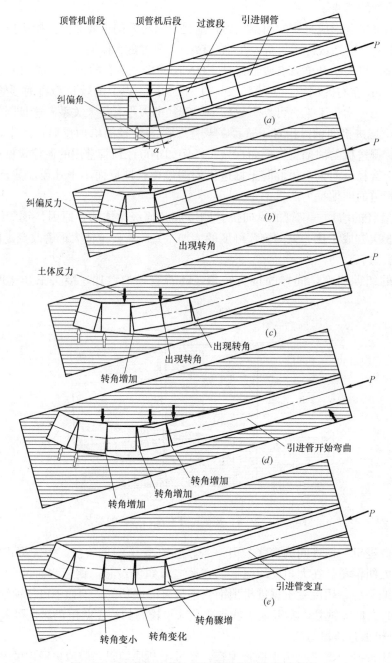

图 5-22　过渡段对大口径钢管纠偏的作用示意图

图 5-22（a）管道轴线向下偏差，掘进机向上纠偏。

图 5-22（b）管道继续顶进，掘进机向上爬行，掘进机后的接头开始出现转角。

图 5-22（c）掘进机继续上爬，接头转角增大，转角大小从前往后依次递减。过渡段带着引进管向上移动。从管道的行进路线的上方可以看到，由于泥浆槽的存在帮助了管道轴线的上移，帮助了纠偏。

图 5-22（d）掘进机继续上爬，接头转角继续增加，引进钢管前部与土体接触。这时的顶力犹如轴向预应力，对弯曲段的接头预加了压力，接头转角变小。顶力又使过渡段的弯曲变得比较均匀，钢管在偏心顶力作用下开始弯曲。如果钢管断面刚度较小，产生椭圆度，则有利于纠偏。

图 5-22（e）管道顶进停止，顶力消失，引进钢管变直，最后一个接头的转角增加。如果转角过大，接头就会被拉开。有了限位装置可以将过大的转角，转移到前方的接头。如果前方的接头的限位装置又起作用，表示还容纳不下，转角再往前转移，如此将过大的转角向前过渡，防止了转角集中在一只接头上。同时又完成前部引导段的弯曲。

到此为止掘进机与承插管完成了前部管轴线的纠偏。管道继续向前顶进，钢管进入弯曲的洞穴。在前面的承插管引导下，迫使钢管顺着洞穴弯曲，这时钢管开始出现纵向弯曲，钢管前端在曲线的外侧产生了纠偏反力。随着管道的顶进，反力面不断扩大，纠偏反力不断增加，到此才实现钢管的纠偏。

采用过渡段顶管，过渡段部分不存在纵向弯矩，纵向弯矩过渡到后面的钢管才出现。钢管纵向弯矩传递问题仍然存在，由于采用过渡段后，轴线变化变得平稳，出现的纵向弯矩在减小。

从以上分析可知，过渡段的内涵有三：两种施工方法的过渡，从混凝土顶管过渡到钢管顶管；接头转角的过渡，从大转角过渡到小转角；纵向弯矩的过渡（后移），从掘进机过渡到钢管前端。过渡段的数量与管径大小有关，与施工经验有关。管径较大的宜多采用，施工经验较丰富的可少采用。另外还应在实践中不断总结，做到经济合理。对于中大管径钢管建议采用 1～4 段，至少要用 1 个。

过渡层的接头传力面应加木垫圈，尽量减少接头的间隙。接头间隙小有利于防止接头拉开。

采用过渡段顶管，有以下规律：

a. 过渡段能提高混凝土掘进机的纠偏灵敏度。

b. 过渡段能缓解轴线弯曲，使轴线弯曲平稳。

c. 泥浆槽有利于纠偏，适当增加泥浆槽的厚度是可行的。

d. 管道的横向刚度减小有利于纠偏。

e. 采用过渡段钢管顶管仍存在钢管的纵向弯矩传递问题。

f. 接头拉开发生在顶力消失阶段，在施工中这是要特别注意的。

g. 接头上加限位装置是必要的。

（3）接头转角限位装置

为防止接头拉开的危险，应在接头上设置接头转角限位装置（以下简称"限位装置"）。限位装置的作用有两个：在接头间分配转角和防止接头转角过大严防拉开。限位装置在顶进中不应受力，只有在顶力消失阶段才起限位作用。

限位装置的操作：

① 直线顶进阶段，可以将限位装置锁紧。因为不容易纠偏的管道，同样不容易偏差，锁紧对保持直线顶进有利。

② 纠偏阶段，应放开限位装置，以增加掘进机的纠偏灵敏度。

③ 限位装置的限位值应小于转角的允许最大值，并应留有足够的安全余量。限位值应分级，在不同的阶段采用不同的限位值，逐步增加。通过实际操作最后确定最大限位值。

④ 限位装置的限位点宜设报警，严防顶力消失过程中出现危险还无人知晓。

⑤ 掘进机后有多个接头时，宜在每个接头上设限位装置。每个接头上的限位值宜一致，报警点应设在最后一个上。

（4）结论

钢管顶管无论采用何种掘进机，解决钢管纵向弯矩的传递问题是不变的课题。钢管顶管中采用过渡段是增加混凝土掘进机纠偏灵敏度的有效措施，另外过渡段又是防止接头拉开的一种有力措施。过渡段可以提高接头的安全变，但并非保险措施。防止接头拉开的最有效措施是提高纠偏水平，确保管道平稳地顶进。

5.3 实 习 重 点

5.3.1 测量

由于掘进机前部较重，顶进中千斤顶的顶力偏差以及土层的不均匀性等使掘进机在实际的施工中不能按预先设计的轴线顶进，这就需要在施工中不断调整掘进机的姿态。管道轴线作为衡量顶管质量的主要技术指标，它的偏移不仅对顶进管道的整体质量造成影响，还会在施工过程中由于纠偏作用产生超挖，从而对周围土体环境与地面环境产生不良影响。为了使管节按照规定的方向前进，顶管顶进前按设计的高程和方向精确地安装导轨、修筑后背及布置顶铁，必须通过测量来保证以上工作的精度。在顶进过程中必须不断观测掘进机前进的轨迹，检查掘进机的姿态是否符合设计规定的轴线要求。

图 5-23 为顶管施工中的姿态变化。实际工程中，掘进机在顶进过程中为三维状态，掘进机可能会发生方向偏差和自转偏差，方向偏差又分为水平方向偏差与轴线高程偏差，因此，掘进机在顶进中的方向与轴线控制主要有三个方面：

（1）平面方位角偏差的控制：如图 5-24（a）所示，掘进机在水平方向与设计轴线产

图 5-23 顶管顶进中的姿态变化

生 α_1 角度的偏差；

（2）轴线高程偏差的控制：如图 5-24（b）所示，掘进机在顶进中竖直方向与设计轴线产生 α_2 角度的偏差；

（3）自动偏转角的控制：如图 5-24（c）所示，掘进机沿其轴线向一侧发生偏转角度 α_3。这种偏差不影响轴线位置，但过大时，可能会出现使掘进机无法正常操作的问题，如果在管子上预留有垂直顶升孔，则孔位发生偏斜而导致无法进行下一步施工。

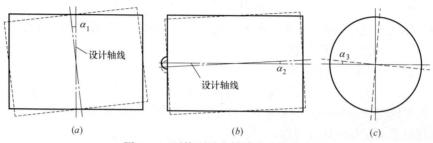

图 5-24　顶管顶进中轴线偏差的形式
（a）平面方位角的偏差；（b）高程偏差；（c）自转偏转偏差

顶管开挖面顶进的支反力是通过千斤顶提供的，刀盘切削土体的扭矩主要由掘进机壳体与洞壁之间形成的摩擦力矩来平衡。在稳定性好的地层，掘进机壳体与洞壁之间只有部分摩擦力提供摩擦力矩。当摩擦力也无法平衡刀盘切削土体产生的扭矩时将引起管体的滚动。一般顶进管道是圆形断面，掘进机即使发生滚动偏转，也不会对轴线产生太大的影响。但如果机体滚角值太大，掘进机不能保持正确的姿态，影响顶管的施工质量，有时也会引起管道轴线的偏斜。此时，需要通过反转刀盘来减少滚角值。

1. 普通测量

1）普通测量目的和内容

表 5-3 为顶管工程普通测量的目的和内容。

顶管工程普通测量的目的和内容　　　　　　　　　　表 5-3

分项		内容	目的及要求
顶进前的准备测量	施工测量	工作井方位和高程的测定,管道中心线(基线)的设定,以及临时水准点(基点)的标定等	保证顶进质量的基础
	安装测量	按设计要求检查基础和导轨的高程、平面布置的尺寸、确定后背的位置等	
顶进过程中的检查测量		在管节顶进时,不断对首节管或掘进机的高程、方向和转角进行测量	顶管施工中的主要测量工作。本项测量次数频繁,当发现误差后需要进行校正时,为了保证首届管按设计轨道前进,也需增加观测次数
工程竣工测量		当全部管节顶完后,沿整条顶进管节所作的切测量称为竣工测量。测量时每节管上选点,测量标点的中心位置与管底高程	根据测量结果绘出竣工曲线,通过它反映管线的最后安装质量,作为竣工文件
地面观察测量		施工前先在地面上选点测定基数,施工过程中定期不断地观测检查。有时还需在竣工后进行长期定时观测	目的是为了检查管道沿线的地面是否发生变化

2）仪器设备

普通测量的仪器设备包括：

（1）全站仪 1 台（测角精度：$\pm 2''$，测距精度：2mm ＋ 2ppm）；

（2）电子经纬仪 1 台（测角精度：$\pm 2''$）；

（3）S2 水准仪 1 台；

（4）棱镜、脚架、水准尺等配套设施若干；

（5）其他计算、记录、通信、交通设备若干。

在测量作业前应仔细检查仪器设备及其配套设施，确保仪器设备处于正常工作状态方可测量作业。仪器设备应定期送检。

3）普通测量的基本技术要求

（1）所有测量工作均要符合国家相关规范要求；

（2）联系测量、地下控制导线测量、地下控制水准测量按施工实际情况和规范要求进行，并保证成果满足相关规范要求；

（3）对测量数据，由两人采用两种不同方法计算，以进行校核。

4）平面控制网测量

平面控制点检测应根据业主提供的平面控制点作为向隧道内传递坐标和方位的联系测量依据，并确保区间隧道两端的控制点的通视。对业主所提供的平面控制点进行二次复测，并上报监理给予复核，如果检测的成果超限，立即以书面形式报监理工程师确认，由监理工程师及时汇同业主和控制网测量单位研究解决。

5）高程控制网测量

水准控制点检测应确认业主提供的水准控制点满足规范要求，对业主所提供的水准控制点进行定期检测，上报监理给予复核，如果检测的成果超限，立即以书面形式报监理工程师确认，由监理工程师及时汇同业主和控制网测量单位研究解决。

6）转换测量

地上与地下转换测量的目的主要是将井上点的平面坐标、高程与井下点的平面坐标、高程纳入到同一个系统中，从而为井下控制测量提供可靠的依据。

7）竖井定向测量

地上与地下平面联系测量俗称定向或方向传递，根据施工的具体情况，地上与地下平面联系测量主要是采用宣传法和一井定向的方法。

（1）直传法

直传法就是直接将近井点的平面坐标和方位用全站仪直接从井上传递到井下去。将井下预先设置的点纳入到井上的坐标系统中。

（2）双井定向

双井定向是利用地面上布设的近井点或地面控制点来测定两吊锤线的坐标 X 和 Y，以及其连线的方向角。在井下，根据投影点的坐标及其连线的方向角，确定地下导线的起算坐标及方向角。具体步骤为：

① 由地面用吊锤线向井下投点。通常采用单荷重稳定技点法。为减小误差，吊锤线应布置在上下观测站的同一边并且两线间距离要大。如图 5-25 所示，A、A' 为上下观测站，A、B 为已知点，A'、B' 为井下待定点，O_1、O_2 为钢丝吊线位置。

② 地面和地下控制点与吊锤线的连接测量。采用全站仪观测，测站与吊锤线之间的距离用反射片测量。角度观测的中误差不大于 3″。

③ 内业计算：（a）计算两吊锤线在地面坐标系中的方向角和距离。（b）计算两吊锤线和地下导线点在地下假定坐标系中的坐标。（c）计算地下导线点在地面坐标系中的坐标。地面及地下所计算的吊锤线间距离之差不超过±2mm。

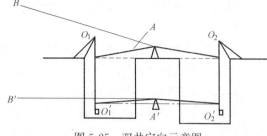

图 5-25　双井定向示意图

8）竖井高程导入

竖井高程导入的目的是把地面高程传入竖井底。

进行高程传递时，用 49N（检验时采用的拉力）的钢尺，两台水准仪在井上和井下同步观测，将高程传至井下固定点。共测量三次，每次变动仪器高度。三次测得地上、地下水准点的高差较差应小于 31mm。

实际操作时，从严要求，井上、井下水准仪和水准尺互换位置，再独立测量三次。必须高度注意两水准尺的零点差是否相同，否则应加入此项改正。传入井底的高程，应与井底已有的高程进行检核。具体操作如图 5-26 所示。

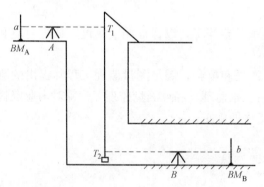

图 5-26　竖井高程导入测量示意图

9）竣工测量

（1）竣工测量内容包括隧道横向偏差值、高程偏差值、水平直径和竖直直径等。

（2）竣工测量完成后，按监理工程师要求填写测量成果数据。

（3）对竣工测量数据妥善保存，最后作为竣工资料归档。

10）施工测量精度的保障措施

测量工作不允许出现测量误差超出限差的情况，在施工中，必须高度重视测量工作，加强施工测量检核。应建立的测量精度保障措施有：

（1）施工放样前将测量方案设计与意见报告监理审批。内容包括施测方法、操作规程、观测仪器设备的配置和测量专业人员的配备等。

（2）固定专用测量仪器和工具设备，建立专业测量组，专人观测和成果整理。

（3）建立测量复核制度，按"三级复核制"的原则进行施测。每次施测后，须经测量工程师复核。

（4）加强对测量用所有控制点的保护，防止移动和损坏；一旦发生移动和损坏，应立即报告监理，并与监理协商补救措施。

（5）测量仪器和设备应按照规定的日期、方法送到具有检定资格的部门检定和校准，合格后方可投入使用。

（6）用于测量的图纸资料，测量技术人员必须认真核对，必要时应到现场核对，确认无误无疑后，方可使用，如发现疑问做好记录并及时上报，待得到答复后，才能按图进行测量放样。

（7）原始观测值和记事项目，应在现场用钢笔或铅笔记录在规定格式的外业手簿中。测量技术人员要认真整理内业资料，保证所有测量资料的完整。资料必须一人计算，另外一人复核。抄录资料，亦须认真核对。

（8）外业前，测量技术人员对内业资料进行检查，所采用的测量方法、测量所用桩点以及测量要达到的目的向测工进行交底，做到人人明白；外业中，平面和高程测量要形成检核条件，满足检核条件要求的测量成果才能成为合格成果，否则，返工重测。

（9）外业后，应检查外业记录的结果是否齐全、清晰、正确，由另一人复核无误后，向施工区技术负责人交底。

（10）施工区所用的导线点、水准点、轴线点要设置在工程施工影响范围之外、坚固稳定、不易受破坏且通视良好的地方。定期对上述各桩点进行检测，测量标志旁要有明显持久的标记或说明。

（11）外业前，列出所用的测量仪器和工具，检查是否完好。在运输和使用测量仪器的过程中，应注意保护，如发现仪器有异常，应立即停止使用并送检，并对上次测量成果重新作出评定。

（12）测量过程中，必须消除干扰，需停工的要停工，以保证测量精度。放样时应和施工人员密切配合，避免出现不必要的偏差。

（13）积极和测量监理工程师进行联系、沟通和配合，满足测量监理工程师提出的测量技术要求及意见，并把测量结果和资料及时上报监理，经过测量监理工程师对内业资料复核和外业实测确定无误后，方可进行下步工序的施工。

11）采用经纬仪的测量方法

（1）测量的方法及步骤

经纬仪测量的方法及步骤见表5-4。

顶管工程测量的目的和内容　　　　　　　　　　表 5-4

测量项目		测量方法及步骤
设置中心线与水准点	中心线设置	将管道中心线引到工作井前后。A、B 两桩为中心线基桩。然后在工作井前后壁上引入 A′、B′两个中线桩，将两点间的直线叫作为顶进过程中观测管道中心的基线
	临时水准点	在工作井上下设立临时水准点。工作井内的临时水准点设于井内一侧，固定在土中，避免撞击移动。出现问题时，及时通过工作井上的水准点进行校核
中线测量	三点移线法	①在 A′、B′桩上拴线并拉紧； ②在线 A′B′上挂上两个垂球，使垂球间距尽量远些； ③在首节管处放上中心尺，并用铁水平尺将中心尺找平，此时中心尺处于水平位置； ④管内外拉紧线，并使线对准后边垂球； ⑤管内外操作人员相互呼应，使管前线端部缓缓移动，一直到中心线对准前垂球尖为止； ⑥此时管内测线与中心尺的中心偏离尺寸，即为管中心与设计中心的误差，方向与尺上所指的方向相反

续表

测量项目			测量方法及步骤
中线测量	经纬仪测量		将经纬仪安装在两主压千斤顶的空隙间引下基点,以该点为中心安装经纬仪,前视中心性定好方位,观测管端已装好的中心尺,即可测出管子的中心位置
高程测量	简易法		采用测量首节管的高程时,是用较长的铁水平尺测量其相对高程
	精密法	短距离	用水准仪和比管节内径小的短标尺,以使用于管内观测。所用观测方法与一般水准测量相同。水准测量最远测距数十米
		长距离	当长距离顶距达数百米时,水准仪已不适用,可用连通管观测两端水位刻度定高程
顶距测量			在井内管节入土的地方设一个固定的标点,或钉一标桩,作为顶进的起点,计算顶进距离和推算前面管节的设计高程
管节转角测量			在顶进过程中由于外力作用使管节产生自转现象,需要观测其转动情况。方法是在首节管内壁顶部画出观测的标志,在顶进过程中用经纬仪或三点移线法测出设计中心线,与观测点比较,就可以求出标志点的外将值,据此再计算转角的度数

（2）定点定位测量

图 5-27 为定点定位测量示意图。所谓定点就是在首节管内设置固定标志,定位就是在工作坑内将仪器装在固定的位置上。顶进前先调整仪器,使中线和高程都符合要求,并对好观测标志。首节管如产生位移,标志随之发生变化,而工作坑内的测量仪器是固定的,所以不动仪器就能直接读出位移量和转角量。现测仪器采用水准仪,或分别采用经纬仪和水准仪。

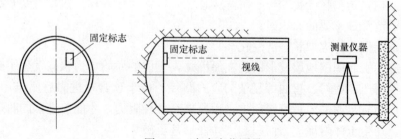

图 5-27　定点定位测量

此种方法测量时无需临时支架仪器,一人观测就可一次读出需要的数据,节省了测量时间。管内不需有人扶尺,随时观测不影响其他工序操作。仪器最好放置在顶铁前两主压千斤顶的空隙间,下部用螺栓固定于基础上,应注意支设仪器地点不要与顶进设备相互干扰,并要防止操作时振动。观测标志设置的位置不要影响管内操作,可放在一角,管内标志也应防止碰动。此方法只限观测一个点。

2. 激光测量

激光与普通光源相比具有方向性好、亮度高、单色性和相关性好的优点,因而获得广泛的应用。图 5-28 为激光测量示意图。激光测量时,在工作井内安装激光发射器,按照

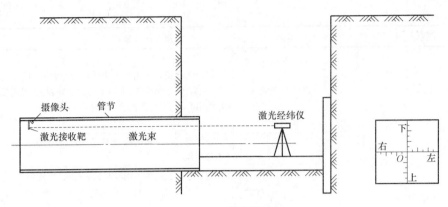

图 5-28　激光测量

管线设计的坡度和方向将发射器调整好，同时在管内装上接收靶。激光测量采用激光经纬仪或激光水准仪。当顶进管道与设计坡度一致时，激光点直射靶心，说明顶进质量良好。如激光点射在靶上的位置偏离中心，说明顶进管道在方向或高程上出现误差。由于发射器与接收靶都固定在顶程的一端，而激光束是按照管线设计方向发射并射在接收靶上，所以能及时观测管端与设计线路的相对位置，及时发现误差。但是，激光测量会受到管内污染空气的影响而不能正确导向。另外，对长距离顶管，激光点会随着顶进距离的增加而增大，最终无法起到测量导向的作用。一般激光测量的距离不大于 200m，多用于顶进距离较短的小口径顶管施工。

5.3.2　地面沉降的分析和控制

1. 地面沉降

1）地面沉降原因

地面沉降是由于顶管法施工而引起管道周围土体的松动和沉陷。受其影响顶进管道附近地区的建（构）筑物将产生变形、沉降或移位，以致使建（构）筑物遭受开裂或破坏。

产生地面沉降最主要的原因是：

（1）管道周围土体应力状态的变化

顶管法施工引起周围地层变形的内在原因是，土体的原始应力状态发生了变化，使得原状土经历了挤压、剪切、扭曲等复杂的应力路径。由于顶管顶进靠后座千斤顶的推力，因此只有千斤顶有足够的力量克服前进过程所遇到各种阻力，才能前进，同时这些阻力反作用于土体，产生土体附加应力而引起土体变形甚至破坏。

（2）管道与土体间空隙的变化

顶管管道与土体之间存在施工间隙，如果施工间隙不能及时注浆填补，上部及侧向的土体向管道拥落，覆盖层出现一些附加的间隙或裂缝，密实度降低。受扰动破坏的土体，要经过较长时间的固结和次团结，逐步恢复到原始应力状态。扰动后土体的本构关系、物理力学性质参数的变化也是必然的。

（3）土体的位移影响

因受顶管顶进的影响，管道前后、左右、上下各部位土体的位移的状态不同。管道后的土体表层土表现为垂直地下沉，深层土随顶管拖带向前水平移动，土体和浆液固结、次固结沉降都使土体产生向下的位移变形。顶管顶进后，不同深度土层扰动曲面叠加形成不同倾斜度的沉降槽。

2）扰动土体的特点

（1）沿顶管掘进方向，地表变形可划分为 5 个不同区段，如图 5-29 所示。

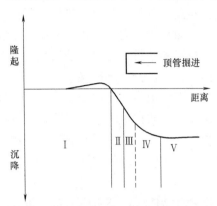

图 5-29　顶管掘进时地表位移分区

顶管掘进施工引起土体沉降的表观机理如表 5-5 所示。

顶管掘进施工引起的土体沉降　　　　　表 5-5

地面变形区段	沉降类型	变形状态及原因	应力扰动	变形机理
Ⅰ	初始挤压或塌陷	管道掘进面土体受挤压面压密或掏空	孔隙水压力增长，有效应力增加	孔隙比减小，土体固结
Ⅱ	顶管工作面前方的土体隆起或沉降	工作面处施加的土压力过大时，向上隆起；过小时，向下沉降	孔隙水压力增加或减小，总应力增加	土体压缩，产生弹塑性变形
Ⅲ	顶管通过的沉降	土体施工扰动，顶管与土体间剪切，出土量过多	土体应力释放	弹塑性变形
Ⅳ	顶管与土体间隙引起的沉降	注浆不及时或注浆不足	土体应力释放	弹塑性变形
Ⅴ	后期土体次固结沉降	土体后续时效变形（土体后期蠕变）	土体应力释放	蠕变变形

（2）因顶管掘进而使得周围土体受到的施工扰动是使周围土体产生过大附加位移的主要原因。

（3）周围土体变形位移主要是主固结压缩、弹塑性剪切以及黏性时效蠕变三者之间的叠加与组合。

（4）土体受扰动的土层厚度 Δh 与管道壁径向位移 δ_w 间的关系为：

$$\Delta h = \frac{E_i(1-R_f)}{0.6\sigma_f}\delta_w \qquad (5-1)$$

式中　Δh——从管道壁起算，沿管道径向受扰动的土层的厚度；

　　　E_i——受扰动土体的初始切线模量（取平均值）；

　　　R_f——强度比（破坏比），$R_f = \sigma_f/\sigma_u$，因 $\sigma_u > \sigma_f$，故 $R_f < 1$；

　　　σ_f——土体的破坏应力，即摩尔-库仑强度；

σ_u——按双曲线模型得出的土体强度渐进值；

δ_w——顶管径向位移，且 min $[\delta_w]=0$，max $[\delta_w]$ 为顶管与土体间的间隙量。

2. 地面沉降的预测

顶管引起的地面沉降的分布是三维的，随着掘进机头的掘进，动态变化。由于三维分析比较困难，现有的力量一般都简化为平面问题进行分析，主要有垂直于顶管顶进轴向方向沉降分析（简称横向沉降分析）和平行于市管丁前进轴向方向的沉降分析（简称纵向沉降分析），当然也有运用大型有限元进行三维分析的。

由于引起地面沉降或隆起的因素很多，不但与土层地质情况有关，而且与顶管管径的大小、掘进机设备的选型、操作人员的技术水平、顶管纵向轴线的垂直度以及顶管持续的时间、注浆情况等很多不可预见的因素有关。因此通过一些量化的计算公式精确计算顶管引起的地面沉降是不可能的，一般对地面沉降的计算只能称为"估算"或"预测"。

1）地面沉降预测的必要性

地下工程的施工不可避免会扰动地层，产生应力重分布，引起地层变形。变形传至地面，产生沉降现象，对地面建筑和地下构筑物产生不利影响。地面沉降会导致周边建筑和设施不良的后果，过大的地面沉降对周边环境和构筑物的破坏往往是致命的，因此为了避免顶管法施工对周边建筑物、管线、道路等的破坏，必须严格控制地面沉降。所以在顶管工程施工前，必须对不同条件下可能出现的地面最大沉降及沉降的分布形态和范围做出可靠的分析，并准确把握顶管施工的主要因素才能得出符合实际情况的结果，提出有效的保护方案。

2）地面沉降横向分布的估算公式

目前顶管施工引起的地面沉降，常常采用 Peck 提出的地面沉降槽理论进行预测。Peck 假定施工引起的地面沉降是在不排水情况下发生的，所以地表沉降槽的体积应等于地层损失的体积，地面沉降可视土质情况、覆土深度、采用的掘进机类型、操作水平等因素而不同，并根据这个假定给出了地面沉降量的横向分布估算公式：

$$\left.\begin{aligned} S(x) &= S_{max}\exp\left(-\frac{x^2}{2i^2}\right) \\ S_{max} &= \frac{V_s}{\sqrt{2\pi}\,i} \approx \frac{V_s}{2.5i} \end{aligned}\right\} \tag{5-2}$$

式中　x——顶进管道轴线的横向水平距离（m）；

i——地面沉降槽宽度系数（m），在正态分布中是曲线标准偏差点（图 5-30），相

当于曲线的反弯点的 x 值，一般取 $i=\dfrac{H}{\sqrt{2\pi}\tan(45°-\varphi/2)}$；

φ——强度比（破坏比），$R_f=\sigma_f/\sigma_u$，因 $\sigma_u>\sigma_f$，故 $R_f<1$；

σ_f——土的内摩擦角；

H——管道中心至地面的覆土厚度；

S_{max}——顶进管道轴线上方的最大地面沉降量（m）；

$S(x)$——x 处的地面沉降量（m）；

V_s——超挖量，可根据掘进机头的形式，直接按表 5-6 取值。

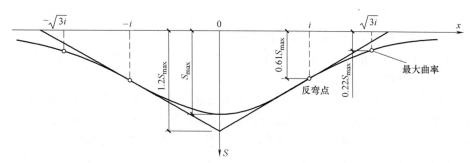

图 5-30　沉降槽的正态分布曲线

各种顶管掘进机的超挖量估算　　　　　　　　　　表 5-6

机型	敞开式	多刀盘	土压平衡	泥水平衡	局部气压	网格挤压式
V_s	$(10\%\sim20\%)V$	$(7\%\sim10\%)V$	$(5\%\sim8\%)V$	$(3\%\sim5\%)V$	—	—
V_1	—	—	$(0.1\%\sim1\%)V$	$(0.1\%\sim1\%)V$	$(1\%\sim2\%)V$	$(-5\%\sim2\%)V$

V_s 也可以按下式进行估算：

$$V_s = V_1 + V_2 + V_3 \tag{5-3}$$

式中　V_1——掘进机头切削面土体损失，$V_1 = \dfrac{\pi D_{机}^2}{4}\alpha_失$；

　　　$\alpha_失$——一般取为 $0.1\%\sim1\%$，具体可按表 5-6 取用；

　　　$D_机$——掘进机头外径，$D_管$ 为顶管外径；

　　　V_2——掘进机头纠偏引起的地层流失，掘进机纠偏时，其轴线与管道轴线形成一个夹角，造成掘进机在顶进中，开挖的坑道成为椭圆形，即此椭圆面积与管道外圆面积之差值：$V_2 = \dfrac{\pi D_{机} L}{4}\tan\alpha$；

　　　α——掘进机轴线与管道轴线的夹角，即纠偏角，一般取 $0.5°$ 左右，根据掘进机不同而有所不同；

　　　L——掘进机头长度；

　　　V_3——顶管过程中管道外周与土层之间形成的空腔引起的地层损失，见式（5-4）～式（5-6）。

①　掘进机机头外径与管道内径之间形成的环状孔隙造成的土体损失：

$$V_{31} = \frac{\pi}{4}(R_{机}^2 - R_{管}^2)K_1 \tag{5-4}$$

式中　K_1——注浆未充满度，注浆最差时，取 $K_1 = 1$，注浆较好时，可取 $K_1 = 0.2\sim0.4$。

②　中继间外径与管道外径之间形成的环状孔隙造成的土体损失：

$$V_{32} = \frac{\pi}{4}(R_{机}^2 - R_{管}^2)K_2 \tag{5-5}$$

式中　K_2——中继间穿越后的补注浆不足率，补浆最差时，取 $K_2 = 0.25$，补浆理想时，可取 $K_2 = 0$。

③　相邻管节间外壁不平整度过大造成的土体损失：

$$V_{33} = \pi n D V_{管}^2 \, \alpha_3 K_2 \tag{5-6}$$

式中　α_3——相邻管节的管道外周半径的差值；

　　　K_3——注浆不足率，$\alpha_3 < 5\text{mm}$，取 $K_3 = 0$，$\alpha_3 > 10\text{mm}$，可取 $K_3 = 0 \sim 0.5$；

　　　n——$\alpha_3 > 10\text{mm}$ 的出现次数。

Peck 公式非常简单，其曲线形状与顶管实测地面沉降曲线比较吻合，但仍存在以下不足：①只能计算瞬时沉降，不能考虑土体扰动引起的再固结沉降；②只能计算横向地面沉降，不能计算纵向变形及土体分层沉降；③没有考虑施工工艺和土质条件；④参数较难确定。

3）地面沉降纵向分布的估算公式

图 5-31 为地面沉降纵向分布曲线。Attewell 等（1982 年）采用累计概率曲线公式 (5-7) 计算土体损失引起的管道轴线上方的纵向地面沉降。

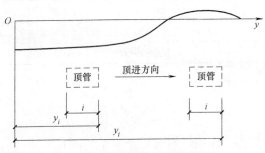

图 5-31　沉降纵向分布曲线图

$$S(y) = \frac{V_s}{\sqrt{2\pi} \, i} \left[\phi\left(\frac{y - y_i}{i}\right) - \phi\left(\frac{y - y_f}{i}\right) \right] \tag{5-7}$$

式中　$S(y)$——纵向沉降量，负值为隆起量，正值为沉降量；

　　　$\phi(y)$——正态分布函数的积分形式；

　　　V_s——顶管开挖面引起的地层损失，如果欠挖引起负地层损失；

　　　y——沉降至坐标轴原点的距离；

　　　y_i——顶管推进起始点处至坐标轴原点 O 的距离；

　　　y_i——顶管掘进面至坐标原点 O 的距离。

沉降槽宽度系数 i 计算方法见表 5-7。

沉降槽宽度系数计算方法　　　　　　　　　　表 5-7

计算方法			计算公式
根据已知地质条件、地面至管道中心轴线深度 Z 及管道半径 R 计算			$i = \dfrac{Z}{\sqrt{2\pi}\tan(45° - \varphi/2)}$
克洛夫及斯密特提出的饱和含水塑性黏土地面沉降槽宽度系数 i 的计算公式			$\dfrac{i}{R} = \left(\dfrac{Z}{2R}\right)^{0.8}$
根据土层的性状按经验公式计算	Atkinson 和 Potts(1977)根据模型试验和现场观测建议公式	表面过载的松散砂土	$i = 0.25(H + R)$
		没有表面过载的超固结黏土和密实砂土	$i = 0.25(1.5H + 0.5R)$
	O'Reilly 和 News(1982)通过各种地质条件下开挖管道时地由沉降的观测值统计出的经验公式	黏土	$i = 0.43H + 1.1$
		粒状土	$i = 0.28H - 0.1$

注：φ——土的内摩擦角。

沉降槽宽度系数 i 与管道的直径、埋深的土内摩擦角有一定关系。它决定着沉降槽的反弯点位置、沉降范围和整条曲线的形状。实际上对于横向与纵向沉降而言，应有两个不同的沉降槽宽度系数 i_x 和 i_y，两者之间的关系如下：

$$i_y = k i_x \qquad (5-8)$$

式中 k——修正系数。

设 $k=0.8$、1、1.2，得到如图 5-32 所示的一系列曲线。从图中看到：当 $k<1$ 时，曲线变"陡"；当 $k>1$ 时，曲线变"平"。因此，变化 k 的取值即可对曲线的形状进行调整。

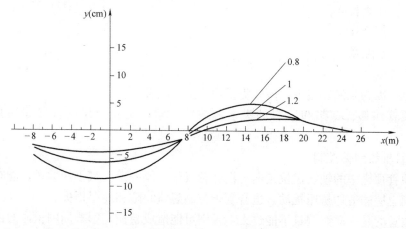

图 5-32 不同 k 值下的曲线图

3. 地面沉降的控制

1）开挖面的土压力与出土量控制

控制开挖面土压力可以控制地表隆陷。从理论上来说，如果掘进机提供的压力和静止土压力相当，则周围土体受到的扰动就很小，地面也不会出现大的变形。控制排土量和推进速度是为了保证土体不被过量挤压，因为过量的挤压会增加地层的扰动，如果推进速度过快，密封舱内土体来不及排除，会造成土压力失稳。

（1）开挖面土压力控制法

根据软土地区施工经验，取：

$$F = \frac{\pi}{4} D^2 R \qquad (5-9)$$

通过式（5-9）对掘进机提供的压力进行监控，测定地表沉降、土层变形移动和土压力等，通过参数优化，按测试结果实时调整，修正施工参数，以保持开挖面的稳定。

（2）排土量控制法

严格控制排出量，一般为理论值的 98%。

2）注浆压力和注浆量控制

在顶管掘进过程中，应当以适当的压力、必要的注浆量和合理配比的压浆工艺，在管道周围的环形空隙中进行同步注浆和补浆，既能减小摩擦阻力，又起到控制或减小地面沉降的作用。

（1）浆压力

注浆压入口的压力应稍大于该处的静止水压力、土压力之和。注浆压力不能过大，防止管片后背土层受到劈裂扰动，而造成过大的后期沉降与跑浆；而注浆压力过小，则浆液充填过慢。间隙填不密实，地表变形也将加大。在实践上，多取注浆压力为 1.1～1.2 供静止水压力、土压力，在上海市通常采用 0.3～0.4MPa。此值略大于管底土压，为管顶土压值的 2 倍以上。

（2）注浆量

理论上注浆量可按下式近似计算：

$$V_e = \pi l_1 D_1 \delta_w \tag{5-10}$$

式中　l_1——注浆长度；

　　　D_1——顶管外径；

　　　δ_w——空隙宽度。

（3）次注浆

其不足，因为浆液要流失，所以需要视实际情况补浆。

由于顶管纠偏、跑浆和浆料的失水收缩等因素，实际上用的注浆量一般取（3～6）V_e。

3）顶管轴线纠偏控制

保证顶管顶进中的轴线定位走向与设计轴线尽可能一致，减小纠偏量，能有效控制因纠偏对周围土层的剪切挤压扰动，也有利于控制建筑间隙和地层损失。

需要注意的是一次纠偏量不能过大，否则可能造成超挖，影响周围土体的稳定，所以要做到"勤测勤纠"。

4）顶进施工参数的控制

（1）初始顶进

① 土压力设定

实际土压力的设定值介于上限值与下限值之间，为了有效地控制轴线，初出洞时，宜将土压力值适当提高，同时加强动态管理，及时调整。

② 顶进速度

初始顶进速度不宜过快，一般控制在 10mm/min 左右。

③ 出土量

加固区一般控制在 105％ 左右，非加固区一般控制在 95％ 左右。

（2）正常顶进

① 土压力设定

结合实际施工经验，实际土压力的设定值应介于上限值与下限值之间。

② 顶进速度

一般情况下，顶进速度控制在 20～30mm/min，如遇正面障碍物，应控制在 10mm/min 以内。

③ 出土量

严格控制出土量，防止超挖及欠挖，正常情况下出土量控制在理论出土量的 98％。

5）地基加固方法的应用

除了在施工前合理选用顶管方法和在施工中精心操作，使顶管处于最佳状态外，地基加固是保护地下管线和地面建筑的一种最为有效的措施。由于地面沉降产生的主要原因是土体损失，因此，正确地选用各种地基加固方法，就能使地基产生蠕动趋势减少，颗粒土被粘结，孔隙被充填，土体稳定程度增强，从而达到减小地面沉降的目的。

4. 通过试顶调整参数

掘进机在出洞后顶进的一段距离可作为顶进试验段。通过试验段顶进熟练掌握掘进机在工程地层中的操作方法和掘进机推进各项参数的调节控制方法，熟练掌握触变泥浆注浆工艺、测试地表隆陷、地中位移等，并据此及时详细分析在不同地层中各种推进参数条件下的地层位移规律和结构受力状况，以及施工对地面环境的影响，并及时反馈调整施工参数，确保全段顶管安全顺利施工。

掘进机初始顶进是顶管施工的关键环节之一，其主要内容包括：出洞口前地层降水和土体加固、设置掘进机始发基座、掘进机组装就位调试、安装密封胶圈、掘进机试运转、拆除在顶管井井壁为掘进机出洞设置的洞口临时封堵墙、掘进机贯入作业面加压和顶进等。

1）试顶参数的确定

在掘进机顶进中，泥浆的压力、浓度对保持挖掘面的稳定性起着关键作用。泥浆浓度根据土质变化及时调整。泥水仓泥浆压力取决于地下水、土压力，施工过程及时测得数据，确定泥水压力，使泥水仓压力始终大于泥水压力。

2）试顶时检测内容

顶管工程施工前，应先确定顶管顶进时的各项参数，在施工时要对这些参数进行检测，如果达不到要求，或者跟设计有出入，要及时查找原因，及时调整参数，保证后续顶管的顶进工作顺利进行。

试顶时检测内容一般包括土压力、顶进速度、出土量、触变泥浆、顶力等的各项数据。

3）调整参数

试顶结束后，根据现场的检测情况，包括地面的沉降、地层情况以及触变泥浆的减阻效果，进行顶管参数的调整。

监测结果表明地面沉降较大或者达不到允许要求时，要调整顶力的大小以及触变泥浆的性能指标，同时应该在后续顶进过程中减少出土量，使后续顶进过程中的地面沉降达到允许沉降值，以保证顶管的整体顶进质量。

如果试顶时顶管的顶进力与计算不相符合，应根据现场的土层情况及时调整计算参数，使之与现场条件相符合，以便于后续顶管顶进需要。

触变泥浆的减阻效果根据试顶压力表观察，如果与估算值有较大出入，应对触变泥浆进行参数调整，使之符合现场土层情况。

5. 建筑物（构筑物）沉降的预测与保护

1）建筑物（构筑物）沉降的预测

（1）地面建筑物影响程度的预测

顶管施工产生的地面沉降，将影响其周围地区地面的建筑物安全。许多实例表明不同类型的基础对地面沉降影响的承受能力是不同的。其影响限值决定于相对沉降（δ/L，其中 δ 为差异沉降量，L 为建筑物长度）和最大沉降量。地面建筑物影响程度取值见《建筑地基基础设计规范》GB 50007—2011。

（2）地下管线的影响程度预测

一般市区内的地下管线主要包括市政管道（雨水管、污水管及合流管等）及公用事业管。表 5-8 列出了管道沉降的曲率半径计算公式。根据规范要求对不同材质的曲率半径给予限制。

表 5-8

允许管道沉降的曲率半径计算公式

管道类型	计算公式
焊接接头的管道	$R=\dfrac{\Delta^2+(L/2)^2}{2\Delta}$
非焊接接头的管道	$\tan\theta=\dfrac{\Delta}{L_1}$ $R=\dfrac{L_1}{\tan\theta}$

注：L——测量沉降影响管道长度；L_1——非焊接的管段长度；Δ——最大沉降量；θ——沉降造成的管段转角。

2）建筑物（构筑物）沉降的保护对策

顶管施工引起的地表变形使周边建筑物受到不同程度的影响，因此，在施工过程中，应当注意对现有建筑物进行保护。完全控制地表变形是不可能的，但施工前对地质环境周密调查，施工方案选择合理，施工操作得当，那么就可以把地表变形的幅度控制在最小的限度内。

针对顶管施工引起的地标变形，顶管施工中采用事前筹划、事中控制，并应用地基加固的方法，以有效地控制沉降范围和沉降量，从而保证周边建筑物的安全。沉降控制内容如图 5-33 所示。

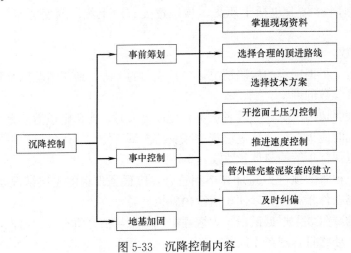

图 5-33　沉降控制内容

（1）事前筹划

针对不同的土质、不同的施工条件选用不同的顶管施工工具和施工方法，是顶管掘进前控制地面变形的重点。事前控制主要根据地质条件、地下水情况、施工场地、施工环境影响等，选用对地层扰动小的较为合理的掘进机和施工方法。掘进机位于顶进管道的最前端，掘进机选择的好坏决定了顶管成败，应根据实际情况分析掘进机的选型，不同的掘进机，其适用的土层、对地表变形的影响以及施工工艺都不相同。事前控制的具体内容见表 5-9。

事前筹划的具体内容 　　　　　　　　　　　　　　　　　　　　表 5-9

事前筹划内容	具 体 表 现
掌握现场资料	详细了解工程概况、地质概况、地下水位、顶管管径、埋深、邻近建筑物、邻近管线的埋设情况等
选择合理的顶进路线	①直线顶进较曲线顶进对周围土及环境扰动较小； ②如果必须绕开地下构筑物或由于土质不好顶管较难顶进时，就需要选择合适的曲线顶进
选择技术方案	①小口径顶管，可采用泥水顶进； ②埋深较大的顶管，可从地下水及所处土层特性来考虑；地下水位较低、土层较稳定，可选用手掘式顶管；地下水位高、土层较松软，宜采用全断面掘进机施工； ③地下障碍物较多时，应选用具有除障功能的机械式掘进机或手掘式顶管； ④黏性或砂性土层中，如无地下水影响，宜用手掘式或机械挖掘式顶管； ⑤土质为砂砾土时，可采用具有支撑的掘进机或注浆加固土层的措施； ⑥软土层宜采用土压平衡或局部气压等施工，在软土层且无障碍的情况下，顶管埋深较大时，宜采用挤压式或网格式顶管法； ⑦在流砂中顶管可采取局部气压施工或泥水平衡法施工； ⑧在黏土层中须控制地面隆陷时，宜采用土压平衡顶管法；在粉砂土层中，当需要控制地面隆陷时，宜采用加泥式土压平衡或泥水平衡顶管法

（2）事中控制

顶管掘进过程中应尽量保证顶管的最佳推进状态。所谓最佳顶管推进状态，是指顶管推进过程中参数的优化及匹配，具体表现为推进中对周围地层及地面的影响最小。开挖面土压力、推进速度、同步注浆、纠偏等参数的优化组合，是减小顶管推进引起的地层变形的关键。事中控制的具体内容如下：

① 控制开挖面的土压力

保持开挖面的土压力的平衡可以减少开挖面土体的树塌、变形、土体损失等。控制开挖面土压力可以控制地表隆陷。从理论上来说，如果掘进机提供的压力和静止土压力相当，则周围土体受到的扰动就很小，地面也不会出现大的变形。另一方面，控制开挖面土压力可以保持开挖面的稳定，通常要在顶管前方形成一定压力，来平衡土体的水平侧向土压力。通常采用气压、泥水压力及土压来平衡，由此形成了顶管开挖面的稳定状态。

② 控制推进速度

速度的选取是为了保证土体不被过量挤压，因为过量的挤压必定会增加地层的扰动。如果推进速度过快，密封舱内土体来不及排除，会造成土压力失稳。

③ 管外壁完整泥浆套的建立

完整泥浆套的建立可以避免管外壁产生背土现象，从而有效控制地面沉降的发生。在顶管掘进过程中，应当以适当的压力、必要的数量和合理配比的压浆工艺，在管道背面的环形建筑孔隙中进行同步注浆和补浆，既能减小摩擦阻力，又起到控制或减小地面沉降的作用。实际施工中，应根据土质情况以及土壤含水量的大小来决定注浆的措施、注浆时间以及注浆的位置。同时，浆液的成分对注浆效果也有很大影响，选择浆液前，应对场地周围地下水水质情况进行检验，包括氯离子的含量和 pH 值的大小，再对浆液进行调整。

④ 及时纠偏

顶管在土层中推进时，由于各种人为或客观因素的存在，必然会使顶管的姿态发生变化。及时解决顶管轴线发生的偏移、偏转和俯仰等问题能有效控制地面沉降。需要注意的是一次纠偏量不能过大，否则可能造成超挖，影响周围土体的稳定，所以要做到"勤测勤纠"。

5.4　顶管法常见问题及防治措施[5-2]

5.4.1　工作井设备安装

1. 导轨偏移

1）现象

基坑导轨在顶管施工过程中产生左右或高低偏移。

2）原因分析

（1）导轨自身的刚度不够。

（2）导轨固定不牢靠，受到外力及震动后发生偏移。

（3）导轨底部所垫木板太软而产生较大变形。

（4）工作井底板损坏或变形。

（5）后座不稳固，受顶力后使主顶油缸轴线与顶管轴线不平行，产生横向分力，引起导轨偏移或损坏。

3）防治措施

（1）对导轨进行加固或更换。

（2）校正偏移的导轨，并支撑牢固。

（3）垫木应用硬木或用型钢、钢板，必要时可焊牢。

（4）对工作井底板进行加固。

（5）推荐采用刚度好的可调整导轨架，并同时采用刚度大的钢结构后座，以及油缸有一定自由度的主顶油缸架。

2. 洞口止水圈撕裂或外翻

1）现象

（1）洞口止水圈在顶进过程中被撕裂。

（2）洞口止水圈外翻，泥水渗漏，同时洞口地面产生较大的塌陷。

2）原因分析

（1）洞口止水圈或洞口钢板孔径尺寸不符合设计要求。

（2）止水圈的橡胶材质不符合要求。

（3）安装不当，与管子有较大的偏心。

（4）橡胶止水圈太薄或洞口的土压力、水压力过大。

3）防治措施

（1）洞口止水圈应按设计要求的尺寸和材料进行加工，并应制成整体式。

（2）洞口止水圈应按设计图纸的尺寸要求正确安装。

（3）洞口土压力太高或橡胶止水圈太薄引起外翻，应增加洞口止水圈的层数或增加橡胶止水圈的厚度。

（4）设计没有提出要求时，根据施工经验，洞口钢板内径可比管节外径大 4～6cm，洞口止水圈内径可比管节外径小 10％左右为宜。

3. 工作井位移

1）现象

（1）从安装在底板上的仪器上可发现工作井位出现有规律的微小变动。

（2）从工作井后座墙后土体产生滑动、隆起现象中，可观察到工作井有明显的移动，而且不容易复位。顶管施工不能正常进行。

2）原因分析

（1）位移大多发生在覆土层较浅而且所顶管子口径较大、顶进距离又较长的情况下。

（2）主顶推力已超过工作井周边土所承受的最大推力，工作井虽还不至于被损坏，但是工作井后的土体已不稳定。

3）防治措施

（1）验算沉井后靠土体的稳定性。沉井结构工作井则应按沉井计算荷载验算沉井结构强度，并验算沉井后靠土体稳定性；钢板桩支护工作井，按顶管荷载验算板桩结构强度和刚度，并验算板桩后靠土体稳定性。

（2）加强对工作井位移的定时、定人的观察，以掌握其动态。

（3）加固工作井后的土体。

（4）使用中继间，降低主顶油缸对工作井的推力。

5.4.2 钢筋混凝土管与接口

1. T型钢套环接口错口

1）现象

（1）错口不规则，错口不大。

（2）错口较大，有的可达到管壁厚度或更大。

2）原因分析

（1）错口不大，大多数是由于管接口处失圆、管壁厚薄不均匀所造成的。

（2）错口较大是由于T形钢套环损坏。T形钢套环套在管子接口外，在纠偏过程中，纠偏力会使钢套环变形，环口扩张。张口塞满泥砂后，向相反方向纠偏时，张口闭合，张口内的泥砂被挤压，T形钢套环的环口焊缝受拉力，环口直径被撑大。反复纠偏，T形钢套环反复受拉力，使焊缝被撕裂，同时，钢套环的环口发生卷边。T形钢套环连接的前后两只管子就发生错口，随着推进距离的增加，错口会越变越大，甚至使管道报废。

3）防治措施

（1）加强对成品混凝土管及T形钢套环质量的复查、挑选。

（2）控制好顶管的方向，有偏差要及时纠偏，慢慢地纠正，以防纠偏过头。

（3）在砂性土中应增加触变泥浆的注入量，让浆套很好地形成。

（4）在砂土中顶管，最好采用F形接口，因为F形接口的前半部是埋在混凝土管中的，在纠偏过程中能承受较大的纠偏力，钢套不会损坏。

2. 管接口渗漏

1）现象

管接口处有地下水渗入或者产生漏水、漏泥现象。

2）原因分析

（1）管接口损坏。

（2）张角过大使密封失效。

（3）橡胶止水圈没有安装正确或已损坏。

3）防治措施

（1）严禁用钢丝绳直接套入管口吊运，以防损坏管口及钢套环，应采用专用吊具。

（2）安装前应检查橡胶止水圈的规格、型号与外观质量，正确套入混凝土管的插口。止水圈进入套环或承口之前要涂抹些浓肥皂水并缓慢操作主顶油缸，使管节正确插入合拢。止水圈不能有翻转、挤出现象。

3. 管壁裂缝与渗漏

1）现象

管内壁有渗水，并有环向、纵向或不规则的裂缝。

2）原因分析

（1）管口附近出现环向裂缝，大多是纠偏过量。此种裂缝在钢筋混凝土企口管中最为常见。

（2）管内产生纵向裂缝则有可能：管顶载荷太大，管子未达到应有的养护期，成品管子质量有问题，管子的混凝土不符合标准等。

（3）管子承受的推力过大。

3）防治措施

（1）防止纠偏过度，企口管管口张角每增加 0.5°，其承受的推力则下降 50% 左右。

（2）可在企口管承受推力的端面上垫一定厚度的木垫环，以增加管口承受推力的接触面积。

（3）加强管子使用前的检验，特别是安装橡胶止水圈部位的尺寸和圆度的检验。

（4）按顶管的顶力要求，合理安放中继间。

5.4.3 钢管与接口

1. 钢管接口断裂

1）现象

钢管顶进过程中有的接口出现裂纹并有水渗漏出来。

2）原因分析

（1）接口焊接质量有问题：焊条牌号与钢管材料是否适用；焊接坡口是否标准；焊缝是否焊透。有的因焊缝位于钢管的底部，又有导轨等挡着，没有焊接，非常危险。钢管下部只有管内焊缝，如果在焊缝处产生向上的弯折，焊缝就很容易被破坏。

（2）纠偏过于频繁，偏差又过大，使焊缝被破坏。

3）防治措施

（1）根据钢管材料选用合适的焊条，在冬季、下雨天要采用相应的焊接工艺防止焊缝骤冷产生裂纹。

（2）根据焊接规范对钢管接口进行设计，推荐采用 K 形坡口或单 V 形坡口。

（3）人不能进入的钢管采用单 V 形坡口，在管外进行单向焊接双面成形。对人能进入的钢管采用 K 形坡口，且内外均要焊透，为此，需在工作井内设低于底板的焊接工作井，且在导轨上留出 100mm 左右的焊接工艺槽口。焊接后还应采用拍片或无损探伤，以确保焊接质量。

（4）防止过大的纠偏，更要防止过大的蛇形纠偏，以减小焊缝承受过大的外力。

2. 顶力增大

1）现象

顶进过程中主顶油缸的推力超出正常的推力，有很大的增加。

2）原因分析

（1）钢管方向不准。钢管顶进与混凝土管顶进的最大区别就在于接口，前者是焊接接口，呈刚性，后者是柔性接口。因此，校正方向对顶力的影响就比较大。

（2）地面上堆积的荷载是否太重。这种情况下所有顶管的顶力都会增大，不仅仅是钢管顶管。地面堆积了大量预制构件，砂石材料就会增加管子的摩擦力。

（3）是否有障碍物卡住管外。

3）防治措施

（1）要注意方向校正，不要急于纠正偏差，要缓缓地纠。

（2）清除地面堆积物。

（3）如果有障碍物卡住时，钢管在推进中会有变形或有声响，应把障碍物排除。

5.4.4 中继间

1. 中继间渗漏

1）现象

在使用了一段时间以后，中继间发生渗漏现象，而且越来越厉害。

2）原因分析

中继间密封件严重磨损，密封失效。

3）防治措施

中继间密封件应采用耐磨橡胶制成。密封件磨损以后应有补偿措施，用来调整压缩量，重新形成有效的密封。也可把密封件设计成可更换的，一旦磨损严重时可以更换。

2. 中继间回缩

1）现象

中继间在停止供油或把阀切换到回油位置时，中继间前面的管子就往后退，中继间油缸回缩。

2）原因分析

这种情况大多发生在覆土比较深，所顶管子的管径比较大而且中继间与掘进机靠得比较近的情况下。覆土比较深，管径比较大，作用在掘进机断面上的力也比较大，该力可使闭锁状态的中继间油缸往后缩。另外，中继间比较靠近掘进机，所顶管子比较少，在管壁间所形成的摩阻力不足以克服作用在掘进机上的力，从而使中继间油缸回缩。

3）防治措施

中继间，尤其是紧接掘进机后的中继间应与掘进机保持一定的距离，不能靠掘进机太近。如果发生了上述情况，必须在中继间油缸的回油路中安装上一只单向背压阀，并且把背压设定在中继间不会产生回缩的压力状态中。这样，当中继间后的管子顶进时，中继间就不会回缩。只有顶力超过所设定的背压时，中继间油缸才会回缩。

5.4.5 地面沉降与隆起

1. 开挖面前地面隆起较大

1）现象

掘进机头开挖面前地表开裂、隆起、顶力增大。

2）原因分析

（1）顶管中，操作不当，机头作用在正面土体的推应力大于原始侧向应力，正面土体向上向前移动，引起负地层损失（欠挖）导致顶管前上方土体隆起。

（2）开挖面有较大障碍物。

3）防治措施

（1）根据地质和环境资料选用合适的工具管及稳定地层的措施和施工方法，施工中严格控制顶进速度、顶进推力、出土量、使开挖面土体比较接近土压平衡状态，减小地表变形量。

（2）对于挤压式或网格式工具管，在黏性土中顶进，精心操作，严格控制顶进速度和出土量，负地层损失可控制在$-5\%\sim-2\%$。

（3）对于土压平衡式或泥水平衡式等平衡式掘进机，只要认真操作，加强监测信息反馈，控制好顶进速度和出土量，使开挖面土体稳定地保持在平衡状态，地层损失可控制在$\pm0.1\%\sim\pm1\%$的范围内。

（4）判明障碍物，排除障碍物或减慢顶进速度通过。

2. 掘进机尾部地面隆起较大

1）现象

机头尾部上方土体隆起、开裂，有时出现冒浆。

2）原因分析

机尾注浆量过多、浆压过大。

3）防治措施

适当减小机尾注浆压力和浆量。

3. 掘进机尾部地面沉降较大

1）现象

机头尾部上方土体沉降较大。

2）原因分析

（1）机头纠偏量较大，其轴线与管道轴线形成一个夹角，在顶进中机头形成的开挖的坑道成为椭圆形，此椭圆面积与管道外圆面积之差值，即为机头纠偏引起的地层损失。纠偏量越大，地层损失也越大，土体沉陷也越大。

（2）机尾注浆不及时。机头外径一般较管道外径大2cm，工具管顶过后管道外周产生环形空隙，如不能及时充分注浆充填，周围土体挤入环形空隙，就导致机尾地层损失而产生沉降。

（3）注浆孔阻塞、注浆量不足或浆液漏失。

3）防治措施

（1）机尾同步注浆应及时，浆量要充足。

（2）顶进时要控制纠偏量，减小纠偏量，勤纠、慢纠、小纠。

（3）同步注浆，要装压力表，控制好注浆压力。每节管子开顶时，都要检查注浆情况，确保和管节浆液与机尾浆液通畅，形成完整的浆套。发现机尾缺浆，要及时补浆。

4. 后续管节处局部沉降过大

1）现象

（1）已顶管道的局部管节处沉降过大。

（2）主顶油缸顶力上升较快。

2）原因分析

（1）机头纠偏过大，引起后续管节偏斜，形成管节"蛇行"顶进。局部管节弯折处地层损失大，引起局部管节处沉降过大。

（2）混凝土管节端面不平行。

（3）管道局部管节浆套未形成或触变泥浆发生失少现象而未及时适当补浆。管节外周空隙坍下引起局部沉降。

3）防治措施

（1）随时掌握主顶油缸顶力变化动态。稍有不正常的较快上升，就应引起重视，并逐一检查管节注浆状况。有缺浆就补。

（2）顶进中，勤观察机尾、注浆管节、中继间、洞口的注浆情况，进行全线动态补浆，排水管道工程及时修补缺损的浆套。

5.5 思 考 题

5-1 某顶管工程地质剖面如图 5-34 所示，该顶管拟在 −20～−15m 高程处施工，应选取何种类型的掘进机？为什么？

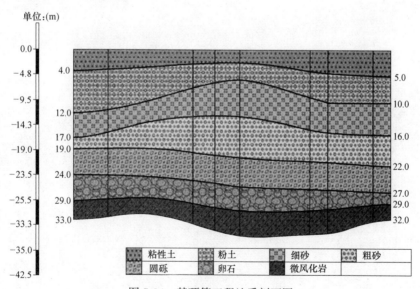

图 5-34 某顶管工程地质剖面图

5-2 你认为顶管掘进机出洞施工要点中最关键的是什么？简述原因。

5-3 简要介绍几种顶管掘进机出洞止水装置，及各自特点。

5-4 曲线顶管、顶管纠偏时，均将面临管节接头张开的情形，提出一种柔性接头的防水方案，并与同学、实习单位工程师讨论。

参 考 文 献

[5-1] 葛春辉. 顶管工程设计与施工 [M]. 北京：中国建筑工业出版社，2012.

[5-2] 黄兴安. 市政工程质量通病防治手册 [M]. 北京：中国建筑工业出版社，2003.

[5-3] Pipe Jacking Association. An introduction to pipe jacking and microtunelling design，2017.

第 6 章

深基坑工程

6.1 概　述

近年来我国随着经济建设和城市建设的快速发展，地下工程愈来愈多。高层建筑的多层地下室、地铁车站、地下车库、地下商场、地下仓库和地下人防工程等施工时都需开挖较深的基坑，有的高层建筑多层地下室平面面积达数万平方米，深度有的达 26.68m，施工难度较大。

基坑开挖的施工工艺一般有两种：放坡开挖（无支护开挖）和在支护体系保护下开挖（有支护开挖）。前者既简单又经济，在空旷地区或周围环境允许时能保证边坡稳定的条件下应优先选用。但是在城市中心地带、建筑物稠密地区，往往不具备放坡开挖的条件。因为放坡开挖需要基坑平面以外有足够的空间供放坡之用，如在此空间内存在邻近建（构）筑物基础、地下管线、运输道路等，都不允许放坡，此时就只能采用在支护结构保护下进行垂直开挖的施工方法。对支护结构的要求，是创造条件便于基坑土方的开挖，但在建（构）筑物稠密地区更重要的是保护周围的环境。

在软土地区地下水位往往较高，采用的支护结构一般要求降水或挡水。在开挖基坑土方过程中坑外的地下水在支护结构阻挡下，一般不会进入坑内，但如土质含水量过高、土质松软，挖土机械下坑挖土和浇筑围护墙的支撑有一定困难。此外，在围护墙的被动土压力区，通过降低地下水位还可使土体产生固结，有利于提高被动土压力，减少支护结构的变形。所以在软土地区对深度较大的大型基坑，在坑内都进行降低地下水位，以方便基坑土方开挖和有利于保护环境。

6.2 深基坑支护结构

6.2.1 支护结构的类型和组成

支护结构（包括围护墙和支撑）按其工作机理和围护墙的形式（图 6-1）分为下列几

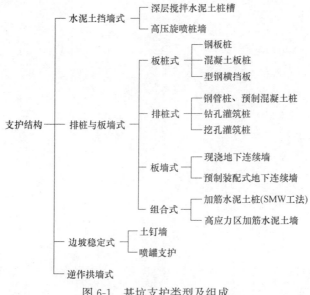

图 6-1　基坑支护类型及组成

种类型：

水泥土挡墙式，依靠其本身自重和刚度保护坑壁，一般不设支撑，特殊情况下经采取措施后亦可局部加设支撑。

排桩与板墙式，通常由围护墙、支撑（或土层锚杆）及防渗帷幕等组成。

土钉墙由密集的土钉群、被加固的原位土体、喷射的混凝土面层等组成。

现将常用的几种支护结构介绍如下[6-2]。

6.2.2 深层搅拌水泥土桩墙

1. 概述

深层搅拌桩（图 6-2）是利用特制的深层搅拌机械沿深度方向将固化剂（浆体或雾状粉体，如水泥浆或水泥粉、石灰粉，外加一定量的添加剂）输送到地基深处与软土进行强制搅拌，利用固化剂与软土之间的物理化学反应使软土硬结成具有整体性、水稳定性和一定强度和刚度的深层搅拌桩加固体，即优质地基和地下挡土构筑物，把原来承载力较低的地基转化为承载力较高的复合地基，从而共同承担建筑物的荷载，满足上部建筑结构的要求[6-3]。

图 6-2 深层搅拌桩示意图

深层搅拌法适用于处理包括正常固结的淤泥、淤泥质土、粉土、砂性土、泥炭土等各种成因的饱和软黏土，含水量较高且地基承载力标准值不大于 120kPa 的黏性土等地基。当该方法用于处理泥炭土或地下水具有侵蚀性时，宜通过试验确定其适用性，冬期施工时应注意负温对处理效果的影响。一般含水量较大的软土，尤其是淤泥，可加水玻璃等早强剂处理。目前我国陆上采用深层搅拌法的最大加固深度已达 30m。深层搅拌法因其出色的工艺特点和适用范围等，被广泛应用于形成复合地基，主要用于形成复合地基、支护结构、防渗帷幕等。

应用深层水泥搅拌桩组成的重力式挡土墙作为深基坑开挖的土体支护和止水手段，是深层水泥搅拌技术的扩展应用，与目前常用的钢板桩、混凝土桩相比较，因其施工时振动小、挤土现象轻微、抗渗性能好、整体稳定性好、有效地防护毗邻建筑、方便下一步的基坑施工、工程造价低，是我国目前深基坑开挖施工中一种比较经济实用的挡土技术。

2. 施工机械

深层搅拌桩机（图 6-3）是用于湿法施工的水泥土桩机，它的组成由深层搅拌机、机架及配套机械等组成。

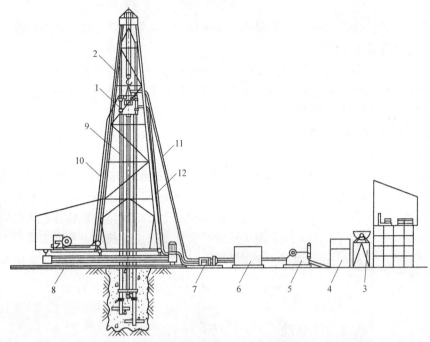

图 6-3 SJB 型深层搅拌桩机机组

1—深层搅拌桩；2—塔架式机架；3—灰浆拌制机；4—集料斗；5—灰浆泵；
6—贮水池；7—冷却水泵；8—道轨；9—导向管；10—电缆；11—输浆管；12—水管

深层搅拌机搅拌头及注浆方式是影响成桩质量的两个关键因素。搅拌头（叶）有螺旋叶片式、杆式、环形等。注浆方式则有中心管注浆、单轴底部注浆及叶片注浆等。

3. 施工工艺

根据水泥水化的化学机理，施工工艺主要有两种：一种是先在地面把水泥制成水泥浆，然后送至地下与地基土拌和，待其固化后，使地基土的物理力学性能得到加强；另一种采用压缩空气把干燥、松散状态的水泥粉直接送入地下与地基土拌和，利用地基土中的孔隙水进行水化反应后，再行固结，达到改良地基的目的。一般湿浆比干粉喷灌质量效果好。为了保证桩体搅拌的均匀性，施工工艺采用四搅两喷。

深层搅拌法施工过程（图 6-4）如下：

1）桩机定位

搅拌机运行到指定的桩位处，对中并保证桩架垂直。当地面起伏不平时，应调整基座保持水平。同时制备水泥浆，按设计确定的配合比拌制水泥浆，待压浆前将水泥浆倒入集料斗。制备水泥浆的目的是，根据设计单位提供的水灰比和水泥掺入比这两个参数，计算出每立方米水泥土加固体中应注入的浆液体积量和浆液的密度。

2）预搅下沉

待搅拌机的冷却水循环正常后，启动搅拌机电机，放松起重机钢丝绳，使搅拌机沿导架搅拌切土下沉，下沉的速度可由电机的电流监测表控制，工作电流不应大于 40A。搅拌机下沉时开启灰浆泵将水泥浆压入地基中，边喷边旋转。

3）提升搅拌

提升喷浆搅拌，搅拌机下沉到达设计深度后，开启灰浆泵将水泥浆压入地基中，待纯水泥浆到达搅拌头后，边注浆边旋转，同时严格按照设计确定的提升速度提升搅拌机，使水泥浆和原地基土充分拌和，直提升到离地面 50cm 处或桩顶设计标高后再关闭灰浆泵。

4）重复搅拌

重复上、下搅拌，搅拌机提升至设计加固深度的顶面标高时，集料斗中的水泥浆应正好排空，为使软土和水泥浆搅拌均匀，再次将搅拌机边旋转边沉入土中，至设计加固深度后再将搅拌机提升出地面，搅拌过程同时喷水泥浆。

5）清洗

向集料斗注入适量热水，开启灰浆泵，清洗全部管线中的残存水泥浆，直到基本干净，并将黏附在搅拌头上的杂物清洗干净。

6）移位

将搅拌钻头提出地面，停止主电机、空压机，填写施工记录表，桩机移位并校正桩机垂直度后进行下一根桩施工。重复上述 1）～5）步骤，再进行下一根桩的施工。

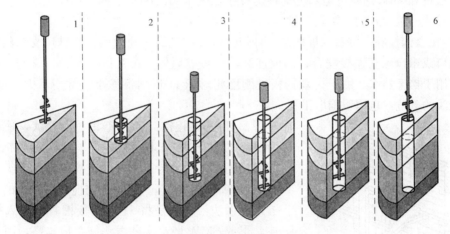

图 6-4　深层搅拌法施工示意图

6.2.3 钢板桩

1. 概述

钢板桩支护是指一种特制的型钢板桩。利用打桩机沉入地下构成一道连续的板墙，作为深基坑开挖的临时挡土、挡水围护结构。由于它具有很高的强度、刚度和锁口功能，结合紧密，水密性好，施工简便、快速，能适应多种平面形状和土壤，可减少基坑开挖土方量，有利于施工机械化作业和排水，可以回收反复利用等优点，因而在一定条件下用于地下深基坑基础工程作为坑壁支护、防水围堰等，会取得较好的技术和经济效益。

钢板桩的优点是材料质量可靠，在软土地区打设方便，施工速度快而且简便；有一定的挡水能力（小趾口者挡水能力更好）；可多次重复使用；一般费用较低。其缺点是一般的钢板桩刚度不够大，用于较深的基坑时支撑（或拉锚）工作量大，否则变形较大；在透水性较好的土层中不能完全挡水；拔除时易带土，如处理不当会引起土层移动，可能危害周围的环境。

2. 分类

图 6-5　钢板桩示意图

用于基坑支护的钢板桩主要有槽钢、工字钢、拉森钢板桩（U 形钢）和 H 形钢板桩。拉森钢板桩和 H 形钢板桩是基坑支护工程中比较常用的两种型钢。钢板桩的支护形式主要有悬臂式、锚拉式和支撑式三种。

1）拉森钢板桩：拉森钢板桩是一种带锁口或钳口的热轧型钢，其基坑支护的形式是依靠锁口或钳口相互连接咬合，形成连续的钢板桩墙体。拉森钢板桩锁口紧密，水密性强，可用于挡土挡水。由于拉森钢板桩刚度相对于 H 形钢板桩小，常用于中小型基坑、深度较浅的基坑，也用于围堰工程。

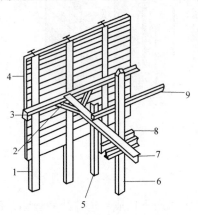

图 6-6　H 形钢横挡板支护结构
1—工字钢（H 形钢）；2—八字撑；
3—腰梁；4—横挡板；5—垂直联系杆件；
6—立柱；7—横撑；8—立柱上的支撑件；
9—水平联系杆

2）H 形钢板桩：H 形钢板桩刚度大，适用于各种类型的基坑支护工程（图 6-6）。由于 H 形钢板桩不具备密闭性，必须与搅拌桩（旋喷桩）联合组成隔水挡土墙（SMW 工法）。钢板桩与搅拌桩组合的挡土墙有两种做法：一种是将 H 形钢板桩直接插入搅拌桩中，形成 SMW 墙，这种做法施工成本高，而且拔桩难度大；另一种是在 H 形钢板桩内侧打搅拌桩，这种做法施工成本低，施工方便，但由于 H 形钢板桩与搅拌桩之间不可避免地存在缝隙，其支护安全性能可能有所降低。

3. 施工机械

打设钢板桩，自由落锤、汽动锤、柴油锤、振动锤（图 6-7）等皆可，但使用较多的为振动锤。如使用柴油锤时，为保护桩顶因受冲击而损伤和控制打入方向，在桩锤和钢板桩之间需设置桩帽。

4. 施工工艺

1）拉森钢板桩打入工艺及工序

拉森钢板桩的打入方法主要有单根桩打入法、屏风式打入法、围檩打桩法。

（1）单根桩打入法：将钢板桩一根根地打入至设计标高。这种施工法速度快，桩架高度相对较低，但钢板桩容易倾斜。当钢板桩打设要求精度较高、钢板桩长度较长时，不宜

图 6-7 振动锤打设钢板桩

采用。

（2）屏风式打入法：将 10～20 根钢板桩成排插入导架内，使之呈屏风状，然后桩机来回施打，使两端先打到要求深度，再将中间的钢板桩顺次打入。这种施工方法可防止钢板桩发生倾斜与转动，要求闭合的围护结构常用此法。这种方法的缺点是施工速度慢、需搭设较高的施工桩架。

（3）围檩打桩法：分单层围檩和双层围檩。围檩打桩法是在地面上一定高度处离轴线一定距离，先筑起单层或双层围檩架，而后将钢板桩依次在围檩中全部插好，待四角封闭合拢后，再逐渐按阶梯状将钢板桩逐块打至设计标高。这种方法能保证钢板桩墙的平面尺寸、垂直度和平整度，适用于精度要求高、数量不大的场合，缺点是施工复杂、施工速度慢、封闭合拢时需要异形桩。

拉森钢板桩施工工序如下：

（1）测量、放样

开工前应对场地标高、轴线位置进行引测与核对，以确定基坑支护走向位置和钢板桩打入深度。应注意钢板桩的设置位置一般是在基础最突出的边缘外侧，需给基础施工留有支模、拆模的余地，便于基础施工。

（2）钢板桩的整理及堆放

钢板桩在使用前应进行检查整理，尤其多次利用的钢板桩，在打拔、运输、堆放过程中，容易受外界影响而变形，在使用之前应进行检查。对于发生变形的钢板桩应进行整理、矫正，否则不利于钢板桩的打入，影响支护效果。钢板桩的堆放场地应平整坚实，不产生大的沉陷。不同长度规格的桩应尽量分开堆放，便于使用。每堆桩之间要留有通道，便于运输车辆和施工吊车通行。

（3）拉森钢板桩的打入

为保持钢板桩垂直打入和打入后钢板桩墙面平直，钢板桩打入前宜安装围檩支架。围檩支架由围檩和围檩桩组成，其形式在平面上有单面和双面之分，垂向上有单层、双层和多层之分。第一层围檩的安装高度约在地面上 50cm。双面围檩之间的净距以比两块钢板桩组合宽度大 5~10cm 为宜。围檩支架需安装十分牢固，采用型钢作围檩支架最为合适。

拉森钢板桩打入时，连接锁口处的阻力相对较大，由于横断面两端受力不均衡，使钢板桩向施工前进方向倾斜。为预防这种倾斜，可在打桩前进方向的钢板桩锁口处设卡板，同时预先算出每根钢板桩在围檩上的位置，以便随时纠正。当倾斜不可避免时，也可以使用楔形钢板桩或其他方法进行纠正。

2）H 形钢板桩打入工艺及工序

H 形钢板桩打入工艺比较简单，只要选用合适的打桩设备，按设计要求的间距，将钢板桩置于设置好的围檩导向架中，靠打桩设备打入。沉桩时需防止钢板桩倾斜，打入时还应考虑钢板桩的桩顶标高，即钢板桩的入土深度。

H 形钢板施工工序如下：

（1）开挖导向沟、设置围檩导向架

在沿支护档墙位置开挖导向沟，并设置围檩导向架。导向沟可使搅拌桩施工时的涌土不冒出地面，围檩导向架则是确保搅拌桩及 H 形钢板桩插入的位置准确。

（2）搅拌桩施工

搅拌桩施工工艺与深层搅拌桩相同。搅拌桩在这里主要起到止水帷幕作用。为保证止水效果，水泥土搅拌桩采用切割搭接法施工，并在前桩水泥未固化之前进行后序搭接桩施工，其间隔时间不宜超过 10h。水泥土搅拌桩一般采用二次或三次搅拌工艺，喷浆时的提升或下沉速度不宜大于 0.5m/rain。在上部杂填土及黏土层中应多次复搅，必要时可换填砂后再施工。

（3）定位

H 形钢板桩打入时，为保证桩位的精确度，可将每一根桩的位置标定在围檩导向架上。钢板桩起吊对位后，可在两个方向上观察桩身的垂直度。在沉桩过程中，常因地层变化或遇孤石造成桩端受力不均使桩身发生倾斜，可将钢板桩拔起一定高度进行调整后再施打，如此反复可达到纠正效果。

3）钢板桩拔除

在进行基坑回填土时，要拔除钢板桩，以便修整后重复使用。拔除前要研究钢板桩拔除顺序、拔除时间及桩孔处理方法。

钢板桩的拔出，从克服板桩的阻力着眼，根据所用拔桩机械，拔桩方法有静力拔桩、振动拔桩和冲击拔桩。静力拔桩主要用卷扬机或液压千斤顶，但该法效率低，有时难以顺利拔出，较少应用。振动拔桩是利用机械的振动激起钢板桩振动，以克服和削弱板桩拔出阻力，将板桩拔出。此法效率高，用大功率的振动拔桩机，可将多根板桩一起拔出。目前该法应用较多。冲击拔桩是以高压空气、蒸汽为动力，利用打桩机给予钢板桩以向上的冲击力，同时利用卷扬机将板桩拔出。

6.2.4 钻孔灌注桩

1. 概述

钻孔灌注桩（图 6-8）是利用钻孔桩机在地层中用泥浆护壁成孔，然后下钢筋笼、水下灌注混凝土而成的钢筋混凝土桩。目前，钻孔灌注桩已比较广泛地应用于高层建筑、工业厂房、高耸结构、桥梁等建筑工程的桩基工程中，并已积累了较多的工程实践经验。

图 6-8　钻孔灌注桩示意图

2. 施工机械

钻孔灌注桩施工机械（图 6-9）有：GPS 型钻孔机、泥浆泵、砂石泵、汽车吊、空压机、电焊机、经纬仪、水准仪、挖土机等。

3. 施工工艺

1）施工准备

（1）在合理地方选定泥浆池并在钻前开挖或砌筑就位。

（2）施工平台的准备：场地为浅水时，宜采用筑岛法施工。筑岛时岛面应比施工最高水位高出 0.5～0.7m，有流冰时再适当加高，筑岛尺寸应满足灌注桩的施工需要，采用透水性好、易于压实的砂土或碎石土等。场地为深水时，可采用钢管桩施工平台、双壁钢围堰平台等固定式平台，也可采用浮式施工平台。平台需牢靠稳定，能承受工作时所有静、动荷载。在钻进工程中不应产生位移或沉陷，否则应及时处理。

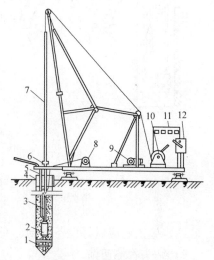

图 6-9　钻机钻孔示意图

1—钻头；2—潜水钻机；3—电缆；4—护筒；
5—水管；6—滚轮（支点）；7—钻杆；
8—电缆盘；9—5KN 卷扬机；
10—10KN 卷扬机；11—电流电压表；
12—启动开关

（3）钻机就位前，应对包括场地布置与钻机坐落处的平整和加固，主要机具的安装，配套设备的就位及水电供应的接通等钻孔各项准备工作进行检查。

（4）钻孔时，应按设计资料绘制的地质剖面图，选用适当的钻机和泥浆。

（5）钻机安装后的底座和顶端应平整、确保钻进过程中不产生位移或沉陷，否则应及时进行处理。

（6）钻孔作业应分班连续进行，填写钻孔施工记录，交接班时应交代钻进情况及下一班应注意的问题。应经常对钻孔进行检测和试验，不合要求时，应及时改正。应经常注意地层变化，在地层变化处均应捞取渣样，判明后计入记录并与地质剖面图进行核对。

（7）泥浆循环系统的施工。为做到文明施工，现场要科学设置泥浆池和泥浆沟槽，并做到相互循环贯通。沟槽的宽度不小于 20cm，深度不小于 25cm。泥浆池可集中设置，沟的两侧壁和四周池壁应砌筑，并用砂浆抹光。泥浆池应分隔为沉淀池、循环池、废浆池。泥浆循环系统分为两种，即正循环和反循环。正循环成孔是利用泥浆泵使泥浆通过钻杆、钻头而压入孔底，携带钻渣，再从孔底与孔壁之间的环形空间流至地面的循环。反循环成孔是泥浆自空口流入孔内，利用砂石泵，通过钻头、钻杆将孔底携带钻渣的泥浆抽吸到孔外的循环。正反循环示意图如图 6-10 所示。

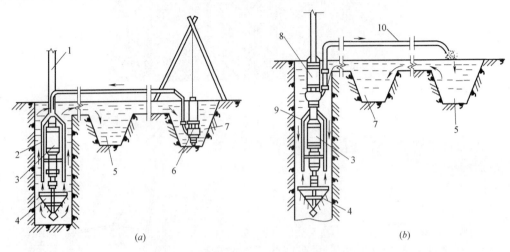

图 6-10　正反循环示意图

(*a*) 正循环排渣；(*b*) 反循环排渣

1—钻杆；2—送水管；3—主机；4—钻头；5—沉淀池；
6—潜水泥浆泵；7—泥浆泵；8—砂石泵；9—抽渣管；10—排渣胶管

（8）施工前应做好设备进场、安装、调试等准备工作。

2）钻头着地初钻

钻机就位后即可进行初钻，初钻时应以钻头自重作为钻进压力，以便更好地保证桩基精度。当钻头内充满土砂料时，应将钻头旋回提出孔外，将钻头内的土砂料倒在运土车内。在将钻头提出孔外时，要注意孔内地下水位情况，必要时应及时补水，以防坍塌。

3）埋设护筒

按照施工现场具体情况，埋设一定长度的护筒（图 6-11）。施工前应预定出桩位并埋设好成孔用护筒，护筒一般采用钢板卷制，并有足够的刚度。护筒直径一般应比桩径大 100mm，以便钻头在钻孔内自由升降。护筒埋设后周围应用黏土分层回填夯实，严防护筒倾斜、变形。埋设完毕后，护筒中心与桩中心的偏差不得大于 50mm。根据现场土质情况，调配符合要求的泥浆，以便在钻进过程中及时注

图 6-11　埋设护筒

入泥浆护壁。如果现场土质是比较好的黏性土，可以考虑不注入泥浆或补水，直接钻进。

4）成孔施工

护筒埋设完成后即可开机钻孔，钻孔作业应采用多班连续进行，要注意土层变化，捞取渣样，以便与设计的地质剖面图核对。根据土质变化，应及时对泥浆进行试验，不符合要求时应及时调整。

5）清孔

钻孔完成后进行清孔作业，并测定钻孔深度，当钻孔达到设计标高并经检查符合要求后，应立即进行清孔作业。经清孔后的孔内沉积厚度，摩擦桩不大于 $0.4d \sim 0.6d$（d 为设计桩径），柱桩不大于设计规定。清孔应分两次进行。第一次清孔在成孔完成后立即进行，具体做法是：将钻具提起约 0.3m，钻头不停止转动，并保持泥浆循环，将相对密度为 $1.05 \sim 1.10$ 的新鲜泥浆压入钻杆，并把孔内含有较多钻渣的泥浆置换出孔外。清孔时间视孔径、孔深和钻渣含量而定。第二次清孔是在下放钢筋笼和灌注混凝土导管安装完毕后进行，开动泥浆泵，输入新鲜泥浆循环清孔。清孔结束后应测定孔底沉淤厚度，以保证其不大于 10cm 为宜（测孔深可用带圆锥形锤的标准水文测绳测定，测锤重量不应小于 1kg）。

6）钢筋笼吊放

在完成清孔作业并经检查符合规定后，将钻具提出孔外，测量孔深、孔径及孔倾后应及时、准确地将钢筋骨架吊放在钻孔内，用吊筋将钢筋笼固定在护筒或机座上，以使钢筋笼定位，以免在灌注混凝土过程中被混凝土顶出，或造成钢筋笼上拱、发生位移等事故（图 6-12）。

7）安装导管

吊放导管时，应使位置居孔中，轴线顺直，稳步沉放，防止卡挂钢筋笼和碰到孔壁。导管上口设漏斗和储料斗。孔内第一次混凝土浇筑时，以导管下口距孔底间距以 0.4m 左右为宜。

图 6-12　钢筋笼吊放

8）灌注水下混凝土

钢筋笼放置符合要求后，即可进行水下混凝土灌注作业。在钻孔内灌注水下混凝土，一般用不漏水的钢质导管进行，其内径一般为 25～35cm。

（1）开始灌注混凝土时应在漏斗底口设置可靠底隔水设施，如橡皮球或混凝土隔水栓。

（2）水下混凝土浇筑过程中，当钻孔桩桩顶低于井口中水面时，漏斗底口高出水面不宜小于 4～6m；当桩顶高出井口中水面时，漏斗底口高出桩顶不宜小于 4～6m。

（3）首批灌注混凝土的数量应能满足导管首次埋置深度（不小于 1.0m）的需要。

（4）混凝土拌和物运至灌注地点时，应检查其均匀性和坍落度等，如不符合要求，应进行第二次拌和，二次拌和仍不符合要求时，不得使用。

（5）首批混凝土拌和物下落后，应紧凑、连续地灌注，严禁中途停工而造成断桩。

（6）在灌注过程中，特别是潮汐地区和有水承压力地下水地区，应注意保持孔内

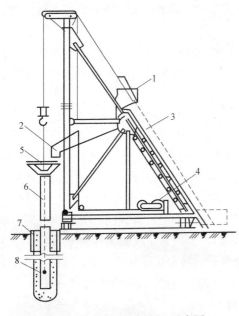

图 6-13　灌注水下混凝土示意图
1—上料斗；2—贮料斗；3—滑道；
4—卷扬机；5—漏斗；6—导管；
7—护筒；8—隔水仓

水头。

（7）在灌注水下混凝土的过程中，导管埋在混凝土内的深度一般不宜小于 2.0m 或大于 6.0m。当在全套管内灌注混凝土时，应逐步提升护筒，护筒内混凝土不得过高，但不应小于 1.0m，防护筒内外侧摩阻力超过起拔能力，拔不出护筒。在灌入过程中，当导管内混凝土不满、含有空气时，后续混凝土要徐徐灌入，不可整个灌入漏斗和导管，以免在导管内形成高压气囊，使混凝土无法灌入（图 6-13）。

（8）混凝土灌注过程中导管应始终埋在混凝土中，严禁将导管提出混凝土面，导管埋入混凝土中的深度以 2～6m 为宜。在灌注过程中，应经常探测井孔内混凝土面的位置，及时调整导管埋深。导管应勤提勤拆，以防止埋管太深而造成埋管现象。

9）清理桩头，沉淤回填

当桩身混凝土达到设计要求的强度后，对位于干处或围堰筑岛修建的桩基，即可清除桩头混凝土，开挖基坑，立模浇筑承台或系梁；若处于水中则可用套箱围堰，进行承台或系梁混凝土的浇筑工作，等承台或系梁强度满足设计要求并拆模后，即可回填桩周土并夯实。

6.2.5　地下连续墙

1. 概述

地下连续墙是用专用设备沿着深基础或地下构筑周边采用泥浆护壁开挖出一条具有一定宽度与深度的沟槽，在槽内设置钢筋笼，采用导管法在泥浆中浇筑混凝土，筑成一单元墙段，依次顺序施工，以某种接头方法连接成的一道连续的地下钢筋混凝土墙，以便基坑开挖时防渗、挡土，作为邻近建筑物基础的支护以及荷载的基础结构的一部分（表 6-1）。

各类地下连续墙特点及适用条件　　　　表 6-1

地下连续墙类型		特点	使用条件
按结构形式分类	桩柱型　搭接	单孔钻进后浇筑混凝土建成桩柱，桩柱间搭接一定厚度成墙，不易塌孔。造孔精度要求较高，但搭接厚度不易保证，难易形成等厚度的墙	各种地层，特别是深度较浅、成层复杂、容易塌孔的地层；多用于低水头工程
	桩柱型　联结	单号孔先钻进建成桩柱，双号孔用异型钻头和双板弧钻头钻进，可连接建成等厚度墙。施工工艺及机具较复杂，不易塌孔，但接缝多	各种地层，特殊条件下，多用于地层深度较大的工程
	槽板型	将防渗墙沿轴线方向分成一定长度的槽段，各槽段分期施工，槽段间采用不同联结形式连接成墙。接缝少、工效高、墙厚均匀、防渗效果好，措施不当易发生塌孔现象和不易保证墙体质量	采用不同机具，适用各种不同深度的地层

续表

地下连续墙类型		特点	使用条件
按结构形式分类	板桩灌注型	打入特制钢板桩,提桩注浆成墙。工效高、厚度小、造价低	深度较浅的松软地层;用于低水头堤、闸、坝防渗工程
按墙体材料分类	混凝土	普通混凝土,抗压强度和弹性模量较高,抗渗好	一般工程
	黏土混凝土	抗渗好,抗压强度 $8×10^6\sim10×10^6$ Pa,弹性模量一般低于 $2.2×10^{10}$ Pa	一般工程
	钢筋混凝土	能够承受较大的弯矩和应力	结构有特殊需要时
	自凝灰浆和固化灰浆	灰浆固壁,自凝成墙或泥浆固壁,然后向泥浆内掺加凝结材料成墙,强度低、弹模低、塑性较好	目前多用于低水头和临时工程
	少灰混凝土	利用开挖渣料,掺加黏土和少量水泥,采用岸坡水灌法浇筑成墙	临时性工程或特殊要求的工程

2. 施工机械

用于地下连续墙施工(图 6-14)的主要机械设备一般包括如下:成槽机、泥浆搅拌机、冲击钻机、履带吊车、泥浆泵、潜水砂泵、引拔机、空压机、排污罐车、自卸车、提升车、cmc 搅拌机、混凝土运输车、锁口管、导管、泥浆测试仪、超声波检测仪、反铲挖掘机、钢筋切割机、钢筋弯曲机、对焊机、圆锯、直流电焊机、氧气焊、水准仪、全站仪、地质钻机等。

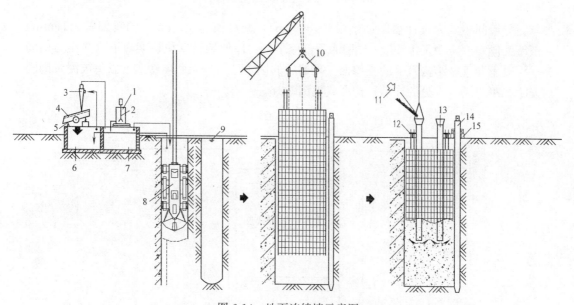

图 6-14 地下连续墙示意图

1—投入膨胀土;2—搅拌筒;3—疏流器;4—震动筛;5—排砂流槽;6—回收泥浆池;
7—再生泥浆;8—液压抓斗;9—护壁泥浆液位;10—钢筋笼专用吊具;
11—浇筑混凝土;12—钢筋笼搁置吊点;13—混凝土导管;14—接头管;15—专用顶拔设备

3. 施工工艺(图 6-15)

1)导墙制作

导墙的位置、尺寸准确与否直接决定地下连续墙的平面位置和墙体尺寸能否满足设计

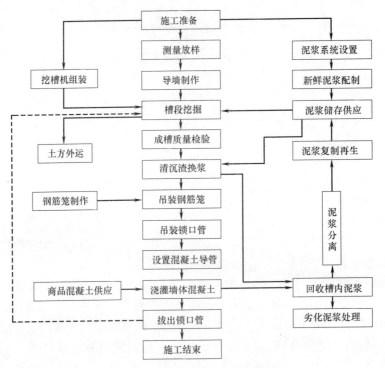

图 6-15　地下连续墙工艺流程图

要求。导墙间距应为设计墙厚加余量（4～6cm），允许偏差±5mm，轴线偏差±10mm，一般墙面倾斜度应大于 1/500。导墙的顶部应平整，以便架设钻机机架轨道，并作为钢筋笼、混凝土导管、结构管等的支撑面。导墙后的填土必须分层回填密实，以免被泥浆掏刷后发生孔壁坍塌。常见的导墙结构形式见图 6-16。

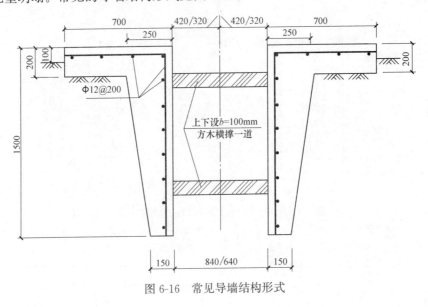

图 6-16　常见导墙结构形式

2）泥浆制备

为了发挥泥浆的功能，最好在泥浆充分膨润之后再使用。一般情况下，使用泥浆沉淀池，使挖槽过程中混入泥浆里的土渣沉淀，同时该池又作为新鲜泥浆的储浆池使用，但这种方法在泥浆循环速度快的情况下，泥浆会得不到充分的水分膨润。考虑到漏浆等事故时会紧急需要大量的泥浆，所以最好设置新鲜泥浆的专用储浆池（图6-17）。

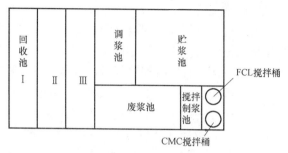

图6-17 泥浆系统平面布置示意图

根据膨润土的膨润特性，泥浆应在储浆池内至少储存12h，最好24h。一般泥浆储浆池采用钢制储浆罐，若在地下挖坑作为储浆池使用，必须防止地面水流入池内。

3）成槽施工

一般情况下，地下连续墙都不是一次就能做成的，而是把它分隔成很多不同长度的施工段，用一台或是多台挖槽机，按不同的施工顺序，分段建成。而且一个槽段，也是用一台挖槽机分几次开挖出来的，每次完成的工作量叫做一个单元，它的长度就叫做单元长度。使用抓斗时，它的单元长度就是抓斗斗齿开度（2～3m），习惯上把这种抓斗单元叫做"一抓"，通常一个槽段由2～3抓组成。一般来说，加大槽孔长度，可以减少结构数量，提高墙体的整体防渗性和连续性，还可以提高工作效率，但是泥浆和混凝土用量及钢筋笼重量也随着增加，给泥浆和混凝土的生产和供应、钢筋笼的吊装带来困难，所以必须根据设计、施工和地质条件等综合考虑后，确定槽孔长度。

4）钢筋笼吊装

图6-18 钢筋笼吊装

钢筋笼制作完成后，按照使用顺序加以堆放，并应在钢筋笼上标明其上下头、里外面及使用槽段的编号等。当存放场地狭小需要钢筋笼重叠堆放时，为避免变形，应在钢筋笼之间加垫方木，堆放时注意施工顺序（图6-18）。

吊运钢筋笼时，必须吊住4点，吊装时首先把钢筋笼立直，为防止钢筋笼起吊时弯曲变形，常用两台吊车同时操作。为了不使钢筋笼在空中晃动，可在其下端系上绳索用人力控制，也有使用1台吊车的两个吊钩进行吊装作业的。为了保证吊装的稳定，可采用滑轮组自动平衡中心装置，以保证垂直度。

当地下连续墙深度很大、钢筋笼很长而现场起吊能力又有限时，钢筋笼往往分成2段或3段，第一段钢筋笼先吊入槽段内，使钢筋笼端部露出导墙1m，并架立在导墙上，然后吊起第二段钢筋笼，经对中调正垂直度后即可焊接。焊接接头一种是上下钢筋笼的钢筋逐根对准焊接，另一种是用钢板接头。第一种方法很难做到逐根钢筋对准，焊接质量没有保证而且焊接时间很长。后一种方法是在上下钢筋笼端部所有钢筋焊接在通长的钢板上，上下钢筋笼对准后，用螺栓固定，以防止焊接变形，并用一根同主筋直径的附加钢筋@300与主筋电焊以加强焊缝和补强，最后将上线钢板对焊，即完成钢筋笼分段连接。

5）混凝土的灌注（图6-19）

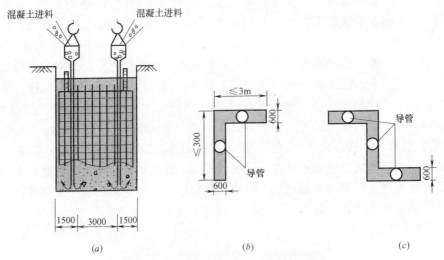

图6-19 混凝土灌注及导管布置示意图

（a）标准槽段灌注示意；（b）L形槽段导管分布；（c）z形槽段导管分布

（1）清孔及换浆

混凝土灌注前需进行清孔，清孔方法分为沉淀法和置换法。沉淀法是待土渣沉淀到槽孔底部之后再进行清底。置换法则是在挖槽结束后，对槽底土渣进行清除，在土渣还没有来得及再次沉淀之前，就用新泥浆把槽孔内泥浆置换出槽外。

（2）混凝土灌注

清槽完毕，泥浆经检查合格后（相对密度不大于1.15，含砂率不大于4%，pH值7～9，黏度小于25s），4h内开始灌注混凝土。为保证水下混凝土的灌注能顺利进行，灌注前应拟定灌注方案，主要机具应留有备用，灌注前应进行试运转。灌注前应复测沉渣厚度，办理隐蔽工程检查，合格后及时灌注，其间歇时间不得超过30min，灌注宜连续灌注，不得中断。开始灌注时，隔水栓吊放的位置应临近水面，导管底端到槽底的距离0.3～0.5m。开灌前储料斗内必须有足以将导管的底端一次性埋入水下混凝土中0.5m以上深度的混凝土储存量，即V不小于3.6m³。

混凝土灌注的上升速度不得小于 2m/h，每个单元槽段的每个导管灌注间歇时间不得超过 30min，灌注宜连续灌注，不得中断。随着混凝土的上升，要适时提升和拆卸导管，导管底端埋入混凝土面以下一般保持 1.5～3.0m，严禁将导管底端提出混凝土面。提升导管时应避免碰撞挂钢筋笼。设专人每 30min 测量一次导管埋深及管外混凝土面高度，以此判断两根导管周围混凝土面得高差（要小于 0.5m），并确定导管埋入混凝土中的深度和拆管数量。

在一个槽段内同时使用两根导管灌注时，其间距应不大于 3m，导管距槽段端头不宜大于 1.5m，槽内混凝土面应均衡上升，各导管处的混凝土表面的高差不宜大于 0.5m，终浇混凝土面高程应高于设计要求 0.5m，凿去浮浆及墙顶 0.5m 高混凝土后使符合设计标高内的混凝土质量满足设计要求。

6.2.6 加筋水泥土桩法（SMW 工法）

1. 概述

劲性水泥土连续墙（Soil Mixing Wall，简称 SMW）是采用专用多轴搅拌机，就地钻进待切削土体，同时从其钻头前段将水泥浆液（固化剂）注入土体，经反复搅拌和充分混合后，在各施工单位之间采取重叠搭接施工，于水泥土混合桩未结硬前将 H 形钢或其他芯材插入搅拌体内，形成具有一定强度和刚度的地下连续墙体的深基坑施工方法。这种墙体可作为地下开挖基坑的挡土和止水围护结构，地下室施工完成后，将 H 形钢从水泥搅拌桩中拔出，可实现型钢材料的回收和再次利用（图 6-20）。

2. 施工机械

SMW 工法使用特制的多轴搅拌钻机原位形成水泥土搅拌桩，施工时使之相互搭接形成水泥土地下连续墙，并在墙体内插入芯材。SMW 工法要求搅拌机底盘宽，重心低，尤其是三轴搅拌机，整体刚度大，对位准确，如遇少量碎石、木桩也可以进行施工，这对于杂填土区的施工有重要意义。SMW 工法所需机具如表 6-2 所示。

图 6-20　SMW 工法主要机械示意图

SMW 工法机具表

表 6-2

序号	机具名称	作用
1	挖掘机	开挖基槽
2	三轴搅拌桩机	水泥土搅拌
3	吊机	吊放搅拌机
4	履带起重机	吊型钢
5	压浆泵	注浆
6	空压机	凿出桩头
7	振动锤	插入型钢
8	灰浆搅拌机	拌浆
9	千斤顶	起拔型钢

3. 施工工序（图 6-21）

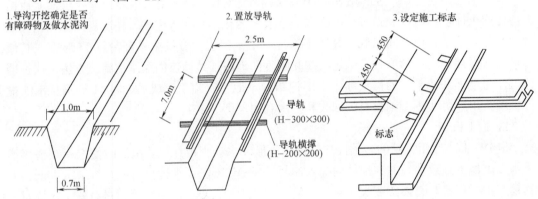

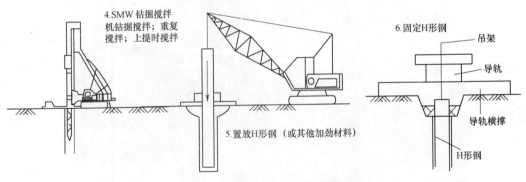

图 6-21　SMW 施工流程示意图

1）导沟开挖

导沟的作用是施工导向和临时堆放置换出来的残土和泥浆。开挖导沟前应进行场地平整和桩位探测，利用空压机清除地下浅埋障碍物。开挖导向沟槽，导沟一般宽 0.8～1.0m，深 0.6～1.0m。导沟放样以设计图中 SMW 围护体的中心线为导沟的中心线，在导沟的两侧设置可以复原导沟中心线的标桩，以便在已经开挖好导沟的情况下，也能随时检查导沟的走向中心线。开挖导沟的余土应及时处理,以保证SMW工法正常施工。

2)置放导轨

导轨主要用于施工导向与型钢定位。垂直沟槽方向放置两根定位型钢,规格为200mm×200mm,长度2.5m,再在平行沟槽方向放置两根定位型钢规格为300mm×300mm,长约8~12m。H形钢定位采用型钢定位卡。

3)施工顺序选择

SMW工法最常用的是三轴型钻掘搅拌机。三轴搅拌桩的搭接以及成形搅拌桩的垂直度补正是依靠搅拌桩桩孔重复套钻来实现的,以确保搅拌桩的隔水帷幕作用。SMW工法施工需要按照设计图纸的顺序进行,常用的施工顺序有两种,跳槽式双孔复搅式连接(图6-22)和单侧挤压式连接方式(图6-23)。一般情况下采用跳槽式双孔复搅式连接进行施工,单侧挤压式连接方式主要用于支护墙转角处或有施工间断的情况下。

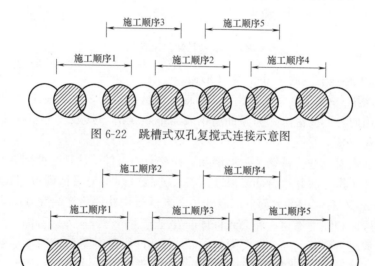

图6-22 跳槽式双孔复搅式连接示意图

图6-23 单侧挤压式连接示意图

4)桩机就位

由当班班长统一指挥桩机就位,移动前看清上、下、左、右各方面的情况,发现有障碍物应及时清除,移动结束后检查定位情况并及时纠正;桩机应平稳、场地平正、设备运转正常,并用经纬仪或线锤进行观测以确保钻机的垂直度;三轴水泥搅拌桩桩位定位后再进行定位复核,偏差应小于2cm。

5)搅拌及注浆(图6-24)

待钻掘搅拌机下沉时,即开始按设计确定的配合比拌制水泥浆,待压浆前将水泥浆倒入集料斗中。所使用的水泥都应过筛,制备好的浆液不得离析,拌制水泥浆液的水、水泥和外加剂用量以及泵送浆液的时间由专人记录。

三轴水泥搅拌桩在下沉和提升过程中均应注入水泥浆液,同时严格控制下沉和提升速度,根据设备技术参数及施工经验,下沉速度不大于1m/min,钻进时注浆量一般为额定浆量的70%~80%,提升搅拌时注浆量为额定浆量的20%~30%,提升速度不大于2m/min,在桩底部分重复搅拌注浆,并做好每次成桩的原始记录。

为使土体和水泥浆充分搅拌均匀，要重复上下搅拌，但要留一部分浆液在第二次上提复搅时灌入，最终完成一根均匀性较好的水泥土搅拌桩。

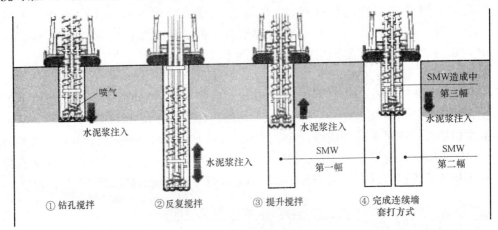

图 6-24　搅拌注浆示意图

6）置放应力补强材（起吊并插入 H 形钢）

焊接 H 形钢应平直光滑，无弯曲、无扭曲，焊缝满足要求。轧制 H 形钢应校正其平直度。对接采用内菱形接桩法。为保证型钢表面平整光滑，其表面平整度控制 1% 以内，并应在菱形四角留 $\phi10$ 小孔。

型钢插入前表面应进行铁锈及污垢清除，并在干燥条件下涂抹减摩剂。减摩剂要严格按试验配合比及操作方法并结合环境温度制备，将减摩剂均匀涂抹到型钢表面 2 遍以上，厚度控制在 3mm 左右，型钢表面不能有油污、老锈或块状锈斑。涂完减摩剂的型钢搬运使用时应防止碰撞和强力擦挤。若插入桩体前发现上述情况，应及时补涂。

型钢应在水泥土初凝前插入，每搅拌 1～2 根桩，便及时将型钢插入，停止搅拌至插桩时间控制在 30min 内，不能超过 1h。插入前应校正位置，设立导向装置，以保证垂直度小于 1%，其边扣用橡胶皮包帖，以减少表面减摩剂的受损。

型钢起吊前在型钢顶端约 200mm 处开一中心圆孔，孔径约 100mm，装好吊具和固定钩，根据引设的高程控制点及现场定位型钢标高选择合理的吊筋长度及焊接点。

型钢可只用一台吊车起吊，也可以用两台吊车合吊，以保证型钢在起吊过程中不变形。吊车起吊吨位根据计算确定（以 25T 和 16T 为例），吊点位置和数目按正负弯矩相等的原则计算确定，在型钢离地面一定高度后，再由 25T 吊垂直起吊，16T 的汽车吊水平送吊，成竖直方向后，用 25T 吊车一次进行起吊垂直就位，型钢定位卡牢固、水平，将 H 形钢底部中心对准桩位中心沿定位卡靠自重垂直插入水泥搅拌桩内。在孔口设定向装置，当型钢插到设计标高时，用 $\phi8$ 吊筋将型钢固定。插入过程中，必须吊直型钢，尽量靠自重压沉。若 H 形钢插放达不到设计标高时，则采取提升 H 形钢，重复下插使其插到设计标高。当 H 形钢不能靠自重完全下插到位时，采取 SMW 钻管头部，静压或采用振动锤进行振压。下插过程中始终用线锤跟踪控制 H 形钢垂直度，并用经纬仪校核。H 形钢留置长度为高出顶圈梁 500mm，以便型钢回收时拔出。

7）固定应力补强材（H 形钢）

型钢下插至设计标高后，用吊筋将 H 形钢固定不再下沉。溢出的水泥土必须进行处

理，控制到一定标高，以便进行下道工序施工。待水泥土深层搅拌桩硬化后（一般约为
6h左右），撤除吊筋及沟槽定位型钢（图6-25）。

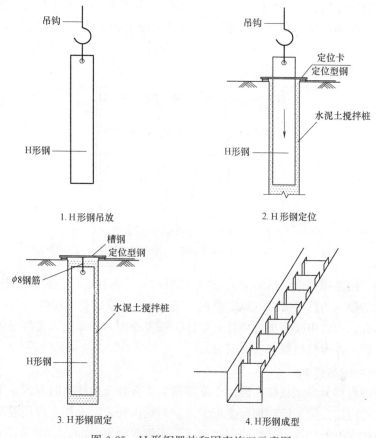

1.H形钢吊放   2.H形钢定位

3.H形钢固定   4.H形钢成型

图6-25　H形钢置放和固定施工示意图

8）清洗

向集料斗中注入适量的清水，开启灰浆泵，清洗全部管路中残余的水泥浆，直至基本
干净，并将黏附在搅拌头上的软土清除干净。

9）型钢回收

在完成使用功能后，对H形钢进行拔出回收。在SMW工法桩施工施工中，型钢的
造价通常约占总造价的40%～50%。H形钢的起拔力包括静摩擦阻力、变形阻力和H形
钢自重，其中主要是静摩擦阻力。拔除设备为液压千斤顶，液压油泵，吊车以及自制顶升
夹具装置等。

6.3　支撑体系选型

对于排桩、板墙式支护结构，当基坑深度较大时，为使围护墙受力合理和受力后变形
控制在一定范围内，需沿围护墙竖向增设支承点，以减小跨度。如在坑内对围护墙加设支
承称为内支撑；如在坑外对围护墙设拉支承，则称为拉锚（土锚）。

内支撑（图6-26）受力合理、安全可靠、易于控制围护墙的变形，但内支撑的设置

给基坑内挖土和地下室结构的支模和浇筑带来一些不便，需通过换撑加以解决。用土锚拉结围护墙，坑内施工无任何阻挡，位于软土地区土锚的变形较难控制，且土锚有一定长度，在建筑物密集地区如超出红线尚需专门申请。一般情况下，在土质好的地区，如具备锚杆施工设备和技术，应发展土锚；在软土地区为便于控制围护墙的变形，应以内支撑为主。

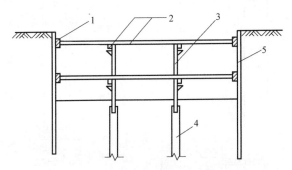

图 6-26　对撑式的内支撑

1—腰梁；2—支撑；3—立柱；4—桩（工程桩或专设桩）；5—围护墙

支护结构的内支撑体系包括腰梁或冠梁（围檩）、支撑和立柱。腰梁固定在围护墙上，将围护墙承受的侧压力传给支撑（纵、横两个方向）。支撑是受压构件，长度超过一定限度时稳定性不好，所以中间需加设立柱，立柱下端需稳固，立即插入工程桩内，实在对不准工程桩，只得另外专门设置桩（灌筑桩）。

6.3.1　内支撑类型[6-2]

内支撑按照材料分为钢支撑和混凝土支撑两类。在软土地区有时在同一个基坑中，上述两种支撑同时应用。为了控制地面变形、保护好周围环境，上层支撑用混凝土支撑；基坑下部为了加快支撑的装拆，加快施工速度，采用钢支撑。

1. 钢支撑

钢支撑分为钢管支撑和型钢支撑（图 6-27）两种。钢管支撑多用 $\phi 609$ 钢管，有多种

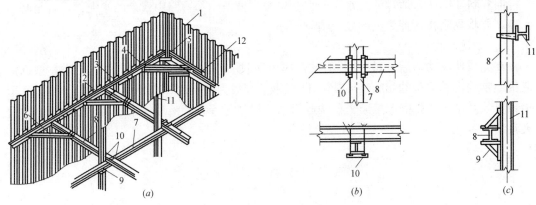

图 6-27　型钢支撑构造

（a）示意图；（b）纵横支撑连接；（c）支撑与立柱连接

1—钢板桩；2—型钢围檩；3—连接板；4—斜撑连接件；5—角撑；6—斜撑；7—横向支撑；
8—纵向支撑；9—三角托架；10—交叉部紧固件；11—立柱；12—角部连接件

壁厚（10、12、14mm）可供选择，壁厚大者承载能力高。亦有用较小直径钢管者，如 $\phi580$、$\phi406$ 钢管等；型钢支撑多用 H 形钢，有多种规格以适应不同的承载力。不过作为一种工具式支撑，要考虑能适应多种情况。在纵、横向支撑的交叉部位，可用上下叠交固定；亦可用专门加工的"十"形定型接头，以便连接纵、横向支撑构件。前者纵、横向支撑不在一个平面上，整体刚度差；后者则在一个平面上，刚度大，受力性能好。

钢支撑的优点是安装和拆除方便、速度快，能尽快发挥支撑的作用，减小时间效应，使围护墙因时间效应增加的变形减小；可以重复使用，多为租赁方式，便于专业化施工；可以施加预紧力，还可根据围护墙变形发展情况，多次调整预紧力值以限制围护墙变形发展。其缺点是整体刚度相对较弱，支撑的间距相对较小；由于两个方向施加预紧力，使纵、横向支撑的连接处处于铰接状态。

2. 混凝土支撑（图 6-28）

混凝土支撑是随着挖土的加深，根据设计规定的位置现场支模浇筑而成。其优点是形状多样性，可浇筑成直线、曲线构件，可根据基坑平面形状，浇筑成最优化的布置形式；整体刚度大，安全可靠，可使围护墙变形小，有利于保护周围环境；可方便地变化构件的截面和配筋，以适应其内力的变化。其缺点是支撑成型和发挥作用时间长，时间效应大，使围护墙因时间效应而产生的变形增大；属一次性的，不能重复利用；拆除相对困难，如用控制爆破拆除，有时周围环境不允许，如用人工拆除，时间较长、劳动强度大。

图 6-28　混凝土支撑

混凝土支撑的混凝土强度等级多为 C30，截面尺寸经计算确定。腰梁的截面尺寸常用 600mm×800mm（高×宽）、800mm×1000mm 和 1000mm×1200mm；支撑的截面尺寸常用 600mm×800mm（高×宽）、800mm×1000mm，800mm×1200mm 和 1000mm×1200mm。支撑的截面尺寸在高度方向要与腰梁高度相匹配。配筋要经计算确定。

对平面尺寸大的基坑，在支撑交叉点处需设立柱，在垂直方向支承平面支撑。立柱可为四个角钢组成的格构式钢柱、圆钢管或型钢。考虑到承台施工时便于穿钢筋，格构式钢柱较好，应用较多。立柱的下端最好插入作为工程桩使用的灌筑桩内，插入深度不宜小于2m，如立柱不对准工程桩的灌筑桩，立柱就要作专用的灌筑桩基础。

6.3.2　内支撑的布置和形式

内支撑的布置要综合考虑下列因素：

（1）基坑平面形状、尺寸和开挖深度；

（2）基坑周围的环境保护要求和邻近地下工程的施工情况；

（3）主体工程地下结构的布置；

（4）土方开挖和主体工程地下结构的施工顺序和施工方法。

支撑布置不应妨碍主体工程地下结构的施工，为此事先应详细了解地下结构的设计图纸。对于大的基坑，基坑工程的施工速度，在很大程度上取决于土方开挖的速度，为此，内支撑的布置应尽可能便利土方开挖，尤其是机械下坑开挖。相邻支撑之间的水平距离，在结构合理的前提下，尽可能扩大其间距，以便挖土机运作。

1. 支撑平面布置（图 6-29）

支撑体系在平面上的布置形式，有角撑、对撑、桁架式、框架式、环形等。有时在同一基坑中混合使用，如角撑加对撑、环梁加边桁（框）架、环梁加角撑等。主要是因地制宜，根据基坑的平面形状和尺寸设置最适合的支撑。

一般情况下，对于平面形状接近方形且尺寸不大的基坑，宜采用角撑，使基坑中间有较大的空间，便于组织挖土。对于形状接近方形但尺寸较大的基坑，采用环形或桁架式、边框架式支撑，受力性能较好，亦能提供较大的空间便于挖土。对于长片形的基坑宜采用对撑或对撑加角撑，安全可靠，便于控制变形。

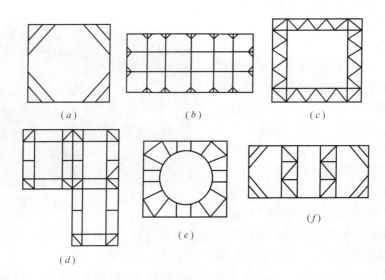

图 6-29　支撑的平面布置形式

（a）角撑；（b）对撑；（c）边桁架式；（d）框架式；

（e）环梁与边框架；（f）角撑加对撑

钢支撑多为角撑、对撑等直线杆件的支撑。混凝土支撑由于为现浇，任何形式的支撑皆便于施工。

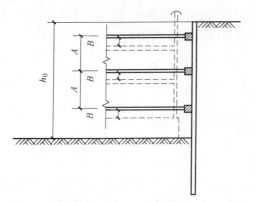

图 6-30　支撑竖向布置

2. 支撑竖向布置（图 6-30）

支撑体系在竖向的布置形式，主要取决于基坑深度、围护墙种类、挖土方式、地下结构各层楼盖和底板的位置等。基坑深度愈大，支撑层数愈多，使围护墙受力合理，不产生过大的弯矩和变形。支撑设置的标高要避开地下结构楼盖的位置，以便于支模浇筑地下结构时换撑，支撑多数布置在楼盖之下和底板之上，其间净距离 B 最好不小于 600mm。支撑竖向间距还与挖土方式有关，如人工挖土，支撑竖向间距 A 不宜小于 3m，如挖土机下坑挖土，A 最好不小于 4m，特殊情况例外。

在支模浇筑地下结构时，在拆除上面一道支撑前，先设换撑，换撑位置都在底板上表面和楼板标高处。如靠近地下室外墙附近楼板有缺失时，为便于传力，在楼板缺失处要增设临时钢支撑。换撑时需要在换撑（多为混凝土板带或间断的条块）达到设计规定的强度、起支撑作用后才能拆除上面一道支撑。换撑工况在计算支护结构时亦需加以计算。

6.4 深基坑土方开挖

深基坑挖土是基坑工程的重要部分，对于土方数量大的基坑，基坑工程工期的长短在很大程度上取决于挖土的速度。另外，支护结构的强度和变形控制是否满足要求，降水是否达到预期的目的，都靠挖土阶段来进行检验，因此，基坑工程成败与否也在一定程度上有赖于基坑挖土。

在基坑土方开挖之前，要详细了解施工区域的地形和周围环境；土层种类及其特性；地下设施情况；支护结构的施工质量；土方运输的出口；政府及有关部门关于土方外运的要求和规定（有的大城市规定只有夜间才允许土方外运）。要优化选择挖土机械和运输设备；要确定堆土场地或弃土处；要确定挖土方案和施工组织；要对支护结构、地下水位及周围环境进行必要的监测和保护。

6.4.1 基坑挖土方案

基坑工程的挖土方案，主要有放坡挖土、中心岛式（也称墩式）挖土、盆式挖土和逆作法挖土。前者无支护结构，后三种皆有支护结构。

1. 放坡挖土

放坡开挖是最经济的挖土方案。当基坑开挖深度不大（软土地区挖深不超过 4m；地下水位低的土质较好地区挖深亦可较大）、周围环境又允许时，经验算能确保土坡的稳定性时，均可采用放坡开挖。

开挖深度较大的基坑，当采用放坡挖土时，宜设置多级平台分层开挖，每级平台的宽度不宜小于 1.5m。

对土质较差且施工工期较长的基坑，对边坡宜采用钢丝网水泥喷浆或用高分子聚合材料覆盖等措施进行护坡。

坑顶不宜堆土或存在堆载（材料或设备），遇有不可避免的附加荷载时，在进行边坡稳定性验算时，应计入附加荷载的影响。

在地下水位较高的软土地区，应在降水达到要求后再进行土方开挖，宜采用分层开挖的方式进行开挖。分层挖土厚度不宜超过 2.5m。挖土时要注意保护工程桩，防止碰撞或因挖土过快、高差过大使工程桩受侧压力而倾斜。

如有地下水，放坡开挖应采取有效措施降低坑内水位和排除地表水，严防地表水或坑内排出的水倒流回渗入基坑。

基坑采用机械挖土，坑底应保留 200～300mm 厚基土，用人工清理整平，防止坑底土扰动。待挖至设计标高后，应清除浮土，经验槽合格后，及时进行垫层施工。

2. 中心岛（墩）式挖土（图 6-31）

中心岛（墩）式挖土，宜用于大型基坑，支护结构的支撑形式为角撑、环梁式或边桁

（框）架式。中间具有较大空间情况下，此时可利用中间的土墩作为支点搭设栈桥。挖土机可利用栈桥下到基坑挖土，运土的汽车亦可利用栈桥进入基坑运土。这样可以加快挖土和运土的速度。

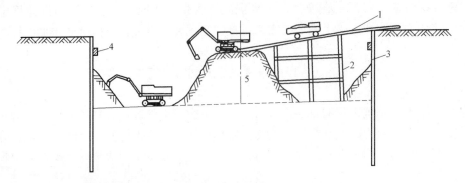

图6-31 中心岛（墩）式挖土示意图
1—栈桥；2—支架（尽可能利用工程桩）；3—围护墙；4—腰梁；5—土墩

中心岛（墩）式挖土，中间土墩的留土高度、边坡的坡度、挖土层次与高差都要经过仔细研究确定。由于在雨季遇有大雨土墩边坡易滑坡，必要时对边坡尚需加固。

挖土亦分层开挖，多数是先全面挖去第一层，然后中间部分留置土墩，周围部分分层开挖。开挖多用反铲挖土机，如基坑深度大则用向上逐级传递方式进行装车外运。

3. 盆式挖土（图6-32）

盆式挖土是先开挖基坑中间部分的土，周围四边留土坡，土坡最后挖除。这种挖土方式的优点是周边的土坡对围护墙有支撑作用，有利于减少围护墙的变形。其缺点是大量的土方不能直接外运，需集中提升后装车外运。

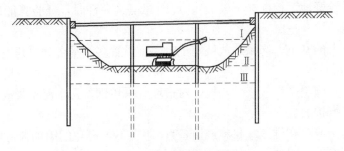

图6-32 盆式挖土示意图

盆式挖土周边留置的土坡，其宽度、高度和坡度大小均应通过稳定验算确定。如留得过小，对围护墙支撑作用不明显，失去盆式挖土的意义。如坡度太陡边坡不稳定，在挖土过程中可能失稳滑动，不但失去对围护墙的支撑作用，影响施工，而且有损于工程桩的质量。

6.4.2 深基坑土方开挖的注意事项

1. 土方开挖原则土方开挖顺序、方法必须与设计工况一致，并遵循"开槽支撑，先撑后挖，分层开挖，严禁超挖"的原则。

2. 防止深基坑挖土后土体回弹变形过大

深基坑土体开挖后，地基卸载，土体中压力减少，土的弹性效应将使基坑底面产生一定的回弹变形（隆起）。回弹变形量的大小与土的种类、是否浸水、基坑深度、基坑面积、暴露时间及挖土顺序等因素有关。如基坑积水，黏性土因吸水使土的体积增加，不但抗剪强度降低，回弹变形亦增大，所以对于软土地基更应注意土体的回弹变形。回弹变形过大将加大建筑物的后期沉降。宝钢施工时曾用有限元法预测过挖深 32.2m 的热轧厂铁皮坑的回弹变形，最大值约 354mm，实测值也与之接近。

由于影响回弹变形的因素比较复杂，回弹变形计算尚难准确。如基坑不积水，暴露时间不太长，可认为土的体积在不变的条件下产生回弹变形，即相当于瞬时弹性变形，可把挖去的土重作为负荷载按分层总和法计算回弹变形。

施工中减少基坑回弹变形的有效措施，是设法减少土体中有效应力的变化，减少暴露时间，并防止地基土浸水。因此，在基坑开挖过程中和开挖后，均应保证井点降水正常进行，并在挖至设计标高后，尽快浇筑垫层和底板。必要时，可对基础结构下部土层进行加固。

3. 防止边坡失稳

深基础的土方开挖，要根据地质条件（特别是打桩之后）、基础埋深、基坑暴露时间挖土及运土机械、堆土等情况，拟定合理的施工方案。

目前挖土机械多用斗容量 1m³ 的反铲挖土机，其实际有效挖土半径约 5～6m，而挖土深度为 4～6m，习惯上往往一次挖到深度，这样挖土形成的坡度约 1:1。由于快速卸荷、挖土与运输机械的振动，如果在开挖基坑的边缘 2～3m 范围内堆土，则易于造成边坡失稳。

挖土速度快即卸载快，迅速改变了原来土体的平衡状态，降低了土体的抗剪强度，呈流塑状态的软土对水平位移极敏感，易造成滑坡。

边坡堆载（堆土、停机械等）给边坡增加附加荷载，如事先未经详细计算，易形成边坡失稳。上海某工程在边坡边缘堆放 3m 高的土，已挖至 -4m 标高的基坑，一夜间又上升到 -3.8m，后经突击卸载，组织堆土外运，才避免大滑坡事故。

4. 防止桩位移和倾斜

打桩完毕后基坑开挖，应制订合理的施工顺序和技术措施，防止桩的位移和倾斜。

对先打桩后挖土的工程，由于打桩的挤土和动力波的作用，使原处于静平衡状态的地基土遭到破坏。对砂土甚至会形成砂土液化，地下水大量上升到地表面，原来的地基强度遭到破坏。对黏性土由于形成很大的挤压应力，孔隙水压力升高，形成超静孔隙水压力，土的抗剪强度明显降低。如果打桩后紧接着开挖基坑，由于开挖时的应力释放，再加上挖土高差形成一侧卸荷的侧向推力，土体易产生一定的水平位移，使先打设的桩易产生水平位移。软土地区施工，这种事故已屡有发生，值得重视。为此，在群桩基础的桩打设后，宜停留一定时间，并用降水设置预抽地下水，待土中由于打桩积聚的应力有所释放，孔隙水压力有所降低，被扰动的土体重新固结后，再开挖基坑土方。而且土方的开挖宜均匀、分层，尽量减少开挖时的土压力差，以保证桩位正确和边坡稳定。

5. 配合深基坑支护结构施工

深基坑的支护结构，随着挖土加深侧压力加大，变形增大，周围地面沉降亦加大。及时加设支撑（土锚），尤其是施加预紧力的支撑，对减少变形和沉降有很大的作用。为此，在制订基坑挖土方案时，一定要配合支撑（土锚）加设的需要，分层进行挖土，避免片面只考虑挖土方便而妨碍支撑的及时加设，造成有害影响。

近年来，在深基坑支护结构中混凝土支撑应用渐多，如采用混凝土支撑，则挖土要与支撑浇筑配合，支撑浇筑后要养护至一定强度才可继续向下开挖。挖土时，挖土机械应避免直接压在支撑上，否则要采取有效措施。如支护结构设计采用盆式挖土时，则先挖去基坑中心部位的土，周边留有足够厚度的土，以平衡支护结构外面产生的侧压力，待中间部位挖土结束、浇筑好底板、加设斜撑后，再挖除周边支护结构内面的土。采用盆式挖土时，底板要允许分块浇筑，地下室结构浇筑后有时尚需换撑以拆除斜撑，换撑时支撑要支承在地下室结构外墙上，支承部位要慎重选择并经过验算。挖土方式影响支护结构的荷载，要尽可能使支护结构均匀受力，减少变形。为此，要坚持采用分层、分块、均衡、对称的方式进行挖土。

6.5 深基坑施工常见问题与防治措施[6-1]

6.5.1 钢板桩

1. 打桩受阻

1）现象

打桩阻力大，不易贯入。

2）原因分析

（1）在砂层或砂砾层中打桩；

（2）钢板桩连接锁口锈蚀、变形。

3）预防措施

（1）打桩前对地质情况作详细分析，确定钢板桩可能贯入的深度；

（2）打桩前对钢板桩逐根检查，提出连接锁口锈蚀和严重变形的钢板桩。

4）治理方法

（1）施工时可用高压水或振动法辅助沉桩；

（2）在钢板桩的锁口涂油脂。

2. 桩身倾斜

1）现象

钢板桩头部向打桩行进方向倾斜。

2）原因分析

在打桩时，由于连接锁口处的阻力大于钢板桩周围的阻力，打桩行进方向对钢板桩的贯入阻力小，钢板桩头部便向阻力小的方向位移。

3）治理方法

发生倾斜时，用钢丝绳拉住桩身，边拉边打，逐步纠正。

3. 桩身扭转

1）现象

钢板桩的中心线变为折线形。

2）原因分析

钢板桩锁口是铰式连接，在下插和锤击作用下会产生位移和扭转，并牵动相邻已打入钢板桩的位置，使中心轴线成为折线形。

3）治理方法

桩身扭转严重时，可将扭转部分的钢板桩拔出，重新打桩。

4. 拔桩困难

1）现象

打入的钢板桩在回收时，难以从地基土中拔出。

2）原因分析

（1）打入的钢板桩连接锁口锈蚀、变形严重；

（2）钢板桩打入在硬土或密实砂土层中；

（3）基坑开挖时，支撑不及时，使钢板桩变形很大；

（4）拔桩时，拔桩设备及拔桩时对地基的反力使钢板桩受到侧向压力，从而增大了拔桩阻力。

3）治理方法

（1）将钢板桩用振动锤或柴油锤等重复打一次，以此克服土的粘结力，并消除钢板桩上的铁锈；

（2）要按与打桩顺序相反的次序拔桩；

（3）钢板桩承受土压一侧的土较密实，可在其附近并列地打入另一根桩，使原来的桩容易拔出；

（4）在钢板桩两侧开槽，灌膨润土泥浆，使拔桩阻力减小。

6.5.2　旋喷桩

1. 钻孔困难、偏斜、冒浆

1）现象

钻孔困难，并出现个别孔偏斜及冒浆现象。

2）原因分析

（1）地面不平整未压实，钻机未较直；

（2）遇到地下障碍物；

（3）注浆量与实际需要量相差较多。

3）防治措施

（1）旋喷桩施工前，作业场地要平整压实；

（2）稳钻杆或下杆要双向校正，使垂直度控制在1‰范围内；

（3）对桩位进行触探，遇到地下障碍物应清除掉。

2. 旋喷桩强度不均匀

1）现象

旋喷桩强度不均匀，局部区段出现缩颈。

2）原因分析

（1）使用受潮或过期的水泥，喷射时水泥浆未搅匀，产生沉淀；

（2）喷射时压力、流量不均匀或操作程序不当，钻杆提升和旋转速度不匀；

（3）气、水、浆管路或喷嘴轻微堵塞，造成气压不稳，喷浆不匀。

3）防治措施

（1）选用新鲜的品质优良的水泥；

（2）水泥浆应拌均匀；

（3）加强操作控制，使压力、流量、钻杆提升和旋转速度均匀，防止管路和喷嘴堵塞。

3. 旋喷时不冒浆或冒浆过大

1）原因分析

（1）土层中有较大的空隙，使浆液漏失而不冒浆；

（2）喷射压力不够，喷嘴孔径过大，提升和旋转钻杆速度过慢，或有效喷射范围与注浆量不相适应而造成冒浆量过大。

2）防治措施

冒浆量过小或完全不冒浆时，应针对所查明的原因进行处理，如土层空隙较大，可在浆液中掺加适量的速凝剂，缩短固结时间。

6.5.3 SMW工法

1. H形钢插入不到位

1）现象

向搅拌体中插入H形钢时，H形钢难以到达设计深度。

2）原因分析

（1）浆体搅拌不均匀，中间有夹层；

（2）水泥浆水灰比不合适；

（3）H形钢较薄，不能靠自重下沉；

（4）钻孔偏斜，H形钢被孔壁卡住。

3）防治措施

（1）严格控制注浆量和提升速度，保证搅拌体质地均匀；

（2）选用合适的水泥渗入比；

（3）如H形钢不能靠自重下沉，可借助柴油锤或振动锤将其击打到位；

（4）H形钢插入时用经纬仪双向校直。

2. H形钢回收困难

1）现象

基坑施工结束回收H形钢时，H形钢难以从固结的搅拌体中拔出。

2）原因分析

（1）插入的H形钢形状弯曲，未经整形；

（2）H形钢插入前未涂隔离剂；

（3）基坑开挖时，支撑不及时，使H形钢变形过大。

3）防治措施

（1）H形钢插入前，对H形钢逐根检查，发现弯曲变形的要休整平直；

（2）H形钢插入前，在H形钢表面涂减摩隔离剂；

（3）基坑开挖时，要及时支撑，防止 H 形钢产生过大变形。

6.5.4 地下连续墙

1. 导墙变形破坏

1) 现象

成槽作业时，导墙发生开裂或折断现象，并发生垂直沉降与水平位移，使导墙沟的内净宽度缩小。

2) 原因分析

（1）导墙没有足够的强度、刚度和良好的整体性，低挡不住侧向土压力；

（2）开挖导墙沟槽后，下道工序不连续，导墙沟槽长时间浸水，泡烂了导墙持力的地基，挖槽时，导墙墙脚下松软的土层坍塌，导墙也随着破坏变形；

（3）导墙的跟脚筑在松散的杂填土层中，挖槽时，导墙墙角下松散的杂填土被泥浆冲刷而坍塌，导墙也随着破坏变形；

（4）作用在导墙上的荷载过大。

3) 防治措施

（1）设计挡墙时，要考虑到各种因素，保证导墙有足够的强度、刚度和整体性；

（2）导墙施工要连续进行，自开挖导墙沟开始，至混凝土浇筑完毕，要始终保持导墙沟内不积水；

（3）导墙的跟脚不能筑在松散的杂填土层中，应插入未经扰动的原状土层中 20cm 以上；

（4）在挖槽过程中，要防止挖槽机碰撞导墙，禁止挖槽机、起重机等重型机械过于靠近导墙。

2. 槽壁坍塌

1) 原因分析

（1）单元槽段划分长度过大，槽壁稳定安全系数不足；

（2）导墙制作质量较差，强度和刚度不足；

（3）泥浆性能指标太低，或成槽过程中泥浆补充不及时；

（4）雨天施工时，地下水位上升或地面积水渗入槽内稀释了泥浆；

（5）地层中存在软弱的淤泥质土层或扰动过的土层；

（6）槽壁两侧有附加荷载或动荷载。

2) 防治措施

（1）缩短单元槽段的长度；

（2）降低地下水位与承压水压力；

（3）采用高导墙，提高泥浆液面；

（4）调整泥浆性能指标，提高泥浆相对密度；

（5）对软弱的淤泥质土层、粉砂层预先进行注浆处理，改善其土质；

（6）对邻近槽壁的建筑物进行地基加固处理，减小其对槽壁产生的侧向土压力。

3. 成槽偏斜

1) 现象

挖成的槽孔偏斜，垂直度超过规定数值；相邻地下墙段之间凹凸不平；地下墙面露筋。

2）原因分析

（1）挖槽机架安装不水平，钻机或抓斗的柔性悬吊装置偏心；

（2）挖槽过程中遇到较大孤石或局部硬土层；

（3）在有倾斜度的软硬地层交界处挖槽。

3）防治措施

（1）挖槽机作业前需调平机架，调直钻机或抓斗的柔性悬吊装置，防止钻机或抓斗本身倾斜；

（2）挖槽遇到较大孤石时，先用冲击钻破碎孤石后再挖槽；

（3）钻机在有倾斜度的软硬地层交界处挖槽时，采用低速钻进；在安排槽段的挖槽顺序时，布孔要以"两孔跳开挖，中间留隔墙"为原则，尽可能避免两孔连着挖的状况。

4. 钢筋笼变形破坏

1）现象

钢筋笼制成品在吊运过程中发生不可复原的变形现象。

2）原因分析

（1）钢筋笼未设置纵横向桁架，或设置的纵横向桁架刚度不足；

（2）钢筋笼布置的吊点太少，或吊点位置不在纵向桁架与横向桁架的交点上；

（3）吊点未作加强处理或吊点焊接不牢固；

（4）拐角型钢筋笼未设置"人字形"纵向桁架和吊点处水平向斜拉杆，致使钢筋笼起吊时发生纵向弯曲变形或拐角角度扭曲变形。

3）防治措施

（1）钢筋笼上应设置纵向桁架和横向桁架，该桁架应有足够的刚度，防止钢筋笼起吊时发生变形；

（2）钢筋笼上布置吊点要经过设计和计算，吊点位置必须设置在横向桁架和纵向桁架的交点上；

（3）钢筋笼上各吊点应作加强处理，吊点焊接必须牢固，并要经过质量员和安全员验收认可；

（4）拐角形钢筋笼上应增设"人字形"纵向桁架和吊点处水平向斜拉杆，防止钢筋笼起吊时发生纵向弯曲变形或将拐角角度扭曲变形。

6.6 思 考 题

6-1 基坑支护的主要类型及组成有哪些？

6-2 简述基坑工程主要支护类型的优、缺点。

6-3 简述地下连续墙的施工工艺。

6-4 简述混凝土支撑和钢支撑的适用性及优、缺点。

6-5 基坑工程土方开挖的方案和施工要点有哪些。

6-6 简述深基坑工程施工常见问题及主要防治措施。

参 考 文 献

[6-1]　黄兴安. 市政工程质量通病防治手册 [M]. 北京：中国建筑工业出版社，2003.

[6-2]　刘国彬，王卫东. 基坑工程手册 [M]. 北京：中国建筑工业出版社，2009.

[6-3]　中华人民共和国行业标准. 《建筑地基处理技术规范》JGJ 79—2012 [S]. 北京：中国建筑工业出版社，2009.

第 7 章

地基加固辅助工法

7.1　冻　结　法

7.1.1　概述

人工地层冻结法（Artificial Ground Freezing，AGF）（简称"冻结法"），是利用人工制冷技术，使地层中的水结冰，把天然岩土变成冻土，增加其强度和稳定性，隔绝地下水与地下工程的联系，以便在冻结壁的保护下进行地下工程掘砌施工的特殊施工技术。其实质是利用人工制冷临时改变岩土性质以固结地层。为构造高承载力和密封防水的冻结壁，在土中相应位置布置和施工冻结孔，安设冻结管，通过冻结管中循环的低温冷媒剂将土体中的热量带出，使地层降温并使土中水结为冰。在冻结初期，冻土仅在紧靠冻结管周围形成冻土柱；随冻结过程的继续，冻土柱渐渐扩大并相互连接，在预计的冻结时间后，冻土体达到设计厚度，形成冻结壁[7-3]。

冻结法具备的优点主要有：

（1）安全性好，可有效地隔绝地下水；

（2）适应面广，适用于任何含一定水量的松散岩土层，在复杂水文地质（如软土、含水不稳定土层、流砂、高水压及高地压地层）条件下冻结技术有效、可行；

（3）灵活性好，可以人为地控制冻结体的形状和扩展范围，必要时可以绕过地下障碍物进行冻结；

（4）可控性较好，冻结加固土体均匀、完整；

（5）经济上较合理。

实习的主要内容是结合具体的冻结施工工程学习冻结法施工工艺，了解冻结法施工的主要步骤，包括冷冻设备、冻结过程和冻结维护下的开挖。

7.1.2　冻结系统的分类

人工地层冻结中要求获得较低的温度，可以用来获得低温的方法很多，就物理学原理来说，有以下几种方式[7-3]。

相变制冷：是指物质固态、液态、气态三者之间变化过程。在相变过程中要吸收或放出热量。相变制冷就是利用物质相变时的吸热效应，如固体物质在一定温度下的融化或升华，液体汽化。例如，干冰是固态的二氧化碳（CO_2），它是一种良好的制冷剂，广泛应用于实验研究、食品工业、医疗、机械加工和焊接等方面。干冰的平均相对密度为1.56，干冰在化学上稳定，对人无害。在大气压力下升华温度为 $-78.5℃$，升华潜热为573.6kJ/(kg·K)。

热电制冷：热电制冷又称温差电效应、电子制冷等，它是建立在珀尔帖效应原理上的。1834年珀尔帖发现当一块N型半导体（电子型）和一块P型半导体（空穴型）联成电偶时，在这个电路中接上一个直流电源，电偶上有电流通过时，就发生了能量转移，在一个接头上吸收热量，而在另一个接头上放出热量。

蒸汽压缩制冷：蒸汽压缩制冷和气体压缩制冷同属于压缩式制冷循环，它是以消耗一定量的机械能为代价的制冷方法。压缩制冷是最常用的制冷方式。由于气体压缩制冷过程中制冷剂不发生相态变化，无潜热利用，其单位制冷量小，要提供一定制冷量，则需相对大的设备。蒸汽压缩式制冷采用在常温下及普通低温下即可液化的物质为制冷剂（如氨、氟利昂等）。制冷剂在循环过程中周期性地以蒸汽和液体形式存在。蒸发器中产生的低压制冷剂蒸汽在压缩机中被压缩到冷凝压力，经冷却水、空气等介质冷却后变成液体，再经节流阀膨胀到蒸发压力成为汽、液两相混合物，温度降到饱和温度，在蒸发器中蒸发，吸收热量而制冷，汽化后的蒸汽被压缩机吸回，完成一个循环。

吸收式制冷：吸收式制冷是利用溶液对其低沸点组分的蒸汽具有强烈的吸收作用而在加热状态下，低沸点组分挥发出来的特点达到制冷目的。吸收式制冷采用的工质是由低沸点物质和高沸点物质组成的工质对，其中低沸点物质为制冷剂，高沸点物质为吸收剂。吸收式制冷不同于压缩式制冷，它是用热能替代机械能来完成冷冻循环的。吸收式制冷系统还可以使用天然气、液化石油气、蒸汽或电加热器作为能源。

在实际的岩土工程当中，常用的冻结制冷技术往往有两种，一种是盐水循环制冷冻结，另外一种是液氮冻结。这里就工程常用的制冷技术进行介绍。

1. 盐水冻结系统

如图 7-1 所示，该系统涉及三大循环，分别为：盐水循环——盐水吸收地层热量，在盐水箱内将热量传递给蒸发器中的液氨；氟利昂（制冷剂）循环——液态氟利昂变为饱和蒸汽态，再被压缩机压缩成过热蒸汽进入冷凝器冷却，高压液态氟利昂从冷凝器经贮存器，经节流阀流入蒸发器，液态氟利昂在蒸发器中气化吸收周围盐水的热量；冷却水循环——冷却水在冷却水泵、冷凝器和管路中的循环叫冷却水循环，将地热和压缩机产生的热量传递给大气。

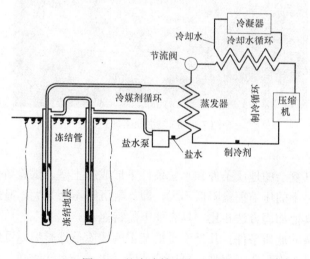

图 7-1 盐水冻结系统示意图

2. 液氮冻结

20 世纪 60 年代液氮制冷剂直接气化制冷修筑地下建筑工程，已成为一种新的局部土层冻结方法，为提高地层冻结速度开辟了新的途径。液氮冻结的优点是设备简单、施工速度快，适用于局部特殊处理、快速抢险和快速施工，例如巴黎北郊区供水隧道，建于地下 3m 深，当前进至 70m 时，遇到流砂无法通过，于是采用液氮冻结。工艺系统是液氮自地面槽车经管路输送到工作面，液氮在冻结器内汽化吸热后，气氮经管路排出地面释入大气，冻结时间仅用了 33 个小时，冻土速度达到 254mm/昼夜，比常规盐水冻结快 10 倍。

日本某地铁弯道工程及苏联都使用过。

7.1.3 冻结法加固施工工艺

冻结法施工技术即是利用人工制冷方法将井筒、硐室周围的土层冻结成封闭状的动土层结构体——冻结壁，以抵抗地压、隔绝地下水与井筒或基坑、硐室的水力联系，在冻结壁的保护下进行掘砌工作的一种特殊施工方法。为了形成冻结壁，在井筒、基坑或硐室周围打一定数量的冻结孔，安装冷冻结器，人工制冷的低温冷媒剂在冷结器中循环使土层冻结，常规盐水冻结中盐水可达−35℃，低温液氮冻结可达到−196℃，冻土层强度根据土性或冻结时间不同，抗压强度可达 5～14MPa，冷冻施工技术是一种安全可靠、经济合理的土层加固技术，可以有效隔绝地下水，其抗地下水渗漏的能力是其他方法不能相比较的。该法广泛应用于矿井、隧道、基坑工程、盾构始发和接收、联络通道等多种工程。

在该手册中，以冻结法在最常见的联络通道（图 7-2）的施工为例，分析冻结法的施工工艺。

图 7-2 冻结法联络通道

1. 冻结管布置

冻结法可在极其复杂的地质条件和水文条件下形成冻土壁，试验结果表明，在粉土及粉砂层中冻结，冻融土的压缩模量降低不大，即冻融沉陷不会太大，显然是一种安全可靠的方法。冻结法与其他加固方法相比，具有如下的特点：

冻结法适用复杂的地质条件：几乎不受地基土的地质条件影响，可形成任意深度、任意形状的冻土墙，可成为某些工程唯一可用的辅助工法；隔水性能好：其隔水性能是其他施工方法无法相比的；冻土墙的连续性和均匀性得到保证：注浆法和深层搅拌桩只是对土体局部加固，加固范围不易控制，加固体强度不均匀，而冻结技术可以把涉及的土体全部冻成冻土，冻结加固体均匀，整体性好，可形成城市地下工程的帷幕；冻结壁具有足够的强度：冻结壁的厚度和强度达到设计要求足以抵抗开挖时的水土压力时，即可在冻结壁的保护下开凿洞门；随着工程规模加大，经济上有一定竞争性。

冻结法在国内的地铁联络通道的施工中得到广泛的应用，例如广州地铁二、八号线延长线工程，天津地铁一号线，上海市 M8 线成山路站～杨思站区间等都采用冻结施工完成作业。

针对冻结法在隧道联络通道的工法首要解决的是冻结管的合理布置问题。通过以往的工程经验，冻结管的布置主要有三种方法：单侧隧道布置冻结孔（无透孔）、双侧隧道对称布置冻结孔、双侧隧道非对称布置冻结孔（有透孔）。

方案一：单侧隧道布置冻结孔（无透孔），指采取隧道单侧打孔进行，冻结孔按照上仰、水平、下俯三个角度布置，而且不设置穿透孔的施工方法（图7-3）。此工法曾在天津地铁一号线、上海地铁长阳路站～杨树浦路站区间的联络通道施工中使用过。

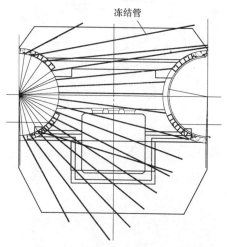

图 7-3　冻结管单侧打孔布置示意

方案二：双侧隧道对称布置冻结孔，指采用从上、下行隧道两侧打孔方式进行，冻结孔按照上仰、水平与下俯三个角度对称布置，在通道中处交叉的施工方法（图7-4）。此工法曾在上海西藏南路越江隧道、南京地铁二号线的区间联络通道中使用过。

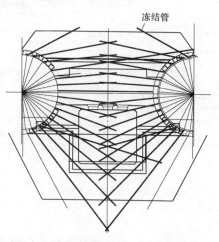

图 7-4　双侧隧道对称布置冻结孔示意

方案三：双侧隧道非对称布置冻结孔（有透孔），指采用从上、下行隧道两侧打孔方式进行，冻结孔一侧布置较多，另一侧布置较少，按照上仰、水平与下俯三个角度布置且设置穿透孔的施工方法（图7-5）。此工法曾在上海轨道交通 M8 线曲阳路站～虹口足球场站、上海轨道交通七号线云台路～高科西路站、杭州地铁九堡东站～乔司南站的区间联络通道中使用过，目前使用也较为广泛。

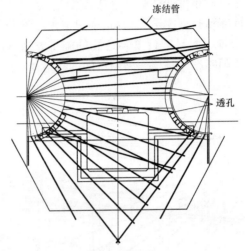

图 7-5 双侧隧道非对称布置冻结孔（有透孔）示意

2. 冻结管施工参数

1）冻结施工工艺流程

整个冻结施工流程如图 7-6 所示。

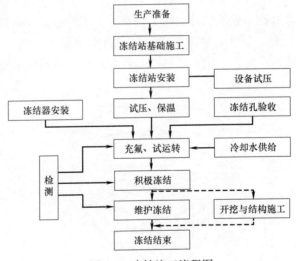

图 7-6 冻结施工流程图

2）冻结孔施工

冻结孔必须满足能够形成有效的设计冻结壁厚度和平均温度。当双排冻结孔不能满足冻结壁设计要求时，可布置多排冻结孔。冻结孔开孔位置误差不大于 100mm，应避开管片接缝、螺栓、主筋和钢管片肋板。冻结孔布置设计时应布置不少于 2 个的透孔，用于验证隧道管片预留门洞位置和对侧冻结管与冷冻排管供冷。为打孔安全起见，透孔位置应尽量放置在黏性地层中，并避开砂性地层。冻结孔施工完成后应根据测斜数据绘制喇叭口、正常通道、对侧隧道与联络通道交界面、集水井等断面的冻结孔偏斜孔位图。

3）冻结管施工

冻结孔施工完成验收合格后，进行冻结管的布置施工。

冻结管规格及管材的选择：冻结管耐压试验压力不低于冻结工作面盐水压力的1.5倍。冻结管直径可选用 $\Phi 89 \sim 127mm$，不宜小于 $\Phi 73mm$，管壁厚度不宜小于 5mm。冻结管应用20号低碳钢无缝钢管，其连接方式分丝扣连接和内接箍对焊连接两种。如杭州地铁九堡东站～乔司南站区间隧道联络通道冻结管选用 $\Phi 89mm \times 8mm$，20号低碳钢无缝钢管，单根长度 $1 \sim 1.5m$，丝扣连接，另加手工电弧焊焊接，天津二号线也采用这种规格的冻结管；上海地铁 M8 线曲阳路站～虹口足球场站区间隧道联络通道冻结管选用 $\Phi 95mm \times 8mm$，20号低碳钢无缝钢管，单根长度 $1 \sim 1.5m$，螺纹连接。

当低碳钢冻结管连接采用焊接方式时，其冻结管两端必须有坡口，冻结管、内接箍、焊条的材质必须一致，焊缝饱满，冻结管焊接下放工艺必须严格执行操作规程，冻结管焊接后，必须冷却 $5 \sim 10min$ 才能下放。冻结管接头抗拉强度不低于母管的 60%。冻结管采用跟管钻进时接头宜采用螺纹接头并用焊接补强、密封接头缝，夯管时冻结管接头宜采用带衬管的对焊接头。当需要拔出冻结管或预计冻结壁变形较大时，宜采用内衬管加对焊连接接头，接头强度不宜小于母管强度的 80%。冻结管的底锥必须采用与冻结管材质一致的钢板焊接制作。

冻结管下入钻孔后，必须进行试压。试验压力应为全冻结管内盐水柱与管外清水柱压力差及盐水泵工作压力之和的 2 倍，经试压 30min 压力下降不超过 0.05MPa，再延续 15min 压力保持恒定为合格。

漏管处理：密封性不合格的冻结管必须进行处理达到密封要求，首选方案是下入小直径的冻结管，其次是堵漏法，最后是补打冻结孔法。

3. 冻结系统施工

1）盐水温度、盐水流量和盐水去回路温差

（1）最低盐水温度应根据设计冻结壁平均温度、地层环境及气候条件确定。设计冻结壁平均温度低、地温高、气温低时，取较低的盐水温度。

（2）按下列要求控制盐水温度：积极冻结 7 天盐水降至 $-18℃$ 以下，积极冻结 15 天盐水温度降至 $-24℃$ 以下（设计最低盐水温度高于 $-24℃$ 时取设计最低盐水温度），开挖过程中盐水温度降至设计最低盐水温度以下。施工内支撑后可进行维护冻结，但维护冻结盐水温度不宜高于 $-22℃$。

（3）开挖过程中，在保证冻结壁平均温度和厚度达到设计要求且实测判定冻结壁安全的情况下，可适当提高盐水温度，但不宜高于 $-25℃$。

（4）开挖时，去回路盐水温差不宜高于 $2℃$。

（5）冻结孔单孔盐水流量应根据冻结管散热要求和冻结管直径确定。

2）冻结站布置与设备安装

将冻结站设置在隧道内，靠近联络通道位置。站内设备主要包括冷冻机、盐水箱、盐水泵、清水泵、冷却塔及配电控制柜等，设备安装按设备操作规程的要求进行，其布置见图 7-7。

3）管路连接、保温与测试仪表

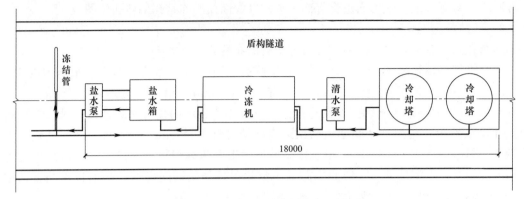

图 7-7 冻结站及冻结系统布置示意图

管路宜采用法兰连接，隧道内的盐水管用架子敷设在隧道管片斜坡上，以免影响隧道通行。在盐水管路和冷却水循环管路上要设置阀门、测温仪、压力表等测试组件。盐水管路经试压、清洗后用保温板或棉絮保温，保温层厚度保持 40～60mm，保温层的外面用塑料薄膜包扎。集配液圈与冻结管的连接用高压胶管，每组冻结管的进出口各装阀门一个，以便控制流量。

联络通道两侧管片保温：由于混凝土和钢管片相对于土层散热量大，为加强冻结帷幕与管片胶结，联络通道两侧管片表面采取保温措施，以减少冷量损失。将钢管片格栅内用素混凝土填充密实，然后采用 PEF 保温板对冻结帷幕发展区域管片进行隔热保温。保温范围为冻结帷幕区域处加向外扩展 2m。在冻结站对侧隧道的冻结管的端部区域范围内布置冷冻排管，然后采用 PEF 板对冻结排管进行覆盖隔热保温。

4. 不同施工阶段冻结系统运行模式

1）冻结器的安装

冻结器在安装时应遵循如下原则：

冻结器由冻结管、供液管和去回路羊角组成。在冻结管内下入供液管时，供液管端部应下放到距离冻结管管底 100～150mm 位置。结管端盖和去回路羊角的连接应牢固、严密，不得渗漏。

冻结器宜采用串、并联方式分组与配、集液圈连接，每组串联冻结器长度宜适中并基本一致，以保证各冻结器盐水流量均匀并满足设计要求。冻结器与配、集液圈之间宜用软管连接，软管在工况温度下耐压不应低于 1MPa。管路连接应便于安装流量计监测单孔盐水流量，每组冻结器的进出口各装阀门一个，以便控制流量。冻结器安装完成后，先用清水对系统进行试压检漏，试压值与正常盐水系统的压力不小于正常盐水压力的 1.2 倍。若发现渗漏要重新补焊。

2）冷冻站安装

冷冻站位置：可选择在地铁车站地面广场、车站地下平台或冻结工作面附近的隧道内。冷冻站厂房防火应符合《建筑设计防火规范》GB 50016—2014（2018 年版）的规定；冷冻站设在地面时，制冷系统的高压部分应避免阳光直晒。

冷冻站通风：采用冷却塔散热时，冷冻站要加强通风排热，必要时可安装轴流风机强制通风。冷冻站采用的设备、压力容器及管道阀门必须清洗干净并经压力试验合格。浮球阀、液面指示器、安全阀等安装前应进行灵敏性试验。在冷却水源水质不符合冷凝器等设备的使用要求时，应安设冷却水水质处理装置，提高冷凝效率。冷冻站冷媒剂系统的管路应采用低碳无缝钢管，弯头、法兰盘应采用耐低温的碳素钢制作。冷冻站制冷剂循环系统中应采用专用阀门和配件，其公称压力不应小于 2.5MPa。

盐水干管连接：管路宜用法兰连接，并在盐水管路上每隔 60～100m 设置一个柔性伸缩接头。隧道内的盐水干管用管架架设在隧道管片上，以免影响隧道通行。盐水循环系统的最高位置应设置放气阀。盐水箱应安设盐水液面可视自动报警装置，干管上及位于配液管首尾冻结器的供液或回液管上，应设置流量计。管路上的测温孔插座位置、尺寸及角度应符合设计要求。试压，冻结管下入钻孔后，必须进行试压。试验压力应为全冻结管内盐水柱与管外清水柱压力差及盐水泵工作压力之和的 2 倍，经试压 30min 压力下降不超过 0.05MPa，再延续 15min 压力保持不变为合格。

保温：冷冻机组的蒸发器、低压和中压容器、盐水箱、盐水干管、配集液管及其他低温管路经试漏、清洗后用聚苯乙烯泡沫塑料保温，保温厚度为 50mm，保温层的外面宜用塑料薄膜包扎，并对制冷系统按统一规定的颜色刷漆。

3）冷冻站的运转、维护

溶解氯化钙。先在盐水箱内注入约 1/4 的清水，然后开泵循环并逐步加入固体氯化钙，直至盐水浓度达到设计要求。溶解氯化钙时要除去杂质。盐水箱内的盐水不能灌得太满，以免盐水回流时由于冻结管高于盐水箱口造成溢出。

冷冻站试运转。正式运转前应对冷却水、冷媒剂及制冷剂系统进行试运转，各系统应达到设计要求。冷却水系统应该补充水量，水温及水质应达到设计要求，循环水系统运转正常。盐水系统应该保证盐水浓度，总流量应满足施工要求，盐水的相对密度为 1.25～1.27。循环系统正常运转，无杂物堵塞。机组充氟加油按照设备使用说明书的要求进行。首先进行制冷系统的检漏和氮气冲洗，在确保系统无渗漏后，再充氟加油。

冷冻站正式运转应具备的条件：在充制冷剂过程中，制冷剂、冷媒剂、冷却水系统应运转正常，冷媒温度逐渐下降；配电系统应能连续地正常供电；冷冻站内灭火器材、防毒面具、防雷装置、电气接地等安全设施应齐全；冷冻机易损件、仪表和冷冻机油均应备足。

4）冻结站正常运转与监测维护

冷冻站正常运转时制冷剂、盐水、冷却水循环系统温度、流量、压力应正常，经过 3～7 天盐水温度应逐渐下降并达到设计要求，各冻结器回液温度正常并保持基本一致，头部、胶管结霜均匀。开始冻结后，要巡回检查冻结器是否有断裂和漏盐水的情况发生，一旦发现盐水漏失，立即关闭阀门，并根据盐水漏失情况采取补救措施。

在冻结过程中，每天监测去回路干管盐水温度、冻结器回路盐水温度、盐水箱液位变化、冷却水温度，观察冻结器头部结霜是否有异常融化。在冻结运转初期，监测各冻结器的盐水流量，如发现监测流量小于设计要求，则应用控制阀门进行调节，或者加大盐水泵泵量，使其满足设计要求。

运转记录。运转中按要求对冷冻机及其辅助设备中的运转参数作班记录和日志。包括：冷冻机及其辅助设备中的温度、压力、流量、液位、电流、电压等的班记录，运转日志，每次制冷剂充量及冷冻润滑油加油量的记录；冷媒泵班运转日志，冷媒泵压力、流量、冷媒箱水位及温度的班记录；配集液管冷媒温度，冻结器头部冷媒温度，以及冻结器头部胶管结霜情况的班记录；补充水及循环水水泵班运转日志，补充水的流量及水温，冷凝器进、出水温度及流量的班记录。

积极冻结与维护冻结的说明。积极冻结与维护冻结是冷冻站正常运转冻结的两个阶段。从正常开机冻结到冻结帷幕达到设计要求阶段称为积极冻结，从开挖开始至停机阶段为维护冻结。两分阶段的冻结参数按设计要求进行调整，一般情况下，联络通道开挖过程中也保持积极冻结状态，盐水温度一般不高于－25℃。冻结段开挖砌筑施工全部完成后，冷冻机方可停机，拆除冷冻站设备。

5. 联络通道开挖时空控制参数

联络通道的试挖处于积极冻结阶段，而正式开挖处于维护冻结阶段。试挖的条件是要根据积极冻结过程中实测温度数据判断冻土帷幕是否交圈和达到设计厚度，同时还要监测冻土帷幕与隧道的胶结情况，确认冻土帷幕内土层基本无压力后再进行正式开挖。正式开挖后，根据冻土帷幕的稳定性，可适当提高盐水温度，进入维护冻结，但盐水温度不应高于－18℃。

1) 联络通道开挖流程

联络通道的开挖构筑施工流程为：开挖构筑施工准备→钢管片接缝焊接→隧道预应力支撑安装→通道防护门安装→探孔试挖，打开洞口钢管片→通道掘进与支护层施工→拉开对侧钢管片→施工防水层→通道钢筋混凝土结构层施工→集水井开挖与临时支护→集水井防水层施工→钢筋混凝土结构层施工→融沉注浆。

2) 试挖

正式开挖之前需要进行试挖，验证是否达到开挖要求。试挖包括探孔试挖和开试挖窗。

探孔试挖：在开挖区域边缘、临时支护区域内均匀分布打3个探孔，孔径范围 $\phi 30 \sim 40mm$、深度范围 $500 \sim 800mm$（不含外墙厚度），检查土体冻结情况。若3个孔内土体温度均在0℃以下即结冰视为冻结效果达到开挖要求；若有一孔土体温度在0℃以上即没有结冰，视为冻结效果未达到开挖要求，不能开挖，封好孔、继续积极冻结，直至达到探孔要求；在开挖区域两侧，设计的有效冻结壁外边缘和零度线中间打探孔，检查土体冻结情况。探孔要求和土体冻结效果判别原则同前；

开试挖窗：在开挖区域中间部位开一试挖窗口，窗口尺寸不宜大于 $500 \times 500mm$。用锹、风镐等向里挖深 $500 \sim 600mm$，检查土体情况。若土体干燥、自立性较好，视为达到开挖条件。否则，继续深挖至 $1000mm$，若结果仍不好，说明开挖区域土体冻结质量没有达到开挖要求，应回填、封闭试挖窗口，继续积极冻结，直至下次试挖达到要求为止；按上述顺序进行试挖，各条都达到要求，视为试挖通过，若有一条达不到要求，视试挖未通过，停止试挖。

3) 开挖

正式开挖需要满足：

(1) 开挖区域试挖通过；

(2) 为开挖、支护服务的提升、运输、通风、照明、动力等系统均已形成，具备了连续施工条件；

（3）安全技术措施到位，应急预案备齐。

这三条之后方可执行。土方开挖采用矿山法短段掘砌的方式，随挖随支，严格控制冻结壁温度升高和变形。

土方开挖顺序：根据工程结构特点，联络通道开挖采取分区方式进行施工，施工顺序如图 7-8 所示。在通道挖至对侧钢管片后，刷大对侧喇叭口，再刷大开挖侧喇叭口，上部通道按照Ⅰ～Ⅲ顺序施工完成后，再开挖施工集水井部分（Ⅳ）。对于Ⅰ段，如果是短通道就采取单向开挖，长通道可以采取双向开挖的措施。隧道开挖可采用台阶开挖方式，先上台阶，后两侧，最后开挖核心土。当拱部初衬成型后 4～5d，侧墙和仰拱初衬便可与拱部初衬整体闭台。

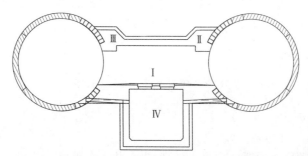

图 7-8 联络通道开挖顺序图（Ⅰ-通道；Ⅱ、Ⅲ-两侧喇叭口；Ⅳ-集水井）

由于冻土强度高，韧性好，需采用人工风镐掘进。开挖步距控制为 0.5～0.8m，两端喇叭口处断面较大，为减轻开挖对隧道变形的影响，开挖步距应控制在 0.5m 以内为宜。最大空帮距不大于 1000mm。在掘进施工中根据揭露土体的加固效果及施工监测信息，及时调整开挖步距，确保安全施工。开挖横断面方向尺寸满足设计要求，且单侧超挖不大于 50～100mm；为确保冻土帷幕的安全性，开挖与支护循环作业时间应控制在 12 小时内。开挖时冻土帷幕暴露面最大收敛位移应不大于 20mm；开挖中心线偏差应不大于 20mm。

由于土体采用冻结法加固，冻土强度较高，冻结帷幕承载能力大，因而开挖时可以采用分上下台阶法开挖，开挖步距为 0.55m，特殊情况下不得超过 0.8m。两端喇叭口处断面较大，为减轻开挖对隧道变形的影响，开挖步距控制在 0.3m 为宜。开挖断面超挖不大于 50mm，开挖中心线偏差不大于 20mm。

6. 联络通道开挖临时支护

联络通道支护由初期支护和永久支护组成。初期支护为临时支护，宜采用由型钢支架、木背板、喷射混凝土和砂浆充填层组成的结构形式。永久支护也就是二衬，为永久性钢筋混凝土结构，主体结构侧墙模板采用国标钢制模板，拱顶采用特制专用钢模板，模板支撑采用 DN48 钢管扣件连接形式。

由于冻土具有明显的蠕变特性，特别是在黏性土层中，这种特征更加明显，随着联络通道的掘进施工，冻结壁被暴露在空气中，冻土的蠕变随时间的延长而增加。为控制冻结壁的变形，要对冻结壁采取有效的临时支护，以免冻结壁变形破坏。

钢支架制作与施工：支架的型钢选型、尺寸设计可按构筑物的埋深和支架的受力状况进行力学计算。土方开挖过程中，在开挖完一断面后，立即架设型钢钢支架、铺设木背板。支架背后应用 45～50mm 厚的木板背实，木板长度与支架间距离匹配。整个通道开挖完成后挂钢筋网片并喷射混凝土进行初期支护。初期支护采用 250mm 厚 C25 网喷混凝土。受力钢筋混凝土保护层厚度外侧 40mm，内侧 40mm。

如图 7-9 所示，初期支护喷射混凝土施工流程为：设备安装调试→供风→配料→喷射口给水混合喷射。

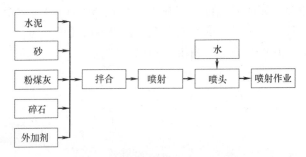

图 7-9　喷射混凝土工艺流程图

7. 永久结构混凝土浇筑工艺

1）施工顺序

结构总的施工顺序：通道（含喇叭口）→集水井（含盖板）；

通道混凝土浇筑顺序：底板→侧墙→拱顶；

集水井混凝土浇筑顺序：底板→侧墙。

2）支架与模板施工

通道底板混凝土浇筑完成后，安装通道侧墙模板，为保证混凝土的浇筑质量，通道墙和拱顶的模板宜分开安装。即通道墙混凝土浇筑完成后，再安装通道拱顶模板并浇筑顶部混凝土。

联络通道侧墙、顶板采用定型钢模或木模板施工，支架采用扣件式满堂脚手架。由于联络通道模板及支架的安装、拆卸全部人力操作，施工难度大，根据施工特点及通道防水设计要求，侧墙采用 3015 钢模，拱顶采用自加工木模或定型钢模，支架采用扣件式满堂脚手架，支架横杆、立杆、剪刀撑间用扣件连接。为避免混凝土的收缩与徐变和施工误差对通道净空的影响，将模板顶板弧半径扩大 3cm。

侧墙施工，模板采用标准钢模。内模在高度方向上每隔一定距离（约 2m 左右）开"门子板"以便振捣混凝土。模板的拆除顺序和方法，应按照配板设计的规定进行，遵循先支后拆，先非承重部位，后承重部位以及自上而下的原则。拆模时，严禁用大锤和撬棍硬砸硬撬。先拆除侧面模板，再拆除承重模板。支承件和连接件应逐件拆卸，模板应逐块拆卸传递，拆除时不得损伤模板和混凝土。

在墙与拱的接茬处应设置止水钢板，止水钢板按照相关规范要求施工。模板的垂直度、水平度、标高、钢筋保护层的厚度以及结构层尺寸按混凝土结构施工规范要求验收。

3）浇筑混凝土

应考虑环境温度较低可能对混凝土强度增长的影响，宜将混凝土的强度等级提高到 C30，抗渗等级考虑提高至 P12，混凝土由溜灰管输入端头井下的四轮车或地泵内，然后送至工作面或者从地面检查孔灌注混凝土。应在浇筑完通道段衬砌混凝土且在不拆模条件下混凝土达到初期强度后开挖集水井。应根据施工工序安排和混凝土需要二次倒运的情况，确定混凝土初凝时间。尽量加快混凝土的隧道内运输速度和浇筑进度，确保混凝土在初凝前浇筑完成相应的部位。每次浇筑混凝土时在现场用试模制成标准试块，用于监测混凝土抗压强度等级和抗渗等级。

通道顶板内的混凝土浇筑采用分段浇筑的施工方式，必要时用气动输送泵输送混凝土，采用外部振捣（敲击），以提高工作效率，确保混凝土质量。

8. 小结

人工冻结在市政工程领域的应用较晚，由于其本身的复杂性，因此在结构设计中没有解析解，大多施工都是通过经验方法，缺乏科学的依据，例如冻结壁的加固范围、加固的强度、冻结管的布置方式等问题，没有合理的说明，因此研究冻结的加固范围及强度从安全和经济的角度上都至关重要。

地层冻结过程是一个动态过程，地层温度和冻结帷幕的生成与发展始终处于不断变化之中。所以，人工冻结过程的实时监测和信息化施工是必不可少的。同时，冷冻系统的运行状态是决定冻结效果的主动因素，冻结参数（如冷媒剂温度、流量等）将直接影响到冻结帷幕的生成与发展及其性状的判断，冷冻系统的历史运行状态对冻结的最终效果也会起到不可忽视的作用。可见，冷冻系统的运行状态也是必须实时监控的。在开挖施工过程中，冻土温度场将受到剧烈扰动，冻结帷幕的性状也随即发生巨大改变，不当的开挖可能造成严重的透水事故。显然，开挖过程的实时监测和冻结帷幕安全状态的判断尤为重要。

因此，应当建立冻结与开挖施工全过程的实时远程监测系统，在监测数据的基础上，进行具体地层冻结帷幕测算理论、冻结区形成与发展的规律以及开挖过程对冻结帷幕影响规律的研究，完善冻结帷幕安全状态评估理论。

7.1.4 冻结法常见问题及防治措施[7-1]

1. 地层中盐水泄露

1）现象

在冻结降温过程中，盐水箱的盐水位不断下降，盐水总体积大幅度损失（大于 1L/d）。

2）原因分析

（1）冻结管的选材不合理，在低温情况下产生了冻裂，盐水向土层中泄露；

（2）冻结管焊接所用的焊条和母材型号不匹配，造成了焊缝低温冷脆，在低温情况下焊缝开裂，渗漏盐水；

（3）盐水管理和冻结管之间的软管连接部位铁丝没有扎紧；

（4）盐水管路系统法兰连接部位渗漏；

（5）冻结管在下放过程中受到外力作用而发生扭曲、弯曲、挤压变形，造成冻结管破裂或产生破裂隐患，在低温下发生破裂。

3）预防措施

（1）经常对盐水箱中水位变化情况进行监测，以防渗漏盐水对已冻地层的融解；

（2）选用优质低碳无缝钢管，减小热胀冷缩对管体的影响；

（3）焊接采用内外两次焊接，两次焊接的起始位置错开；

（4）焊接时抓住每个环节，根据要求选用适当的焊条；

（5）根据现场施工条件选择合适的夹具、密封件，以减少管道接头的渗漏；

（6）焊接完工后的冻结管应进行水压试验，试验应配有专用设备、工具，保证试验可靠性；

（7）焊接完成后的冻结管应妥善保管，以免受外力损伤，下放到位后的冻结管应避免重物、车辆的碾压；

（8）冻结管下放到位，全部盐水管理接通后，用清水进行渗漏符合试验，清水循环次数不少于 4 次。

4）治理方法

（1）通过分段、分组调试的方法，检查出渗漏的部位，拔出病管，并重新试压、检漏、补焊。合格后重新下放冻结管，进行冻结。

（2）对已冻融的地层采用液氮冻结。

2. 冻结效果差

1）现象

通过测温孔反映的地层温度下降不明显或地层不冻结。

2）原因分析

（1）局部测温元件已失效，不能反映温度变化情况；

（2）由于冷却水温度过高，导致冷凝器不能正常工作，盐水温度过高，影响地层迅速降温；

（3）盐水泵流量过小，使这个系统的盐水循环量偏小，热交换量不足，影响地层降温；

（4）由于钻孔垂直度影响，造成测温孔和冻结管距离不等，距离冻结管较近的测温管所测得的温度较低；

（5）盐水泄露造成地层不冻结或冻土融化。

3）防治措施

（1）做好冷冻机的维护和保养工作，指定专人进行定时记录和管理，防止机械中途故障；

（2）针对夏季冷却水温度过高的情况，可以在冷去水中投入冰块进行降温，提高制冷效率；

（3）施工设计时应考虑选择制冷量足够的冷冻机，对于重要工程应备有两台冷冻机，以便其中一台检修、停机时用；

（4）检查出盐水渗漏部位，重新进行冻结；对已融解的地层采用液氮冻结。

3. 冻土降温不均匀

1）现象

同一冻结区域所测得的温度数据差值较大或冻结效果不佳。

2）原因分析

（1）冻结区域上部受大气温度的影响，冻结能量散失过多，夏季浅层冻结时，温降受地表温度和冻雨情况的影响；在阳光直射区域，降温比较小；

（2）冻结管头部保温覆盖层覆盖不严，造成部分冻结管冷量损失；

（3）冻结区域和外界的热交换比较大，如沿井壁冻结时，冷量沿井壁损失；

（4）地层中有流动水（地下管线渗漏），将冷量带走；

（5）冻结管内的杂质未彻底清除，造成流量减小，影响该冻结管的降温；

（6）土层中含水量不等，含水量小的土层降温较快。

3）预防措施

（1）对于浅层冻结区域的上部用保温覆盖层严密覆盖，有条件的可以设置地面盖板；夏季施工，冻结区域上部应搭设遮阳棚，以防阳光直射，断绝冻结槽段中的地表径流水源；

（2）对于冻结管头部和容易散热的冻结区域，应采用绝热保温材料进行包裹和覆盖，以防冷量损失；

（3）沿井壁覆盖绝热保温材料；

（4）通过水文地质调查，了解地下水流速，地下管线的渗漏情况等，合理设计冻结孔间距，及时封堵渗漏的地下管线；

（5）冻结管焊接前，应清除管内焊渣、铁锈等垃圾杂物，总管和分配管焊连接前，也应清除杂物，防止泥沙入内。

4）治理方法

（1）如果局部区域温降不明显，可在该区域增设冻结孔；

（2）必要时在局部未冻区域采用液氮冻结作为补充加强，可在极短时间提高冻结效果。

7.2 灌 浆 法

7.2.1 概述

灌浆法是指利用液压、气压或电化学原理，通过灌浆管把浆液均匀灌入地层中，浆液以填充、渗透和挤密等方式赶走土颗粒间或岩石裂隙中的水分和空气后占据其位置，经一定时间后，浆液将原来松散的土颗粒或裂隙胶结成一个整体，形成一个结构新、强度高、防水性能及化学稳定性良好的固结体[7-2]。

灌浆法主要工艺特点如下：

（1）设备少，工艺简单；

（2）能形成永久性封水帷幕，可改善支护工作条件；

（3）在裂隙含水岩层及浅薄砂层中均可用来堵水与加固，并可用于处理断层破碎带；

（4）可作为钻井法、沉井法施工时固结井壁和封堵刃脚的工艺措施。

灌浆法在土木工程的各个领域中，特别是在水电工程、井巷工程及高速公路中得到了广泛的应用，已成为不可缺少的施工方法。它的应用主要有以入几个方面：

（1）建筑物地基的加固（提高地基承载力，提高桩基承载力）；

（2）土坡稳定性加固（提高土体抗滑能力）；

（3）挡土墙后土体的加固（增加土的抗剪能力，减小土压力）；

（4）已有建筑混凝土裂缝缺陷的修补（混凝土构筑物补强）；

（5）坝基的加固及防渗（提高岩土体密实度、改善其力学性能，减小透水性，增强抗渗能力）；

（6）地下构筑物的止水及加固（增强土体的抗剪能力，减小透水性）；

（7）井巷工程中的加固及止水；

（8）裂隙岩体的止水和破碎岩体的补强（提高岩体整体性）；

（9）动力基础的抗振加固（提高地基土抗振能力）；

（10）矿采空区的充填加固（提高地基承载力及采空区的整体稳定性）。

7.2.2 灌浆材料

1. 灌浆材料的分类

灌浆工程中所用的材料由主剂（原材料）、溶剂（水或其他溶剂）及外加剂混合而成。通常所说的灌浆材料是指浆液中的主剂。灌浆材料必须是能固化的材料。灌浆材料由原材料固结成为结石体的过程如图 7-10 所示。

灌浆材料的分类方法很多，习惯上把灌浆原材料分为粒状材料和化学材料两个系统，如图 7-11 所示。

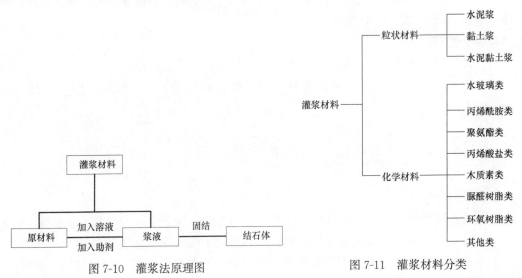

图 7-10 灌浆法原理图   图 7-11 灌浆材料分类

2. 悬浊液型浆液

悬浊液型浆液是指固体颗粒悬浮在水中的浆液，主要包括纯水泥浆、水泥黏土浆、水泥水玻璃浆等。这些材料容易取得，成本较低，无毒性，既适用于岩土地基加固，也适用于防渗。所以在各类工程中应用较为广泛。水泥浆材属于颗粒材料，易析水沉淀，所以有时要加入分散剂或悬浮剂等助剂来增加其稳定性，以适应各种不同工程的需要。

1）水泥浆液

灌浆工程中最常用的是普通硅酸盐水泥。某些情况下也采用矿渣水泥、火山灰水泥等，但通常要求水灰比不大于 1。灌浆用水泥必须符合质量标准，不能使用受潮结块的水泥。水泥属颗粒性水硬性材料，最大粒径为 0.085mm。配制水泥浆用水应符合拌制混凝土用水要求。水泥水化硬化依赖水，灌浆液作为流体更需要大量的水，一般浆液中的水分远大于水泥水化硬化所需水量，所以浆液固化过程中析水较多，硬化需要的时间也较长。虽水泥浆液有不足之处，但其材料容易取得、成本较低、无毒性、施工工艺简单方便，适用于大多岩土地基的防渗与加固，常用于岩体裂隙灌浆。

2) 水泥黏土类浆液

黏土的粒径一般极小（0.005mm），遇水具有胶体化学特征。黏土矿物的特征是其原子呈层状排列，不同的排列形式组成了不同的黏土矿物，常见的有高岭土、伊利土、蒙脱土。在水泥浆中，根据施工的目的和要求，经常需要加入一定量的黏土，有时黏土掺量比水泥的用量还要多，即水泥黏土类浆液。

3) 黏土类浆液

纯黏土浆液由于其广泛的来源和低廉的成本，在土工堤坝防渗灌浆工程中得到了较多的应用。土工堤防渗灌浆工程中，黏土浆液依靠应力条件下的脱水固结性能，可在充填灌浆、劈裂灌浆的过程中和后期的应用条件下，形成固结防渗体。黏土灌浆多用于病险土工堤坝的防渗灌浆工程。

3. 水玻璃类浆液

水玻璃又称硅酸钠（$Na_2O \cdot nSiO_2$），在某些固化剂作用下，可以瞬时产生凝胶，因此可作为灌浆材料。水玻璃类浆液是以水玻璃为主剂，加入胶凝剂，反应生成凝胶。它因为来源广泛，价格便宜，对环境无害而被广泛采用。它既可作为单一浆液灌注，还可用作为水泥灌浆的速凝剂使用。一般用于灌浆的水玻璃模数以 2.4～3.4 为宜。

水玻璃浆液用作主剂时，可以根据工程需要采用不同的固化剂，其凝胶时间及性能可通过不同的配方试验来确定。作水泥掺加剂时，也应依不同目的与要求通过试验确定（表 7-1）。

水玻璃类浆液的组成、性能及主要用途 表 7-1

浆液	凝胶时间	注入方式	抗压强度（MPa）	主要用途	备注
水玻璃氧化钙浆液	瞬间	单管或双管	<3.0	加固基础	灌（注）浆效果受操作技术影响较大
水玻璃铝酸钠浆液	几十秒～几十分	双液	<3.0	堵水或加固	改变水玻璃模数、浓度、铝酸钠含铝量和温度可调节凝胶时间。铝酸钠含量多少会影响其抗压强度
水玻璃硅氟酸浆液	几秒～几十分	双液	<1.0	堵水或加固	两液等体积注入，硅氟酸不足部分加水补充。两液相遇时有絮状沉淀物产生
水玻璃乙二醛浆液	几秒～几十分	双液	<2	堵水或加固	两液等体积注入，乙二醛不足部分加水补充，乙酸为速凝剂

4. 有机类浆液

有机类浆液的品种很多，包括丙烯酰胺类、聚氨酯类、木质素类、脲醛树脂类、不饱和聚酯类、热沥青类、环氧树脂类等。本节仅叙述几种在工程中常用的灌浆材料。

1) 丙烯酰胺类浆液

丙烯酰胺类浆液，国内简称丙凝浆液，国外称为（AM-9）是以有机化合物丙烯酰胺为主剂，配合其他药剂而制成的液体。其黏滞性与水接近，且凝结前维持基本不变。以水溶液状态注入土中，发生聚合反应后形成具有弹性的、不溶于水的聚合物。

2) 聚氨酯类浆液

聚氨酯类浆液采用多异氰酸酯和聚醚树脂等作为主要原材料，加入各种外加剂配制而成。浆液注入地层后与水发生反应生成聚氨酯泡沫体，起加固地基和防渗堵水作用。它分为非水溶性聚氨酯浆液（简称PM）和水溶性聚氨酯浆液（简称SPM）。

3）木质素类浆液

木质素浆液是以纸浆废液为主剂，加入一定量固化剂所组成的浆液。为了加快凝胶速度和提高结石抗压强度，往往加入促进剂。木质素类浆液包括铬木素和硫木素两种浆液。

4）糠醛树脂类浆液

糠醛是非水溶性油状液体，加入0.01%～0.1%的表面活性剂吐温后即可产生稳定的乳浊液，在酸性固化剂作用下与脲发生反应生成树脂固体，因此可用于灌浆。该浆液固化时间长，且不能准确控制，固结土的强度与固化剂的种类有关，可应用于固砂。

5）环氧树脂浆液

环氧树脂是一种高分子材料，具有强度高、粘结力强、收缩性小、化学稳定性好、能在常温下固化等性能。作为灌浆材料则存在一些问题，如浆液黏度大、可注性小、憎水性强、与潮湿裂缝粘结力差等。

6）甲凝浆液

甲凝是以甲基丙烯酸甲酯为主要成分，加入引发剂等组成的一种低黏度的灌浆材料。聚合后的强度和粘结力较高，但甲凝是憎水性材料，在液态时，它怕水，也怕氧。

7）丙强浆液

丙强浆液灌浆是在丙凝浆液基础上发展起来的，它是主要以丙凝与脲醛树脂作为灌浆材料的一种化学灌浆浆液，具有防渗和加固的双重作用。

7.2.3 灌浆方法

灌浆方法的选择应根据地基的结构、水文地质条件及浆液的化学成分，才能获得预期的效果。灌浆压力的选择应根据地基的透水性、浆液凝胶时间、灌浆量及渗透范围来确定。当浆液注入时间较长时，浆液在流动过程中产生凝胶，堵塞裂隙或孔隙，从而使灌浆压力上升，因此，正确选择凝胶时间及灌浆方法，才可收到良好的灌浆效果。劈裂和挤密灌浆如图7-12、图7-13所示。

1. 充填灌浆

对巷道、隧道背面、高速公路及建筑物下的大空洞和大空隙的充填灌浆，其目的是加

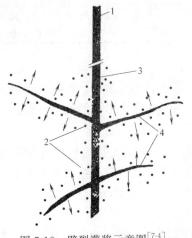

图7-12 劈裂灌浆示意图[7-4]

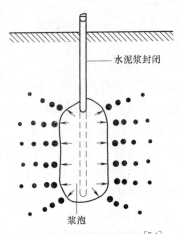

图7-13 挤密灌浆示意图[7-4]

固整个地基以改善建筑物理学特定性。所使用的灌浆材料主要是水泥浆、水泥水玻璃浆等悬浮液。考虑到地层的渗透性、经济性，也可使用粉煤灰水泥浆、黏土水泥浆或黏土浆。

在巷道、隧道背面的充填灌浆往往是以减少涌水量或堵水为目的。所用灌浆材料一般为水泥浆或水泥水玻璃浆液，其灌浆压力选用低压，因浆液不能进入岩土的微细裂隙，所以堵水防渗效果有限。

2. 裂隙灌浆

岩体中存在着互相连通的裂隙而形成涌水的通路，为了封堵裂隙中的水，可在裂隙中灌浆。多用于水电工程、隧洞、竖井等的开掘。

灌浆材料是根据岩体裂隙的渗透性来选择的，但用钻孔的压水试验所得到的渗透性很难判断裂隙的宽度和个数。一般来说，渗透性大，可使用水泥浆、水泥黏土浆等；渗透性小的可使用化学浆液。

3. 渗透灌浆

土颗粒构成了土的骨架，骨架间有孔隙，孔隙是连通的。浆液渗透到土颗粒间孔隙内，凝结后起到加固与止水作用。虽然土体孔隙多，当孔隙小，粒状浆材难于渗透其中，土颗粒间孔隙是随着土颗粒的形状、大小及颗粒级配而变化的，因此灌浆材料渗透到孔隙里的性状也有所不同。

4. 脉状灌浆

对于土颗粒小，渗透性也小的地基，尤其是粉细砂及黏土层，注入的浆液几乎都是呈脉搏状渗透。这些脉状硬化物使地基的力学性质及透水性得以改善。浆液在脉状渗透的过程中，由于浆液压力的作用使周围的地基土得以挤密，但挤密效果随脉状的分布有很大的差别。与地下水流方向相平行的脉状浆液是不能起到良好的止水效果的。不过，在靠近类似钢板桩等挡土构筑物边上灌浆时，脉状浆液出现在钢板桩与地基土之间，堵塞了钢板桩结合部，可以起到截水防渗的目的。

5. 成层土地基的灌浆

由于不同年代所沉积的土，其粒度、性质等不同，在垂直方向出现成层性，垂直于层面与平行于层面两个方向土体的渗透系数、力学性质也不相同。成层土上下渗透性不同时，多在层面产生接触冲刷等渗透破坏，流动的水会使细颗粒的土体流失而形成水的通路。在成层地基中进行灌浆，浆液首先是沿着层面进行渗透。所以成层土地基应采用层面脉状灌浆的方法来提高层面处土体的强度。

由成层土组成的地基，不同土层的物理力学性质不相同，其渗透性和孔隙的大小也不相同。若选定以最小裂隙或孔隙为对象进行单一浆液的灌浆，在很多情况下是不经济的。根据裂隙大小不同应注入两种以上的浆液，这称为复合灌浆。即使是在同一土层，由于沉积时外界条件不同，其密实程度和渗透性也不相同。一般来说，同一土层随着深度的增加，其密实度逐渐增大，所以也应采用复合灌浆技术。

6. 应急灌浆

在地下构筑物的施工中，有时会出现涌水、流砂及崩塌等，给施工带来困难。处理这些事故往往采用灌浆方法，称为应急灌浆。

7. 挤密灌浆

挤密灌浆是用严格控制的方法将很稠的浆液注入钻孔，由于浆液流动度十分低，将难以渗透或"劈裂"进入地层的孔隙中去，故随着灌浆量的增加，在压力作用下，地层将被挤密，同时形成远大于钻孔孔径的"浆泡"。

对已建成的建筑物软基，进行挤密灌浆加固是提高地基承载力的一种良好手段。它具有工效高，造价较低，适应性强，加固范围易于控制，施工材料、工艺和设备较为简单，加固效果较为显著等特点。

7.2.4 灌浆施工

1. 灌浆方案选择

根据工程性质、灌浆的目的、所处理对象的条件及其他要求可进行方案选择。灌浆方案是否成立，取决于方案能否以最小的投资、最短的工期，达到工程在设计使用期限内安全可靠运行，并满足所有的预定功能要求。

初步设计可按灌浆目的和标准、工程地质和水文地质条件，从浆材和工艺两方面进行选择。重要工程应进行灌注试验加以验证、调整。初步的方案选择可遵循下述思路。

（1）在裂隙岩体中一般采用水泥浆，在砂砾石等较大孔隙地层多使用黏土水泥浆，在中细砂等较小孔隙地层渗透灌浆时多使用化学浆。

（2）大孔隙地层和裂隙岩体中多采用渗透性灌浆，辅以脉状灌浆方式；中细砂层中多采用渗透灌浆或与脉状灌浆结合方式；土层中根据所选择的灌浆材料可采用渗透灌浆、脉状灌浆或电动化学灌浆方式。

（3）较小孔隙地层可采用脉状灌浆、挤密灌浆方式，使用水泥或黏土水泥浆进行防渗或加固处理。

按灌浆的不同目的，对浆材和工艺的选择见表7-2。

按灌浆目的对浆材工艺的选择表 表7-2

灌浆目的	浆材类型	工艺技术	浆液类型
岩基防渗	悬浮浆液、低强度化学浆	渗透及脉状灌浆	水泥浆、聚氨酯浆、丙凝浆、AC-MS 浆
岩基加固	悬浮浆液、高强度化学浆	渗透及脉状灌浆	水泥浆、环氧浆、甲凝浆、聚酯浆
地基土防渗	悬浮浆液、低强度化学浆	渗透灌浆及脉状灌浆、电动化学灌浆、高喷灌浆	水泥浆、黏土浆、聚氨酯浆、丙凝浆、AC-MS 浆、酸性水玻璃
地基土加固	悬浮浆液、高强度化学浆	渗透灌浆、脉状灌浆、电动化学灌浆、挤密灌浆、高喷灌浆	水泥浆、环氧浆、甲凝浆、聚酯浆、改性水玻璃浆、碱液、铬木素浆
混凝土加固	高强度化学浆	渗透灌浆	环氧浆、聚酯浆
混凝土接缝灌浆、回填灌浆	悬浮浆液	渗透灌浆、挤密灌浆	水泥浆、水泥砂浆
堵水灌浆	速凝浆液	渗透灌浆	水泥水玻璃浆、水玻璃浆、聚氨酯浆、沥青浆
预灌浆	悬浮浆液、化学浆液	渗透及脉状灌浆	水泥浆、水泥水玻璃浆
临时工程灌浆	悬浮浆液、化学浆液	渗透及脉状灌浆、挤密灌浆、高喷灌浆	水泥浆、水泥水玻璃浆、水玻璃浆

2. 灌浆机械设备（图 7-14）

注浆设备主要包括钻机（图 7-15）、钻具、注浆泵（图 7-16）、搅拌机、注浆管线总成、止浆塞和混合器等，其中钻机与钻具是成孔设备，注浆泵、搅拌机等则是制备、输送浆液的设备。

图 7-14 灌浆机械

图 7-15 钻机

图 7-16 注浆泵

1）静压注浆设备（图 7-17）

静压注浆分单液系统和双液系统。单液系统是将浆液的各种成分置于同一搅拌机内搅拌，然后用一台注浆泵注入孔内；双液系统是将主剂和速凝剂等分盛于两个搅拌槽内，用两台泵分别压送至混合器内，混合均匀后再注入注浆孔中。

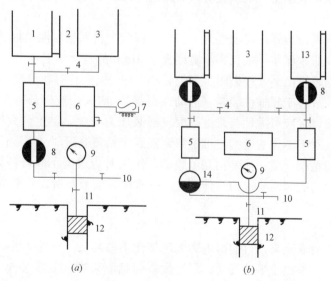

图 7-17 静压注浆设备系统

（a）单液灌浆设备系统；（b）双液灌浆设备系统

1—浆槽；2—液面管；3—水槽；4—阀门；5—注浆泵；6—电机；7—电源；
8—流量计；9—压力表；10—排气回浆管；11—灌浆管；12—胶塞

2）高压旋喷注浆设备

高压旋喷注浆设备主要有高压发生装置、钻机、特种钻杆、高压管路及注浆设备等（详细内容见 7.4 节）。

3. 灌浆工艺流程

1）埋设灌浆嘴（盒、管）

对于细（不大于 0.3mm）而浅的裂缝，可用钢丝刷沿缝进行表面刷毛和清洁处理，然后骑缝用环氧胶泥（表 3.9.7）粘贴灌浆盒或灌浆嘴；对于宽（大于 0.3mm）而深的裂缝，宜沿缝开凿 V 槽，然后骑槽粘埋灌浆嘴；对于大体积混凝土结构上的很深裂缝，应骑缝钻孔或斜向钻孔至裂缝深部，然后在孔内埋设灌浆管。灌浆盒、灌浆嘴及灌浆管设于裂缝交叉处，较宽处、端部及裂缝贯穿等部位。盒、嘴间距 400～1000mm，灌浆管间距为 1000～2000mm，原则上，缝窄应密，缝宽可稀，但每条裂缝至少须有一个进浆孔和排气孔。

2）封缝

封缝目的在于使裂缝形成一个密封性空腔。对于不凿槽裂缝可用环氧胶泥封缝，先沿裂缝刷一道环氧树脂基液，后抹一层厚 1mm 左右、宽 20～30mm 的环氧胶泥；也可用环氧树脂粘贴 1～3 层脱蜡玻璃丝布封缝，宽 80～100mm。对于凿 V 形槽裂缝，可用水泥砂浆封缝，为增强砂浆与界面的黏着力，应先于槽面上刷一层环氧树脂浆液，然后才嵌填水泥砂浆。

3）密封检查

为保证密闭空腔的密闭性及承受灌浆压力作用，应对封缝密封效果进行检查。办法是，待封缝胶泥或水泥砂浆固化后，沿缝涂一层肥皂水，并从灌浆嘴向缝中通入压缩空气，若无冒泡现象，表示密封效果良好，否则应予修补。

4）配制浆液

灌浆材料要求粘结力强，可灌性好，因此，树脂类材料较水泥类材料应用得普遍，尤其是环氧树脂；树脂水泥浆一般仅用于宽度大于 2mm 的特大裂缝灌浆及砌体结构裂缝灌浆。环氧树脂粘结强度虽高，但极限变形值较小，仅 2‰，有时在已修补过的裂缝附件还会出现新的裂缝，故对于延伸性裂缝（活动性裂缝），应采用改性环氧树脂、聚氨酯或环氧树脂加蚂蝗钉等。浆液可灌性与浆液黏度及灌浆压力有关，黏度愈大所需压力就愈大，且灌浆时间很长，对于不贯通裂缝，难于将浆液灌注到裂缝深部。可灌性与固化时间长短及固化后所具有的粘结强度往往是相互矛盾的，使用时应根据不同修补目的和施工条件，选用性能及可灌性均能满足要求的最佳配方。一次配置浆液数量，应视浆液凝固时间及灌浆速度而定。

5）灌浆

灌浆主要设备为灌浆泵，目前国内尚无定型化学灌浆泵，一般是根据工程需要自行配制，包括贮气罐、空压机或手动气泵；附属设备包括灌浆嘴（或灌浆盒、灌浆管）、连接管道及搅拌器等。灌浆时应对全部设备进行检查，并接通管路，用压缩空气将孔道及裂缝内粉尘吹净。灌浆由缝的一端灌向另一端，竖缝由下往上灌。化学灌浆压力为 0.2～0.4MPa，水泥浆灌浆压力为 0.4～0.8MPa。压力应逐渐升高，防止骤然加压使裂缝扩大。每次灌浆以邻近贴嘴冒浆为准，冒浆后立即用木塞塞紧；依次压灌，直至最后一个贴嘴冒浆，并用木塞塞紧，保持恒压继续压灌。当吸浆率小于 0.1L/min 时，再续灌 5～10min 后即可停止灌浆。灌浆结束后，应立即清洗管道及设备。

6）封口结束

灌浆后，待缝内浆液初凝而不外流时，可拆下灌浆嘴，（盒），用环氧胶泥或灌浆液水泥膏，对灌浆孔进行封口，并抹平。清除灌浆嘴（盒）上浆液，以备重复使用。

7）灌浆质量检查

灌浆密实情况，一般可采用向缝中通入压缩空气或压力水检验，也可钻芯取样检查浆体的外观质量，测试浆体的力学性能。

7.2.5 灌浆法常见问题与防治措施[7-1]

1. 聚氨酯注浆效果差

1）现象

（1）注浆或注浆结束后，发泡的浆液从封缝的混凝土两侧涌出，导致注浆浆液全部流失，无法达到止水目的；

（2）聚氨酯浆液发泡时间过长，凝固体强度低，从而引起浆液被大涌水冲走，造成注浆失败；

（3）注浆后几天或一段时间达到止水，但时间一长，原渗漏封缝处又出现潮湿、渗水；

（4）油溶性聚氨酯浆液加入促进剂后，刚开始注浆，浆液在注浆泵或管路中发泡凝聚，造成注浆中断；

（5）注浆中管路爆裂或所封缝的混凝土缝裂开，浆液流失。

2）原因分析

（1）封缝材料质量差，如双快水泥或硫铝酸盐超早强膨胀水泥存放时间过长，质量不合格；

（2）封缝工艺不当，如封缝水泥水灰比没有控制好，基面处理不干净，没有清洗，或涂刷环氧的基面没有烘干，造成粘结性能差；

（3）注浆没有采用柔性聚氨酯材料，不适用变形，由于渗漏缝两侧混凝土沉降不均匀，接缝拉开，造成堵漏注浆失败；

（4）埋设注浆管的材料粘结性能差，造成注浆时发泡的浆液从预埋注浆口周围涌出。

3）防治措施

（1）采购质量好的封缝材料，并且要存放在干燥通风的地方，时间不能过长；

（2）正确配制封缝材料，选择好封缝工艺；

（3）采用水溶性聚氨酯或聚氨酯弹性体材料进行注浆；

（4）根据渗漏水情况正确选用埋管粘结材料，在注浆管上焊接锚固筋；

（5）控制好注浆压力和注浆流量。

2. 分层劈裂注浆加固体强度低

1）现象

用静力触探方法检测，加固体强度明显小于设计要求的强度指标。

2）原因分析

（1）橡胶阀套偏松，无法形成劈裂压力，失去单向阀的作用，影响分层效果；

（2）由于塑料阀管质量差，造成弯曲变形，管体耐压降低，接头拧不紧，或管身破裂，使浆液沿阀管的破头冒出；

（3）拔管高度过大；

（4）未实施封顶层注浆或注浆量不符合设计要求；

（5）浆液质量不符合设计要求（浆液水灰比过大、配比不准确等）；

（6）设计布孔过于稀疏，每节注浆量过大；

（7）阀管外侧没有封闭浆，或封闭浆尚未固结时进行注浆。

3）预防措施

（1）塑料阀管和橡胶阀管材料质量应达到有关技术标准的要求；

（2）按照技术规程以33cm为一节进行拔管注浆；

（3）在注浆区域上部1～2cm范围内进行封顶层注浆，封顶层注浆完成后1～2d，在进行下部加固区注浆；

（4）严格控制水灰比，控制填充料的用量；

（5）采用封闭浆钻孔，当封闭浆固化后再进行注浆；

（6）注浆施工前仔细检查邻近地下管道情况，必要时开挖样洞调查，并封堵可能流入浆液的地下管线。

4）治理方法

（1）在死孔部位或注浆量较小的注浆孔附近，重新钻孔补充注浆；

（2）注浆过程中发现冒浆，应及时停工，上拔注浆芯管在注。如每节注浆量过大，则应调整，同时加大布孔密度。

3. 分层双液注浆堵管

1）现象

注浆压力升高、注浆泵的密封件破坏、注浆管路堵塞，注浆施工无法继续进行。

2）原因分析

（1）滞留在注浆管壁上的薄层浆液久不清理，使管内通径逐步减小；

（2）双液浆凝结时间过快；

（3）双液浆凝固体强度高；

（4）注浆操作工艺不当，双液同时打开或关闭；

（5）两种浆液压力不同，导致其中一液窜入另一液的管路中并凝固。

3）预防措施

（1）经常用水冲洗注浆芯管或高压浆管。对于凝固时间短的浆液应做到每注一孔必须冲洗；

（2）选用模数低的水玻璃，控制水泥-水玻璃双液浆凝固时间大于40～60s；

（3）避免使用早强水泥，降低水泥浆的水灰比；

（4）注浆时先打开水玻璃，待管路中全部充满水玻璃以后再打开水泥浆；关闭时应先切断水泥浆，后关闭水玻璃的步骤进行操作；

（5）调整两泵压力和流量，使之基本相同；

（6）对于通径较小的注浆芯管，应及时清理内部结硬的水泥、水玻璃固化体，无法清理干净的应及时报废。

4. 治理办法

在废孔附近重新钻孔注浆。

7.3 降 水 法

基坑工程中的降低地下水亦称地下水控制，即在基坑工程施工过程中，地下水要满足支护结构和挖土施工的要求，并且不因地下水位的变化，对基坑周围的环境和设施带来危害。

在软土地区基坑开挖深度超过3m，一般就要用井点降水。开挖深度浅时，亦可边开挖边用排水沟和集水井进行集水明排。地下水控制方法有多种，其适用条件大致如表7-3所示，选择时根据土层情况、降水深度、周围环境、支护结构种类等综合考虑后优选。当因降水而危及基坑及周边环境安全时，宜采用截水或回灌方法[7-2]。

地下水控制方法适用条件 表7-3

方法名称		土类	渗透系数 （m/d）	降水深度 （m）	水文地质特征
集水明排			7～20.0	＜5	
降水	真空井点	填土、粉土、黏性土、砂土	0.1～20.0	单级＜6 多级＜20	上层滞水或水量不大的潜水
	喷射井点		0.1～20.0	＜20	
	管井	粉土、砂土、碎石土、可溶岩、破碎带	1.0～200.0	＞5	含水丰富的潜水、承压水、裂隙水
截水		黏性土、粉土、砂土、碎石土、岩溶土	不限	不限	
回灌		填土、粉土、砂土、碎石土	0.1～200.0	不限	

当基坑底为隔水层且层底作用有承压水时，应进行坑底突涌验算，必要时可采取水平封底隔渗或钻孔减压措施，保证坑底土层稳定。否则一旦发生突涌，将给施工带来极大麻烦。

7.3.1 集水明排法

在地下水位较高地区开挖基坑，会遇到地下水问题。如涌入基坑内的地下水不能及时排除，不但土方开挖困难，边坡易于塌方，而且会使地基被水浸泡，扰动地基土，造成竣工后的建筑物产生不均匀沉降。为此，在基坑开挖时要及时排除涌入的地下水。当基坑开挖深度不大、基坑涌水量不大时，集水明排法是应用最广泛，亦是最简单、经济的方法。

明沟、集水井排水多是在基坑的两侧或四周设置排水明沟，在基坑四角或每隔30～40m设置集水井，使基坑渗出的地下水通过排水明沟汇集于集水井内，然后用水泵将其排出基坑外，如图7-18所示。

7.3.2 降水

降水即在基坑土方开挖之前，用真空（轻型）井点（图7-19）、喷射井点或管井深入含水层内，用不断抽水方式使地下水位下降至坑底以下，同时使土体产生固结以方便土方开挖。

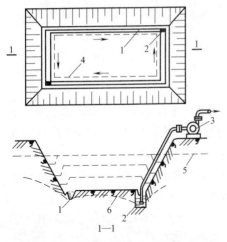

图 7-18 明沟、集水井排水方法

图 7-19 井点现场示意图

1—排水明沟；2—集水井；3—离心式水泵；

4—设备基础或建筑物基础边线；5—原地下水位线；

6—降低后地下水位线

1. 真空井点结构和施工技术要求

真空井点系统由井点管（管下端有滤管）、连接管、集水总管和抽水设备等组成。井点布置应根据基坑平面形状与大小、地质和水文情况、工程性质、降水深度等而定。当基坑（槽）宽度小于 6m，且降水深度不超过 6m 时，可采用单排井点，布置在地下水上游一侧（图 7-20）；当基坑（槽）宽度大于 6m，或土质不良，渗透系数较大时，宜采用双

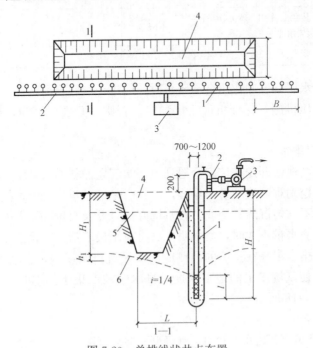

图 7-20 单排线状井点布置

1—井点管；2—集水总管；3—抽水设备；4—基坑；5—原地下水位线；6—降低后地下水位线

排井点，布置在基坑（槽）的两侧，当基坑面积较大时，宜采用环形井点（图 7-21）；挖土运输设备出入道可不封闭，间距可达 4m，一般留在地下水下游方向。井点管距坑壁不应小于 1.0～1.5m，距离太小，易漏气。井点间距一般为 0.8～1.6m。集水总管标高宜尽量接近地下水位线并沿抽水水流方向有 0.25%～0.5% 的上仰坡度，水泵轴心与总管齐平。

2. 喷射井点的结构及施工技术要求

喷射井点作用深层降水，其一层井点可把地下水位降低 8～20m，其工作原理如图 7-22 所示。喷射井点的主要工作部件是喷射井管内管底端的扬水装置——喷嘴的混合室；当喷射井点工作时，由地面高压离心水泵供应的高压工作水，经过内外管之间的环形空间直达底端，在此处高压工作水由特制内管的两侧进水孔进入至喷嘴喷出，在喷嘴处由于过水断面突然收缩变小，使工作水流具有极高的流速（30～60m/s），在喷口附近造成负压（形成真空），因而将地下水经滤管吸入，吸入的地下水在混合室与工作水混合，然后进入扩散室，水流从动能逐渐转变为位能，即水流的流速相对变小，而水流压力相对增大，把地下水连同工作水一起扬升出地面，经排水管道系统排至集水池或水箱，由此再用排水泵排出。

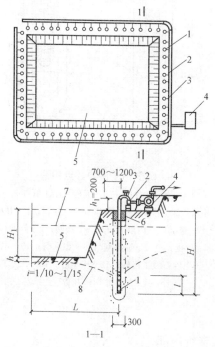

图 7-21　环形井点布置图

1—井点；2—集水总管；3—弯联管；
4—抽水设备；5—基坑；6—填黏土；
7—原地下水位线；8—降低后地下水位线

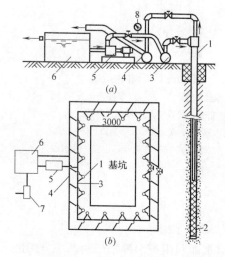

图 7-22　喷射井点布置图

（a）喷射井点设备简图；（b）喷射井点平面布置图

1—喷射井管；2—滤管；3—供水总管；4—排水总管；
5—高压离心水泵；6—水池；7—排水泵；8—压力表

3. 管井的结构及技术要求

管井由滤水井管、吸水管和抽水机械等组成（图 7-23）。管井设备较为简单，排水量大，降水较深，水泵设在地面，易于维护。适于渗透系数较大，地下水丰富的土层、砂层。

但管井属于重力排水范畴，吸程高度受到一定限制，要求渗透系数较大（1~200m/d）。

4. 深井井点

深井井点降水是在深基坑的周围埋置深于基底的井管，通过设置在井管内的潜水泵将地下水抽出，使地下水位低于坑底。深井井点由深井井管和潜水泵等组成（图7-24）。该法具有排水量大、降水深（大于15m）；井距大，对平面布置的干扰小；不受土层限制；井点制作、降水设备及操作工艺、维护均较简单，施工速度快；井点管可以整根拔出重复使用等优点；但一次性投资大，成孔质量要求严格。适于渗透系数较大（10~250m/d），土质为砂类土，地下水丰富，降水深，面积大，时间长的情况，降水深可达50m以内。

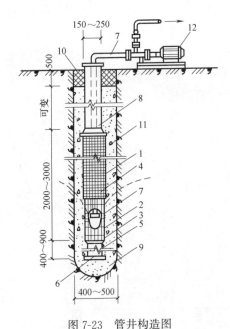

图7-23 管井构造图

1—滤水井管；2—钢筋焊接骨架；3—铁环；

4—铁丝垫筋焊于管骨架上，外包铁丝网；5—沉砂管；

6—木塞；7—吸水管；8—钢管；9—钻孔；

10—夯填黏土；11—填充砂砾；12—抽水设备

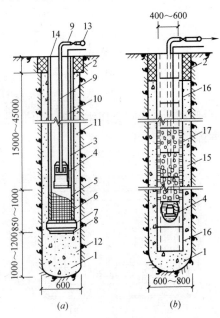

图7-24 深井井点构造

（a）钢管深井井点；（b）无砂混凝土管深井井点

1—井孔；2—井口（黏土封口）；3—井管；4—潜水电泵；

5—过滤段（内填碎石）；6—滤网；7—导向段；

8—开孔底板（下铺滤网）；9—出水管；10—电缆；

11—小砾石或中粗砂；12—中粗砂；13—出水总管；

14—厚钢板井盖

7.3.3 截水

截水即利用截水帷幕切断基坑外的地下水流入基坑内部。

截水帷幕的厚度应满足基坑防渗要求，截水帷幕的渗透系数宜小于1.0×10^{-6}cm/s。

落底式竖向截水帷幕，应插入不透水层，其插入深度按下式计算：

$$l=0.2h_w-0.5b \tag{7-1}$$

式中　l——帷幕插入不透水层的深度；

h_w——作用水头；

b——帷幕宽度。

当地下含水层渗透性较强、厚度较大时，可采用悬挂式竖向截水与坑内井点降水相结合或采用悬挂式竖向截水与水平封底相结合的方案。

截水帷幕目前常用注浆、旋喷法、深层搅拌水泥土桩挡墙等。

7.3.4 降水法常见问题及处治措施[7-1]

1. 轻型井点

1）滤管淤塞

（1）现象

滤管渗水不畅，地下水不易进入滤管。

（2）原因分析

① 滤管位置没有在渗透性较大的土层中；

② 井点孔直径太小，砂滤层厚度不够；

③ 井点孔深度不够，井点管硬插在井点孔底部的淤泥中；

④ 滤砂料不合规格，且含泥量过大，并夹有泥块、杂草等垃圾。

（3）预防措施

① 滤管位置应设在渗透性较大的土层中；

② 冲井点孔时，井点孔的直径不宜小于 30cm，孔身要直，上下保持一致；

③ 井点孔深度应大于井点管深度 0.5m，严禁将井点管硬插入土中；

④ 待井点管放入孔内后，应立即灌填砂滤料。

（4）治理方法

① 井点孔直径太小、孔深不够时，应重新扩大井孔孔径和加大孔深；

② 对于井点管硬插入土中的，应拔出井点管，经重新冲孔加深，达到规定深度要求再沉放下去；

③ 灌砂量不足的，应及时查清原因，采取措施进行补充灌砂。

2）真空度过低

（1）现象

① 井点的真空度太低；

② 地下水位降深没有达到预定深度。

（2）原因分析

① 各井点的滤管顶端高程在施工时参差不齐；

② 井点位置距离开挖面太近，使大量空气进入井点系统；

③ 集水总管连接处因地表沉降而拉开，产生漏气及总管阀门衬垫密封失效；

④ 井点设备安装不严密，管路大量漏气。

（3）预防措施

① 井点施工时，各根井点滤管的顶端高程应按规定标高保持一致；

② 井点距离开挖面不得过近；

③ 集水总管应搁置平稳。

（4）治理方法

① 集水总管因地表沉降过大而发生变形时，应及时调整总管的高程；

② 集水总管连接处漏气，应拧紧螺栓或拆下重新安装；总管阀门漏气，应调整或更换；井管断裂或连接部位脱离，经处理无效，应重新补打井点。

2. 喷射井点

1) 井点管漏水

（1）现象

① 底座密封部位大量漏水，井点抽出的是漏下去的循环工作水，地下水位降不下；

② 井点外管或内管接头漏水。

（2）原因分析

① 井点内管底部的密封铜环在安装时受损；

② 安装在外管底部内侧的底座锈蚀；

③ 井点外管或内管接头的连接不合格。

（3）预防措施

① 改进安装工艺，避免密封环损坏；

② 安装密封环时严禁用管子钳卡在密封环上；

③ 井点外管或内管接头连接后要进行压水试验，检验合格方可使用。

（4）治理方法

① 将底座密封失效的井点内管拔出，更换受损的密封铜环后，再将内管插入井点外管使用；

② 将上升的井点内管压下去，使底座密封生效。

2) 井点堵塞

（1）现象

① 工作水压力正常，但井点真空度超过附近运转正常的井点真空度很多，向该井点内管中灌水，水渗不下去；

② 井点附近基坑边坡土体潮湿，甚至出现边坡不稳或流砂现象。

（2）原因分析

① 井点四周填砂滤料后，未及时单井试抽，致使井管内泥沙沉淀下来，把滤管内的芯管吸口淤塞；

② 井点滤管埋设位置和标高不当，处于不透水黏土层中。

（3）预防措施

① 喷射井点应按规定程序施工；

② 井点沉设后应及时单井试抽；

③ 一套井点沉设完毕应及时全面试抽。

（4）治理方法

如果滤管埋设深度不当，应增设砂井，以提高土层垂直渗透能力，或拔出井点重新埋设。

7.4 高压旋喷法

7.4.1 概述

高压旋喷桩施工技术是 20 世纪 70 年代日本首先提出，它是在静压灌浆的基础上，引进水力采煤技术而发展起来的，是利用射流作用切割掺搅地层，改变原地层的结构和组成，同时灌入水泥浆或复合浆形成凝结体，借以达到加固地基和防渗的目的。

该工法使用范围如下：

（1）受土层、土的粒度、土的密度、硬化剂黏性、硬化剂硬化时间影响小，可广泛应用于淤泥、淤泥质土、黏性土、粉质黏土（亚黏土）、粉土（亚砂土）、砂土、黄土及人工填土中的素填土甚至碎石土等多种土层。

（2）可作为既有建筑和新建建筑的地基加固之用，也可作为基础防渗之用；可作为施工中的临时措施（如深基坑侧壁挡土或挡水、防水帷幕等），也可作为永久建筑物的地基加固、防渗处理。

（3）当用于处理泥炭土或地下水具有侵蚀性、地下水流速过大和已涌水的地基工程时，宜通过试验确定其适用性。

7.4.2 工艺原理及设计要求

1. 加固原理

高压喷射注浆法是利用钻机把带有喷嘴的注浆管钻进土层的预定位置后，以高压设备使浆液或水（空气）成为 20～40MPa 的高压射流从喷嘴中喷射出来，冲切、扰动、破坏土体，同时钻杆以一定速度逐渐提升，将浆液与土粒强制搅拌混合，浆液凝固后，在土中形成一个圆柱状固结体（即旋喷桩），如图 7-25 所示，以达到加固地基或止水防渗的目的。

根据喷射方法的不同，喷射注浆可分为单管法、二重管法和三重管法。

（1）单管法（图 7-26）：单层喷射管，仅喷射水泥浆。

图 7-25　旋喷桩施工效果

图 7-26　单管法旋喷桩施工

（2）二重管法：又称浆液气体喷射法，是用二重注浆管同时将高压水泥浆和空气两种介质喷射流横向喷射出，冲击破坏土体。在高压浆液和它外圈环绕气流的共同作用下，破坏土体的能量显著增大，最后在土中形成较大的固结体。

（3）三重管法：是一种浆液、水、气喷射法，使用分别输送水、气、浆液三种介质的三重注浆管，在以高压泵等高压发生装置产生高压水流的周围环绕一股圆筒状气流，进行高压水流喷射流和气流同轴喷射冲切土体，形成较大的空隙，再由泥浆泵将水泥浆以较低压力注入被切割、破碎的地基中，喷嘴作旋转和提升运动，使水泥浆与土混合，在土中凝固，形成较大的固结体，其加固体直径可达 2m。

喷射注浆法的加固半径和许多因素有关，其中包括喷射压力 P、提升速度 S、被加固土的抗剪强度 τ、喷嘴直径 d 和浆液稠度 B。加固范围与喷射压力 P、喷嘴直径 d 成正比，与提升速度 S、土的抗剪强度 τ 和浆液稠度 B 成反比。加固体强度与单位加固体中的水泥掺入量和土质有关。

2. 成桩机理

高压喷射注浆的成桩机理包括以下五种作用：

（1）高压喷射流切割破坏土体作用。喷射流动压以脉冲形式冲击破坏土体，使土体出现空穴，土体裂隙扩张。

（2）混合搅拌作用。钻杆在旋转提升过程中，在射流后部形成空隙，在喷射压力下，迫使土粒向着与喷嘴移动方向相反的方向（即阻力小的方向）移动位置，与浆液搅拌混合形成新的结构。

（3）升扬置换作用（三重管法）。高速水射流切割土体的同时，由于通入压缩气体而把一部分切下的土粒排出地上，土粒排出后所留空隙由水泥浆液补充。

（4）充填、渗透固结作用。高压水泥浆迅速充填冲开的沟槽和土粒的空隙，析水固结，还可渗入砂层一定厚度而形成固结体。

（5）压密作用。高压喷射流在切割破碎土层过程中，在破碎部位边缘还有剩余压力，并对土层可产生一定压密作用，使旋喷桩体边缘部分的抗压强度高于中心部分。旋喷桩固结体情况图 7-27 所示。

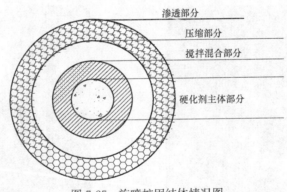

图 7-27　旋喷桩固结体情况图

3. 工艺设计要求

1）加固体直径的确定

旋喷桩直径与现场土质、土体强度和喷射压力、流量、提升速度和浆液稠度等诸多因素有关，应通过现场试验确定。当无试验资料时可参考表 7-4 选用。

旋喷桩直径参考值（m）　　　　　　　　　　　表 7-4

喷注种类 土的类别		单管法	二重管法	三重管法
黏性土	0<N<5	1.2±0.2	1.6±0.3	2.5±0.3
	10<N<20	0.8±0.2	1.2±0.3	1.8±0.3
	20<N<30	0.6±0.2	0.8±0.3	1.2±0.3

喷注种类 土的类别		单管法	二重管法	三重管法
砂土	0＜N＜10	1.0±0.2	1.4±0.3	2.0±0.3
	10＜N＜20	0.8±0.2	1.2±0.3	1.5±0.3
	20＜N＜30	0.6±0.2	1.0±0.3	1.2±0.3
砂砾	20＜N＜30	0.6±0.2	1.0±0.3	1.2±0.3

注：表中 N 为标准贯入实测锤击数。

2）布置形式

桩的平面布置形式需根据加固的目的给予考虑，分离布置的单桩可用于基础的承重，排桩、板墙可用作防水帷幕，整体加固则常用于防止基坑底部的涌土或提高土体的稳定性，水平封闭桩可用于形成地基中的水平隔水层。图 7-28 为一般桩的平面布置形式。

铁路、公路路基基底一般采用梅花形加固地基的分离桩形式。桩间距一般采用 1.2～1.5m。公路设计规范规定，相邻桩的净距不应大于 4 倍桩径。

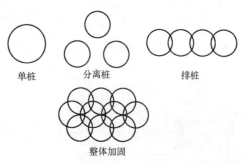

图 7-28　旋喷桩常见布置形式示意图

7.4.3　施工工艺

高压旋喷桩施工工艺流程图见图 7-29。

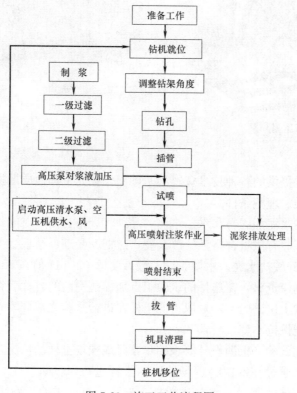

图 7-29　施工工艺流程图

1. 施工设备

高压旋喷桩施工设备是按照高压喷射灌浆工艺的要求，由多个设备组装而成的成套设备。其主要可分为造孔、供水、供气、供浆、喷灌五大系统和其他配套设备。主要机具设备见表7-5。

主要机具设备表   表 7-5

设备名称	型号	规格	所用机具		
			单管法	二重管法	三重管法
高压泥浆泵(图 7-30)	SNS-H300 水流 Y-2 型液压泵	20～50MPa	√	√	
高压水泵(图 7-31)	3XB 型 3W6B	50MPa			√
	3XB 型 3W7B	20MPa			
钻机	工程地质钻振动钻		√	√	√
泥浆泵	BW-150 型	7MPa			√
空气压缩机		0.8MPa，3m^3/min		√	√
泥浆搅拌罐		200L/min	√	√	√
注浆管			√	√	√
高压胶管		ϕ19～22mm	√	√	√

图 7-30 高压泥浆泵

图 7-31 高压水泵

2. 施工准备

（1）在设计文件提供的各种技术资料的基础上作补充工程地质勘探，进一步了解各施工工点地基土的性质、埋藏条件。

（2）准备充足的水泥加固料和水。水泥的品种、规格、出厂时间经试验室检验符合国家规范及设计要求，并有质量合格证。严禁使用过期、受潮、结板、变质的加固料。一般水泥为42.5级普通硅酸盐水泥。水要干净，酸碱度适中，pH值在5～10之间。

（3）根据补充勘探资料，在选择的试验工点加固范围内的各代表性地层用薄壁取土器采取必需数量的原状土送试验室，对取得的土样在进行试验之前应妥善保存，使土样的物理和化学性能尽可能保持不变。

（4）室内配合比试验。根据设计要求的喷浆量或现场土样的情况，按不同含水量设计并调整几种配合比，通过在室内将现场采取的土样进行风（烘）干、碾碎，过2～5mm筛的粉状土样，按设计喷浆量、水灰比搅拌、养护、力学试验，确定施工喷浆量、水灰比。一般水灰比可取 1.0～1.5。为改善水泥土的性能、防沉淀性能和提高强度，可适当掺入木质素磺硫钙、石膏、三乙醇胺、氯化钠、氯化钙、硫酸钠、陶土、碱等外掺剂。若试验之前土样的含水量发生了变化，应调整为天然含水量。

（5）试桩试验。根据室内试验确定的施工喷浆量、水灰比制备水泥浆液在试验工点打设数根试桩，并根据试桩结果，调整加固料的喷浆量，确定搅拌桩搅拌机提升速度、搅拌轴回转速度、喷入压力、停浆面等施工工艺参数。

（6）推土机、挖掘机配合自卸汽车清除地表 0.3m 厚的种植土、杂物，并将原地面按设计要求整平，填出路拱。根据施工现场实际情况，施作临时排、截水设施，并在施工范围以外开挖废泥浆池以及施工孔位至泥浆池间的排浆沟。

（7）按设计要求完成施工放样，用木桩定出桩位，用白石灰作出明显标识。

3. 施工流程

（1）钻机定位。移动旋喷桩机到指定桩位，将钻头对准孔位中心，同时整平钻机，放置平稳、水平，钻杆的垂直度偏差不大于 1‰～1.5‰。就位后，首先进行低压（0.5MPa）射水试验，用以检查喷嘴是否畅通，压力是否正常。

（2）制备水泥浆。桩机移位时，即开始按设计确定的配合比拌制水泥浆。首先将水加入桶中，再将水泥和外掺剂倒入，开动搅拌机搅拌 10～20min，而后拧开搅拌桶底部阀门，放入第一道筛网（孔径为 0.8mm），过滤后流入浆液池，然后通过泥浆泵抽进第二道过滤网（孔径为 0.8mm），第二次过滤后流入浆液桶中，待压浆时备用。

（3）钻孔（三重管法）。当采用地质钻机钻孔时，钻头在预定桩位钻孔至设计标高（预钻孔孔径为 15cm）。

（4）插管（单重管法、二重管法）。当采用旋喷注浆管进行钻孔作业时，钻孔和插管二道工序可合而为一。当第一阶段贯入土中时，可借助喷射管本身的喷射或振动贯入。其过程为：启动钻机，同时开启高压泥浆泵低压输送水泥浆液，使钻杆沿导向架振动、射流成孔下沉，直到桩底设计标高，观察工作电流不应大于额定值。三重管法钻机钻孔后，拔出钻杆，再插入旋喷管。在插管过程中，为防止泥砂堵塞喷嘴，可用较小压力（0.5～1.0MPa）边下管边射水。

（5）提升喷浆管、搅拌。喷浆管下沉到达设计深度后，停止钻进，旋转不停，高压泥浆泵压力增到施工设计值（20～40MPa），坐底喷浆 30s 后，边喷浆，边旋转，同时严格按照设计和试桩确定的提升速度提升钻杆。若为二重管法或三重管法施工，在达到设计深度后，接通高压水管、空压管，开动高压清水泵、泥浆泵、空压机和钻机进行旋转，并用仪表控制压力、流量和风量，分别达到预定数值时开始提升，继续旋喷和提升，直至达到预期的加固高度后停止。

（6）桩头部分处理。当旋喷管提升接近桩顶时，应从桩顶以下 1.0m 开始，慢速提升旋喷，旋喷数秒，再向上慢速提升 0.5m，直至桩顶停浆面。

（7）若遇砾石地层，为保证桩径，可重复喷浆、搅拌：按上述 4～6 步骤重复喷浆、搅拌，直至喷浆管提升至停浆面，关闭高压泥浆泵（清水泵、空压机），停止水泥浆（水、风）的输送，将旋喷浆管旋转提升出地面，关闭钻机。

（8）清洗。向浆液罐中注入适量清水，开启高压泵，清洗全部管路中残存的水泥浆，直至基本干净，并将黏附在喷浆管头上的土清洗干净。

（9）移位。移动桩机进行下一根桩的施工。

（10）补浆。喷射注浆作业完成后，由于浆液的析水作用，一般均有不同程度的收缩，使固结体顶部出现凹穴，要及时用水灰比为1.0的水泥浆补灌。

4. 主要施工技术参数

（1）单重管法。浆液压力 20～40MPa，浆液相对密度 1.30～1.49，旋喷速度 20rmin，提升速度 0.2～0.25m/min，喷嘴直径 2～3mm，浆液流量 80～100L/min（视桩径流量可加大）。

（2）二重管。法浆液压力 20～40MPa，压缩空气压力 0.7～0.8MPa。

（3）三重管。法浆液压力 0.2～0.8MPa，浆液相对密度 1.60～1.80，压缩空气压力 0.5～0.8MPa，高压水压力 30～50MPa。

7.4.4 质量控制

1. 旋喷桩施工质量要求

旋喷桩施工质量要求应满足表7-6要求。

旋喷桩施工质量标准表　　　　　　　　　表7-6

序号	项目	允许偏差	检查数量	检查方法及说明
1	固结体位置(纵横方向)	50mm	抽检2%，但不少于2根	用经纬仪检查(或钢尺丈量)
2	固结体垂直度	1.5%		用经纬仪检查喷浆管
3	固结体有效直径	±50mm		开挖0.5～1m深后尺量
4	桩体无侧限抗压强度	不小于设计规定		钻芯取样，做无侧限抗压强度试验
5	复合地基承载力	不小于设计规定	抽检2‰，但不少于1处	平板荷载试验
6	渗透系数	不小于设计规定	按设计要求数量	加固体内或围井钻孔注(压)水试验

注：钻芯取样做桩体无侧限抗压强度试验、复合地基平板荷载试验和渗透系数试验应在成桩28天后进行，若设计有其他要求，按设计要求的时间进行检查。

2. 质量控制要点

（1）正式开工前应认真做好试桩工作，确定合理的施工技术参数和浆液配比。

（2）旋喷过程中，冒浆量小于注浆量的20%为正常现象，若超过20%或完全不冒浆时，应查明原因，调整旋喷参数或改变喷嘴直径。

（3）钻杆旋转和提升必须连续不中断，拆卸接长钻杆或继续旋喷时要保持钻杆有10～20cm的搭接长度，避免出现断桩。

（4）在旋喷过程中，如因机械出现故障中断旋喷，应重新钻至桩底设计标高后，重新旋喷。

（5）制作浆液时，水灰比要按设计严格控制，不得随意改变。在旋喷过程中，应防止泥浆沉淀，浓度降低，不得使用受潮或过期的水泥。浆液搅拌完毕后送至吸浆桶时，应有筛网进行过滤，过滤筛孔要小于喷嘴直径1/2为宜。

（6）在旋喷过程中，若遇到孤石或大漂石，桩可适当移动位置（根据受力情况，必要时可加桩），避免畸形桩或断桩。

7.4.5 高压旋喷桩常见问题及处治措施[7-1]

1. 高压喷射注浆地基加固强度不均匀

1）现象

旋喷桩的局部区段桩身强度偏低或直径不均匀。

2）原因分析

（1）旋喷钻杆在换接部位停喷时，深度区域没有重叠；

（2）供浆量不恒定或供浆中断；

（3）局部区域钻杆提升速度过快或过慢；

（4）旋喷钻杆在提升过程中发生堵管。

3）防治措施

（1）使用长度大的钻杆，减少钻杆换接的次数，尽可能用一杆到底的钻杆；

（2）按照施工参数控制提升速度；

（3）使用提速锁定的旋喷机械；

（4）控制浆液水灰比；

（5）在有问题的部位进行复喷或补桩。

2. 高压喷射注浆影响周围环境

1）现象

（1）桩周地基土大量隆起或沉陷；

（2）周围地下结构发生变形。

2）原因分析

（1）在黏土层施工时，由于翻浆不畅，喷射的挤压力作用导致地层中压力集聚，使周围地基土达到被动土压力极限，发生地基土大量隆起；

（2）在砂性土中施工时，由于大量的砂土随着翻浆被带出地面，造成桩周地面沉陷；

（3）旋喷桩浆液达到初凝以前，地基的承载力降低，在静、动载荷的作用下，桩周地基发生沉降。

3）防治措施

（1）降低高压水喷射压力，同时降低钻杆的提升速度，采用先喷水、后喷浆的两次喷射法；

（2）在浆液中加入早强剂缩短初凝时间；

（3）采用隔孔跳打的顺序进行施工，必要时应延长相邻孔施工的间隔时间。

7.5 思 考 题

7-1 地基加固主要有哪些辅助工法？

7-2 简述冻结法的常见问题及防治措施。

7-3 如何选择灌浆方案？主要考虑哪些方面？

7-4 简述降水法的常见问题及处理措施。

7-5 高压旋喷法对周围环境产生的不利影响有哪些？

参 考 文 献

[7-1]　黄兴安. 市政工程质量通病防治手册 [M]. 北京：中国建筑工业出版社，2003.

[7-2]　刘国彬，王卫东. 基坑工程手册 [M]. 北京：中国建筑工业出版社，2009.

[7-3]　奥兰多. B. 安德斯兰德，布兰科. 洛达尼. 冻土工程 [M]. 北京：中国建筑工业出版社，2011.

[7-4]　白云. 软土地基劈裂注浆的加固机理和应用 [D]. 上海：同济大学，1998.

第 8 章

沉 管 法

8.1 概　　述

沉管法也称预制管段沉放法，简单地说就是先在干坞中或船台上预制大型混凝土箱形构件或是混凝土和钢的组合箱形构件，并于两端用临时隔墙封闭，舾装好拖运、定位等设备，然后将这些构件浮运沉放在河床上预先浚挖好的沟槽中并连接起来，最后回填砂石并拆除隔墙形成隧道。

沉管法优点如下：

（1）沉管隧道对地基要求较低，特别适用于软基、河床或海床较浅易于用水上疏浚设施进行基槽开挖的场所。由于其埋深小，包括连接段在内的隧道线路总长较矿山法和盾构法隧道显著缩短；

（2）沉管断面形状可圆可方，选择灵活。基槽开挖、管段预制、浮运沉放和内部铺装等各工序可平行作业，彼此干扰较少。

随着沉管法隧道设计和施工中关键技术问题的逐步解决和日趋完善，沉管隧道受到越来越多国家的重视，逐渐成为有竞争力的跨越江河湖海的施工方法。

沉管法施工的一般工艺流程如图 8-1 所示，其中管段制作、基槽浚挖、管段的沉放与水下连接、管段基础处理、回填覆盖是施工的关键，因此在本章将对上述施工关键步骤进行详细说明。

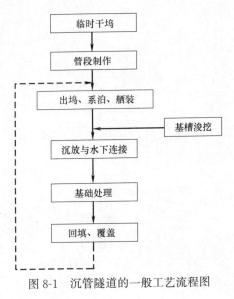

图 8-1　沉管隧道的一般工艺流程图

8.2 沉 管 结 构

8.2.1 沉管管段

沉管隧道横断面形式及分布如图 8-2 所示。

沉管隧道有两种主要结构形式：钢壳管段和混凝土管段。

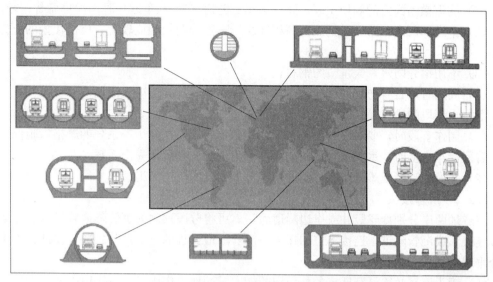

图 8-2　沉管隧道横断面形式及分布[8-4]

1. 钢壳管段

所谓钢壳管段就是先预制钢壳，然后将钢壳滑行下水，接着在水中于悬浮状态下浇筑混凝土。钢壳管段的横断面，一般是圆形、八角形或花篮形。钢壳管段的优点是：

（1）横断面接近圆形，沉设完毕后，荷载作用下所产生的弯矩较小，因此在水深较大时，比较经济；

（2）管段的底宽较小，基础处理的难度不大；

（3）管段外的钢壳既是浇筑混凝土的外模，又是防水层，这样的防水层，在浮运过程中，不易碰损；

（4）钢壳的预制可在船厂内进行，充分利用船厂设备，工期较短，在管段数量较多时工期的优势更为显著；

（5）钢壳管段长度可达百米以上，特别适合于深海地区，或风浪较大的航运条件，所以在美国较为流行。

钢壳管段的缺点是：

（1）圆形断面的空间常不能充分利用，且管段的规模较小，一般为二车道；

（2）由于车道上方必须空出一个限界之外的空间，车道的路面高程不得不相应地压低。带来的结果是使隧道的深度增加，基槽的浚挖量加大；

（3）在钢壳下水时，以及于悬浮状态下进行混凝土浇筑时，应力状态复杂，必须加强结构，耗钢量大提高了管段自身造价；

（4）钢壳存在焊接拼装的问题，防水质量不保证；沉设完毕后，如有渗漏不易修补；

（5）钢壳本身的防锈问题未能完善的解决。

管段的规模适用二车道，对于多车道隧道而言不经济。

2. 混凝土管段

混凝土管段一般在临时干坞中预制，制作完成后往干坞内灌水使管段浮起，然后拖运管段至隧址沉设，混凝土管段的横断面多为矩形。混凝土管段的优点是：

（1）隧道横断面空间利用率高，建造多车道隧道（四-八车道）时，优势显著；

（2）车道部位高，路面最低点的高程亦高，隧道的全长相应较短，所需浚挖的土方量较小。

（3）不用钢壳防水，大量节约钢材；

（4）利用管段自身防水的性能，在沉设完毕后能做到隧道内无渗漏水。

混凝土管段的缺点是：

（1）制作管段时，要对混凝土施工工艺作必要的调整，并用一系列的严格措施保证干舷（管段浮在水上时，水面与管顶间的高差称为干舷）和抗浮安全系数；

（2）普通的混凝土难以防水，因此常需另加充分的防水措施。

8.2.2 沉管接头

在隧址两岸分别修建竖井或岸边隧道后，就可将分段预制的沉管隧道管段依次浮运沉放、连接形成沉管隧道。连接部位的接头是沉管隧道工程的重要环节之一，设计、施工应充分重视，其功能和相关要求如下：

（1）接头连接必须具有抵抗各种作用的能力，如地震作用、温差作用以及位于软弱土层或土层不均匀沉降时接头不错位，保证施工、运营的安全。

（2）必须满足防水要求，在施工、运营阶段接头不渗漏，即应具有非常可靠的水密性。

（3）接头各部件的作用和功能应区分明确，受力合理，各司其职。

（4）沉管管段分段合理，尽可能减少接头。

（5）为保证接头的质量，进行接头设计时应充分注意给接头创造良好的施工条件，因为良好的施工条件是保证接头质量的关键。

（6）应考虑隧道在运营期管段接头有关部件能进行检查，以了解运营期可能发生的渗漏部位、原因，以便采取措施。

（7）在满足接头所必须的功能要求的前提下，合理控制接头的造价。

（8）在管段的端面上对接头的有关部件作合理布设、配置，充分发挥剪切键部件的作用。

（9）为确保沉管接头在火灾事故状态下的止水功能，可考虑设置防火材料保护接头。

（10）接头的工作寿命应与管段的工作寿命相适应。

根据不同的分类方法，沉管接头可以分成不同的类型。根据接头所处的位置可分为岸边接头、中间接头、最终接头；根据接头的刚度可分为刚性接头、半刚性接头、半刚半柔性接头、柔性接头等。近年来，随着管节长度的不断加大，在单个管节之间也会设置一定数量的节段接头。

1. 不同位置处接头

1）岸边接头

岸边接头通常是位于沉管隧道与岸边竖井或隧道连接处，起到连接沉管隧道与接线隧道的作用。接头的形式通常包括柔性接头和半刚半柔性接头。对于软土地区的沉管隧道，通常将管段搁置在竖井壁上。接头的具体构造措施可能因各个工程而有所差异。

2）中间接头

中间接头是沉管隧道相邻管节之间的接头，也是沉管隧道中数量最多的一种接头类型，其具体形式及构造的确定通常需综合考虑地层条件、管节尺寸以及是否为地震多发区等多方面的影响，对于软土地层，目前多采用柔性接头。

3）最终接头

最终接头（图8-3）即沉管隧道的合拢接头，接头的类型及构造主要根据隧址情况、施工条件等确定，接头的位置可设置在岸边或水下。最终接头的施工方法包括干作施工、水下混凝土工程、接头箱体和"V"形箱体等方式。宁波的常洪沉管隧道最终接头是置于南岸段，接头采用桩基止推，整体钢模围封并排水进行施工；上海外环沉管隧道最终接头则是在沉管中段位置采用水下现浇混凝土方法施工。

图 8-3 最终接头[8-3]

2. 不同刚度接头

1）刚性接头

刚性接头是指接头的刚度与管节的刚度基本一致。在早期建造的钢壳沉管隧道中部分采用法兰盘并通过螺栓连接固定，而混凝土沉管隧道中刚性接头的形式主要为水下混凝土接头，在水下进行混凝土施工作业完成，如图8-4所示。刚性接头构造简单、整体刚度较大，具有较高的抗压拉、抗弯以及抗剪能力，但是对地层适应性较差，多适用于地层条件较好、抗震设防烈度不高的地区，且由于接头在水下施工，其施工难度较大，施工质量难以保证，容易在接头部分产生裂缝和渗漏，因此，这类接头的应用具有一定的局限性。

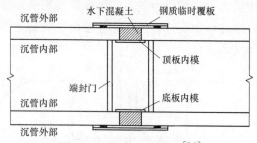

图 8-4 刚性接头构造图[8-3]

2）半刚性接头

半刚性接头的主要构成部分包括 GINA 止水带、端钢壳、连接钢板、接头钢筋混凝土等，具体构造如图 8-5 所示。接头的防水功能主要靠 GINA 止水带，端钢壳则是将钢板和型钢焊接形成刚度和强度较大的钢构件。在接头的端部还有两道连接钢板，可以承受接头处的弯矩、剪力以及轴力等内力。此外，在接头槽内绑扎钢筋并浇筑混凝土，使相邻管节连成整体，接头的刚度可根据工程需要对混凝土断面厚度进行调整。

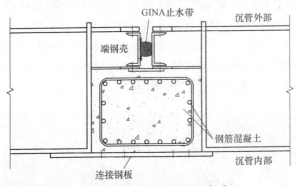

图 8-5　半刚性接头构造图[8-3]

半刚性接头施工过程中，在管节沉放到位后，通过水力压接使 GINA 止水带产生压缩，接着将预埋在管节中结构钢筋（钢板）焊接，并浇筑混凝土形成接头，这类接头也称为先柔后刚接头。该类接头也多适用于地质条件较好的地区，且 GINA 止水带在接头混凝土浇筑好后就不能自由变形，接头可调整的变形量较小。

3）半刚半柔性接头

半刚半柔性接头通常是由 GINA 止水带、Ω 形止水带、端钢壳、剪力键（水平和竖直）、Ω 钢板或波形钢板连接件等构成，具体连接如图 8-6 所示。根据端钢壳的类型，这类接头又可分为整体式端钢壳和分离式端钢壳。该类接头具有两道防水构件：第一道防水是由 GINA 止水带完成，此时 GINA 止水带既能止水同时也能承受轴向的拉压变形；Ω 形止水带是接头的第二道防水装置，通常将其固定在端钢壳两端，在第一道止水装置失效后起作用，此外，该止水带能承受隧道长期运营产生的轴向、横向及竖向的位移。与半刚性接头类似，半刚半柔性接头中的端钢壳也是由钢板和型钢焊接而成，除在其端部安装 GINA 和 Ω 止水带外，部分接头中还需在其端面焊接水平和垂直钢剪力键。水平和竖向剪力键主要用于限制沉管隧道在地震、不均匀沉降等情况下产生的横向和竖向位移，剪力键的类型通常包括混凝土剪力键和钢剪力键，为了保证变形的一致性，通常只单独使用一种类型的剪力键。Ω 钢板或波形钢板连接件作为连接两个管节之间的纽带，可以在一定程度上控制管节的纵向拉压变形。

图 8-6　半刚半柔性接头构造图[8-3]

半刚半柔性接头在施工过程中也是在沉管沉放到位后，实现 GINA 止水带的水力压接，再安装 Ω 止水带，并在 Ω 形止水带外安装罩壳；然后在接头槽形体内浇筑素混凝土。该类接头能减少地震荷载、地层不均匀沉降产生的内力，改善隧道结果的受力特征，但同时也要求接头具有较高的强度、变形性能和防水性能。

4）柔性接头

柔性接头主要由 GINA 止水带、Ω 形止水带、端钢壳、纵向限位装置（拉索、拉杆或钢板）、剪力键等构成，具体构造如图 8-7 所示。与半刚半柔性接头类似，该类接头也是设置了两道防水线，分别为 GINA 止水带和 Ω 形止水带。轴压压力主要由 GINA 承担，连接预应力钢索则主要承受轴向拉力作用，可以在一定范围内抵抗地震、温度变化产生的内力，避免管节之间分离以及 GINA 止水带张开。柔性接头中的剪力键也主要是用于承担接头处横向、竖向剪切荷载，通常设置在顶底板、边墙以及中隔墙上，此外通常在接头的凹槽处设置一层防火材料。

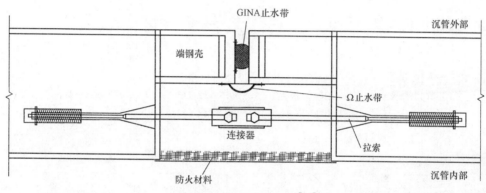

图 8-7　柔性接头构造图[8-3]

柔性的接头施工相对简单，不存在水下混凝土浇筑作业，在完成水力压接后，安装 Ω 形止水带和拉索即可。该类接头适用于地质情况较差、地震活动频繁的地区。在荷兰发明 GINA 止水带后，该类型接头得到了越来越广泛的应用，一方面该类型接头对地层适应能力强，另一方面能够有效减少施工时间。我国目前已建成的大部分沉管隧道中管节接头均为柔性接头。

3. 柔性接头主要构件及功能

1）GINA 止水带

GINA 止水带作为沉管接头的第一道防水装置，也是接头处变形比较集中的构件，对接头的防水性能及接头的刚度具有非常重要的作用。GINA 止水带通常是采用天然橡胶或丁苯橡胶制作而成，该类材料属于超弹性材料，具有良好的压缩性能，同时还具有较好的抗腐蚀性。根据目前 GINA 在工程上的应用情况，GINA 截面的类型包括以下几种类型，具体如图 8-8 所示。

GINA 止水带的安装方式通常分为卡箍固定和穿孔固定两种方式，如图 8-9 所示。

卡箍固定方式通过采用预埋在端钢壳上的压块和压板，将 GINA 止水带两侧的凸缘卡住，达到固定的效果，这种固定方式的优点是 GINA 止水带本身不发生破坏，施工安装便利；但在地震荷载等较强冲击荷载作用下，GINA 止水带可能会从卡箍中脱离。穿孔

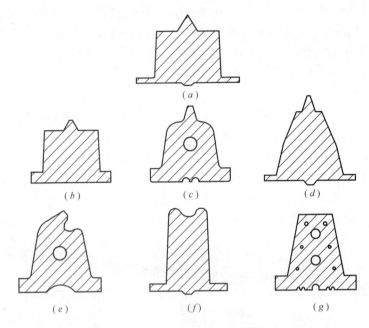

图 8-8　GINA 止水带型号[8-3]

(*a*) GINA 型；(*b*) GINA 改进型Ⅰ；(*c*) GINA 改进型Ⅱ；(*d*) GINA 改进型Ⅲ；

(*e*) PHOENIX 型；(*f*) HORN 型；(*g*) STIRN 型

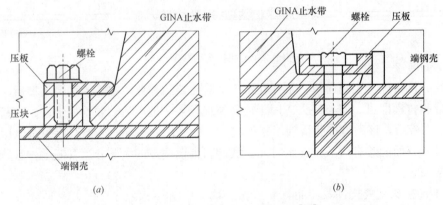

图 8-9　GINA 止水带的固定方式[8-3]

(*a*) 卡箍式固定；(*b*) 穿孔式固定

固定方式则通过在 GINA 止水带两侧凸缘上间隔一定的距离预留螺栓孔，安装时将螺栓穿过压板、凸缘，最后固定在端钢壳上，这种固定方式的优点是 GIAN 止水带固定效果好，不会轻易脱离，但对螺栓孔的预留等施工精度要求高，而且在端钢壳上开孔，降低了整体的防水性能。

2）Ω 止水带

Ω 止水带作为沉管接头的第二道防水装置（部分工程中也采用 M 形止水带），其外形如图 8-10 所示。但是其防水机理和 GINA 止水带不同，它是将两侧边缘分别固定两个管节上，中间部位起到防水的作用。

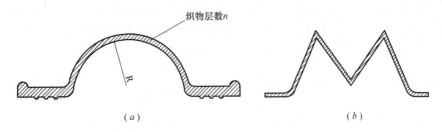

图 8-10　Ω（M型）止水带横断面示意图[8-3]

(*a*) Ω止水带横断面；(*b*) M形止水带横断面

目前工程应用中多采用 Ω 止水带作为第二道防水措施，Ω 止水带通常采用两层丁苯橡胶（SBR）以及置于其中的尼龙片经压模机压制而成，具有较强的变形能力。在 Ω 止水带选型过程中要求止水带能够适应高水位下管段的轴向变形、竖向不均匀沉降以及横向错位等。

3）剪力键

对于矩形沉管隧道，剪力键通常分为水平剪力键和竖向剪力键。水平剪力键通常布置沉管隧道的顶、底板上，竖向剪力键则通常布置在沉管隧道的边墙和中墙上。剪力键主要是用于保证相邻管节之间不发生相互错动，其中水平剪力键主要承受地震作用，竖向剪力键则主要承受不均匀沉降等其他作用引起的竖直剪力。每组剪力键通常由三个剪力键（上键、中键、下键）组成，对于尺寸较大的剪力键，通常在剪力键上设置橡胶支座，支座通常设置在中键上。

剪力键根据其材料类型主要分为两大类，一类为混凝土剪力键，另一类为钢剪力键，如图 8-11 所示。钢筋混凝土剪力键是在剪力键预留位置绑扎钢筋，浇筑混凝土成型，可以与管节一起制作，也可以在管节沉放到位后现场浇筑；钢剪力键则是由若干块钢板焊接及螺栓连接而成，可在管节制作完成后再安装。

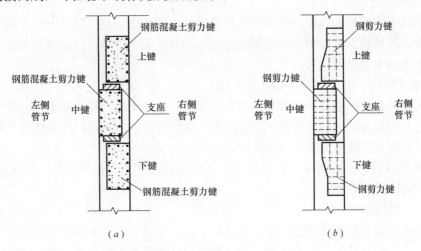

图 8-11　剪力键示意图[8-3]

(*a*) 钢筋混凝土剪力墙；(*b*) 钢剪力键

在工程应用中，有的采用钢剪力键，也有的采用钢筋混凝土剪力键，还有的两者同时采用，但是从结构受力的角度看，在同一个接头中，不宜使用不同类型的剪力键，因为不同结构形式的剪力键，其受力变形机理不同，同时也对设计、施工造成不利。

8.3 管 段 生 产

8.3.1 管段预制场地类型

矩形钢筋混凝土预制管段一般在干坞中制作。

干坞是用于预制混凝土管段的场所，管段需要在干坞内预制、存放、舾装，然后起浮、拖运、沉放以及对接。干坞尽管是临时工程，但由于规模大、工程费用高、对工期影响大，同时受到场地、通航等条件的制约，所以干坞方案比选在沉管隧道设计中具有举足轻重的作用，甚至会影响到沉管法修建隧道方案的成败。因此，合理选择干坞尤为重要。

干坞根据其规模，可以分为：

1) 小型干坞，每次预制 1～2 节管段；

2) 中型干坞，每次预制 3～5 节管段；

3) 大型干坞，每次预制 6 节及 6 节以上管段。

干坞根据其构造形式，一般分为固定式干坞和移动式干坞两类。

1. 固定式干坞

固定式干坞根据与隧道位置的关系又可分为轴线干坞和另选位置干坞。

1) 轴线干坞

轴线干坞就是将干坞布置在隧道轴线岸上段主体结构位置。国内已建成的广州珠江沉管隧道、宁波甬江沉管隧道、宁波常洪沉管隧道和天津海河隧道采用的都是轴线干坞方案。

2) 另选轴线干坞

另选轴线干坞就是在隧道轴线以外选择合适的位置建造干坞。另选轴线干坞方案的最大优点是岸上段结构、管段制作以及基槽开挖等关键性的工序都可以实现同步施工，从而可以最大限度地节省工期。

2. 移动式干坞

移动式干坞就是修造或租用大型半潜驳作为可移动式干坞，在移动干坞上完成管段的预制，然后利用拖轮将半潜驳拖运到隧道附近已建好的港池内下潜，实现管段与驳船的分离，再将管段浮运到隧道位置完成沉放安装工作。

2005 年完成设计的广州市仑头生物隧道（大学城隧道）是世界上第一座采用移动干坞方案的沉管隧道（图 8-12）。

8.3.2 管段制作

在干坞中制作矩形钢筋混凝土管段的基本工艺，与陆上的大型钢筋混凝土构件的工艺相类似。但是由于沉管施工的特殊性，预制的管段采用浮运沉放的施工方式，而且最终是埋设在河底水中，因此对预制管段的对称均匀性和水密性要求较高。管段工厂化制作如图8-13 所示。

图 8-12　移动式干坞示意图

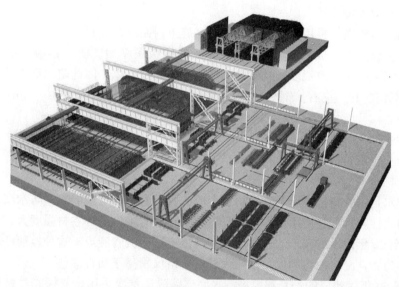

图 8-13　管段工厂化制作示意图

1. 对称性控制

管段制作时对称性控制是为了确保矩形管段在浮运时有足够的干舷。

干舷：管段在浮运时，为了保证稳定，必须使管顶面露出水面，其露出高度称为干舷。具有一定干舷的管段，遇风浪发生倾斜后，会自动产生一个反倾力矩，使管段恢复平衡。

矩形管段在浮运时的干舷只有 $10\sim15cm$，仅占管段全高 $1.2\%\sim2\%$ 左右。如果管段重度变化幅度稍大（超过 1% 以上），管段常会浮不起来。故需严格控制混凝土混合物的密度及其均匀性，在浇筑混凝土的全过程中实行严密的实时监控。此外，如果管段的板、壁厚度的局部偏差较大，或前后、左右的混凝土密度不均匀，管段就会倾斜。因此需采用大刚度的模板，模板的制作与安装须达到以毫米计的高精度要求。

2. 水密性控制

管段制作时水密性控制的目的是为了确保管段的防水性能，使隧道投入使用后无渗漏。可采取的措施有：外防水、柔性防水、管段的自身防水。

1）外防水

早期的钢壳管段，钢壳既作为施工阶段的外模，又是管段的防水层。20世纪40年代，矩形钢筋混凝土管段开始应用于沉管隧道，仍采用钢壳管段的防水措施，即四边包裹钢壳。20世纪50年代，逐渐改为三边包裹钢壳，顶板上的钢壳改由柔性防水层代替。自1956年台斯隧道以后，又发展为单边钢板防水和三边柔性防水，即只保留底板之下的钢板，其他三边采用柔性防水。近年来又有大量施工实例运用高强度PVC板代替底钢板，从而解决了钢板锈蚀的问题。从外防水的发展趋势来看，施工变得更加简便，而防水效果越来越好。以下简单介绍一下单边钢板防水。

早期采用的钢壳防水在20世纪70年代以后已不再常用，因为钢壳防水存在缺点不少，如耗钢量大，焊接质量不易保证，防锈问题未切实解决，钢板与混凝土之间粘接不良等等。而仅在管段底板下用钢板防水的工例则越来越多。防水钢板基本上不用焊接（至少不用手焊），而是用拼接贴缝的办法，因而不存在焊接质量问题。

拼接缝有两种做法：

（1）先嵌石棉绳，再用沥青灌缝，最后在缝上封贴两层卷材。

（2）在接缝处用合成橡胶粘接约20cm宽的钢板条贴封。防水钢板一般为4～6mm厚，比防水钢壳的厚度薄很多，且省去大量的加强筋及支撑，因此防水钢板的单位面积用钢量仅为钢壳的1/4左右。钢板的锈蚀速率一般估计为：海水中0.1mm/年，淡水中0.05mm/年。

2）柔性防水

柔性防水包括卷材防水和涂料防水。

（1）卷材防水

卷材防水是用胶料把多层沥青卷材或合成橡胶类卷材胶合成的黏式防水层。

最初的柔性防水层是使用沥青油毡，以织物卷材为主，这种卷材强度大、韧性好。尤其是20世纪50年代发展起来的玻璃纤维布油毡更适于沉管隧道，这种玻璃纤维布油毡以玻璃纤维布为胎，浸涂沥青制成，性能优越，价格仅稍高于沥青油毡。

20世纪60年代建成的丹麦利姆福特水底道路隧道首次采用合成橡胶卷材作为防水材料，该隧道用的是异丁橡胶卷材，厚度仅2mm。

卷材的层数视水头大小而定，当水底隧道的水下深度超过20m时，卷材层数达5～6层之多，若精心施工，三层亦已足够。

卷材防水的主要缺点是施工工艺较为繁琐，且在施工操作过程中稍有不慎就会造成"起壳"从而导致返工。

（2）涂料防水

涂料防水的操作工艺比卷材防水简单得多，而且在平整度较差的混凝土面上也可以直接施工。

但目前涂料在管段防水上尚未普通推广，因为它的延伸率还不够。在沉管隧道的结构设计中，容许裂缝开展宽度为0.15～0.2mm，防水设计的容许裂缝开展宽度为0.5mm，防水涂料尚不能满足这项要求。

3）自身防水

20世纪60年代初期以来，荷兰等国家对水底隧道管段自身防水进行了一系列的试验和研究，并取得了可喜的成果。1973年以后陆续开工的荷兰弗拉克、基尔-海姆斯玻尔以及波特莱克等四条水底道路隧道均采用超越传统的防水办法，应用无外防水的隧道结构并取得了良好的效果。目前提高管段自身混凝土的抗渗性，充分发挥管段自身防水能力在管段制作时水密性控制方面占较为主导的地位。

提高管段自身防水的措施在于控制管段混凝土在浇筑凝固过程中产生的裂缝，裂缝会造成管段的渗漏。裂缝产生的原因主要是变形，这些变形包括温度（水化热、气温、生产热、太阳辐射）、湿度（自身收缩、失水干缩、炭化收缩、塑性收缩等）以及地基变形。为了解决"变形引起的裂缝问题"，实际施工中采用了多种措施配合使用。这些措施主要涉及混凝土配合比的构成、降低底板和侧墙之间温差、施工期间的特殊措施以及接缝防水等。

3. 节段式管段制作

节段式管段制作，即是将沉管隧道管段分为多个管节分段施工，节段间采用柔性连接，施工期间通过张拉纵向临时预应力索将多个管节连接成一个整体。如图8-14、图8-15所示。

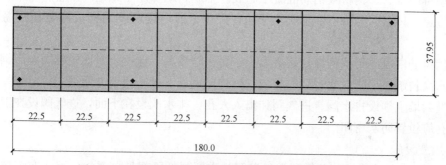

图8-14　港珠澳大桥沉管隧道节段式管节生产分段示意图

图8-15　管段制作

采用节段式制作的优点在于：

（1）多个工作面同时作业，便于流水化施工，配合上工厂化制作，效率提升明显。

（2）分段施工，减少单次混凝土浇筑量，降低水化热对管段质量的影响，更有利于对管段质量的把控。

（3）节段间采用柔性连接，降低了应力集中可能造成的影响，受力性能更好。

4. 端封门设置（图 8-16）

在管段浇筑完成模板拆除后，为了便于水中浮运，需在管段的两端离端面 50～100cm 处设置封墙。

图 8-16　端封门设置

封墙可用木材、钢材或钢筋混凝土制成。木质封墙多用于早期的沉管隧道中，如美国的波谢隧道（Poseg，1928 年建成）等均曾采用，以后逐渐改用钢板封墙和钢筋混凝土封墙。

采用钢筋混凝土封墙的好处是变形小，易于防渗漏，但拆除时比较麻烦。而钢封墙在运用防水涂料解决了密封问题后它的装、拆均比钢筋混凝土封墙方便得多。

此外封墙上须设排水阀、进气阀和出入人孔，排水阀设在下面，进气阀设在上面，人员出入孔应设置防水密闭门。

5. 压载设施

20 世纪 40 年代以后，几乎所有的沉管隧道预制管段都是自浮的，因此在沉放时需加载。加载下沉时，可用碎石和砂砾（美国沉放方式）来压舱，亦可用水（荷兰沉放方式）来压舱。用水来压载比较方便，一般采用的较多。

在封墙安装之前，需先在管段内设置容纳压载水的容器。以前采用小型浮筒充作水箱的较多，现在多改用拼装水箱，便于装拆。

水箱的容量及数量取决于管段干舷的大小、下沉力的大小以及管段基础处理时抗浮所需的压重大小。

6. 检漏与干舷调整

管段在制作完成之后，须进行检漏。如有渗漏，可在浮运出坞之前及时发现，进行补救。一般在干坞灌水之前，先往压载水箱里加水压载，然后再往干坞内灌水。有的施工过程在干坞灌水之后，还进一步抽吸管段内的空气，使管段中气压降到 0.6 大气压，待灌水 24～48 小时后，工作人员由人孔进入管段内部对管段的所有外壁（包括顶底板）进行一次仔细的水底检漏。如发现渗漏，则需将干坞内的水排干，进行修补；若无问题，即可排出压载水，让管段浮起。

经检验合格后浮起的管段，还要在坞中检查四边的干舷是否合乎规定，或是否有倾侧现象。如有则可通过调整压载加以解决。

在一次制作多节管段的大型干坞中，经检漏和调整好干舷的管段，还需再加压载水，使之沉在坞底，使用时再逐一浮起拖运出坞。

8.4 基槽浚挖

8.4.1 沉管基槽的断面形式

图 8-17 为基槽浚挖示意图。

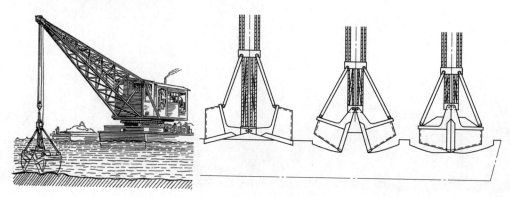

图 8-17 基槽浚挖示意图

沉管基槽的断面主要由三个基本尺度确定，即底宽、深度和边坡坡度。沉管基槽的底宽一般比管段底宽大 4～10m。这个宽裕量应视土质情况、基槽搁置时间、河道水流情况及浚挖设备精度而定；沉管基槽的深度，为管顶覆盖层厚度、管段高度和基础处理所需超挖深度三者之和；沉管基槽边坡的稳定坡度与土层的物理力学性质相关，针对现场的实际土质情况，采用不同的坡度，表 8-1 为不同土层稳定坡度的参考数值。此外，基槽的留置时间、水流情况等也是影响边坡稳定的重要因素。

不同土层稳定坡度的参考数值 表 8-1

土层分类	稳定坡度
硬土层	1:0.5～1:10
砂砾、紧密的砂夹黏土	1:10～1:1.5
砂、砂夹黏土、较硬黏土	1:1.5～1:20
紧密的细砂、软弱的砂夹黏土	1:20～1:30
软黏土、淤泥	1:30～1:50
稠软的淤泥、粉砂	1:80～1:10

8.4.2 浚挖方式

1. 挖泥船的种类及特点

目前用于浚挖作业的挖泥船主要有以下四种：

（1）吸扬式挖泥船。有绞吸和耙吸式两种。前者利用绞刀绞松水底土壤，通过泥泵作用，从吸泥口、吸泥管吸进泥浆，经过排泥管卸泥于水下或输送到陆地上去。后者则利用泥耙挖取水底土壤，通过泥泵作用，将泥浆装进船上泥舱内，自航到深水抛泥区卸泥。

（2）抓扬式挖泥船。亦称抓斗挖泥船（图 8-18），挖泥时利用吊在旋转式起重把杆上的抓斗，抓取水底土壤，然后将泥土卸到泥驳上运走。一般不能自航，靠收放锚缆移动船位。施工时需配备拖轮和泥驳，抓斗容量最近发展到 $10\sim13m^3$。

图 8-18　抓斗挖泥船

（3）链斗式挖泥船。这种挖泥船是用装在斗桥滚筒上，能连续运转的一串泥斗挖取水底土壤，通过卸泥槽排入泥驳。施工时亦需泥驳和拖轮配合。一般泥斗容量为 $0.1\sim0.8m^3$。

（4）铲扬式挖泥船。亦称铲斗挖泥船，是用悬挂在把杆钢缆上和连接斗柄上的铲斗，在回旋装置操纵下，推压斗柄，使铲斗切入水底土壤内进行挖掘，然后提升铲斗，将泥土卸入泥驳。这种挖泥船适用于硬土层，标准贯入度 $N=40\sim50$ 的硬土亦可直接挖掘。不需锚缆定位，水面占位小，但挖泥船的造价高，浚挖费用亦高。

上述四种挖泥船的适用范围大体如表 8-2 所示[8-2]。

四种挖泥船的适用范围　　　　　　　　　　　　表 8-2

	硬土	砂砾	粉砂	砂	软土
链斗式挖泥船	●		●	●	●
绞吸式挖泥船	●	●	●	●	●
自航耙吸式挖泥船			●	●	●
抓斗挖泥船	●	●	●	●	●
铲扬式挖泥船		●	●	●	●
定深反铲式挖泥船	●	●	●	●	●

以上四种挖泥船均只适用于土层，当浚挖作业遇到岩层时，需采用水下岩石破碎机的泵船。例如，悉尼港沉管隧道工程在浚挖过程中采用 $3\phi700mm$ 特殊切割机泵船浚挖海底的砂岩层。

在离岸条件下的沉管隧道，挖槽设备有以下几种：

（1）漂浮型设备。只能在浅水中和基槽深度有限时使用。

（2）半沉型设备。受波浪的影响比漂浮型设备小，因此适用范围略大一些。

（3）自行调高的走行挖槽平台。限制在水深 70m 以内的条件下使用；不易受风浪影响；切割头、水泵等重要设备易于提升到水面修理或更换。

2. 浚挖方式及浚挖程序的确定

通常在选择浚挖方案时考虑以下三方面的因素：

（1）尽量使用技术成熟、生产率高、费用低的浚挖方式；同时，为了降低造价，通常充分使用已有的浚挖设备，尽量避免采用需重新定制的设备。

（2）选用对航道影响最小的浚挖方式。

（3）选用对环境影响较小的浚挖方式。

通过对环境、经济和技术等多方面的探讨，按其效果和费用仔细权衡不同方案以求得最佳选择。

浚挖作业一般分层分段进行。在基槽断面上，分成二层或三层逐层开挖。在平面沿隧道纵轴方向，划成若干段，分段分批进行浚挖。

8.5 管段沉放与水下连接

8.5.1 管段沉放

1. 管段沉放方式

管段的沉放在整个沉管隧道施工过程中，占有相当重要的地位，沉放过程的成功与否直接影响到整个沉管隧道的质量。到目前为止，所用过的沉放方法有多种，这些方法适用于不同的自然条件、航道条件、沉管本身的规模以及设备条件，可以概括为：

1）分吊法（图 8-19a）

沉放时用 2～4 艘 100～200t 起重船或浮箱提着预埋在管段上的 3～4 个吊点，逐渐将管段沉放到基槽中的规定位置。

早期主要采用起重船分吊法，20 世纪 60 年代荷兰柯思隧道和培纳勒克斯隧道发展了以大型浮筒代替起重船的分吊法，后来又出现了以浮箱代替浮筒的浮箱分吊法。

浮箱分吊法的主要设备为四只 100～150t 的方形浮箱，分前后两组，每组以钢桁架联系，并用四根锚索定位，管段本身另用六根锚索定位，后来发展为完全省掉浮箱上的锚索，使水上作业大为简化。

2）扛吊法

也称为方驳扛吊法，主要分为四驳扛吊法和双驳扛吊法。四驳扛吊法采取四艘方驳，左右二艘方驳之间架设由型钢或钢板梁组成的"扛棒"，用它来承受吊索的吊力。前后二组方驳可用钢桁架联系，构成一个船组。驳船组及管段分别用六根锚索定位。美国和日本多采用"双驳扛吊法"（也称双壳体船法），这种方法采用两艘船体尺度较大的方驳船，船组整体稳定性较好，但是设备费用较大。

3）骑吊法（图 8-19b）

骑吊法的主要沉放设备为水上作业平台，也称自升式作业台。其方法是将管段插入水上作业平台，使水上作业平台"骑"在管段上方，将其慢慢吊放沉设。

4）拉沉法

利用预先设置在沟槽中的地垄，通过架设在管段上面的钢桁架顶上的卷扬机牵拉扣在地垄上的钢索，将具有200~300t浮力的管段缓缓地拉下水。管段在水底连接时，以斜拉方式使之靠向前节既设管段。

（a）　　　　　　　　　　　　　　　　　　（b）

图8-19　管段沉放示意图
（a）分吊法；（b）骑吊法

以上四种方法的主要特点、适用范围等如表8-3所示。

沉放方式比较　　　　　　　　　　　　　　　　表8-3

沉放方式		主要设备及特点	适用范围
起重船吊沉法		起重船	小型沉管
浮浮箱吊沉法	四浮箱吊沉法	四只100~150t的浮箱（自备发电机组）；设备简单，且浮箱无需定位锚缆，因而水上作业简化	适用于小型管段的沉放
	双浮箱吊沉法	以两只大型钢浮箱或改装驳船取代四只小浮箱，使操作进一步简化	适用于大宽度的管段沉放
扛扛吊法	四驳扛吊法	四艘小型方驳（自备发电机组）；设备费用小	普遍用于小型管段的沉放
	双驳扛吊法	两艘大型方驳（自备发电机组）；船组稳定性好，设备费用大	一般只有具备下列条件之一时，才予采用：①工程规模大，沉设管段较多②计划准备建设多条沉管隧道③沉设完毕后，大型方驳可改为他用
骑吊法（SEP吊沉法）		水上作业平台；稳定性好，能经受风浪袭击，但设备费用大	适用于在港湾或流速较大的内河沉设管段
拉沉法		以预先设置在基槽中的水下桩墩作为地垄；无需方驳，也不用浮箱，但设置水底桩墩的费用较大	目前已基本不用

2. 沉放作业前准备

1）基槽

沉放的前两天需对基槽进行全面细致的验收，保证沉管就位时无任何障碍。验收的方法是派潜水员到水下摸查，对影响沉放的浅点均由潜水员进行清理。对基槽碎石上有可能沉积的树枝、垃圾等，沉放前都需派潜水员认真清除。

2）交通标志

在沉放之前事先和港务、港监等部门商定航道管理有关事项，并及时通知有关各方做好准备。水上交通管制（临时改道）开始之后，抓紧时间布置好封锁标志（浮标、灯号、球号等），同时在沉放位置用锚碇块上设置浮标。

3）设备、动力情况检查

管段沉放前应对管段内部的水泵、闸阀、加载水箱、管路系统、定位千斤顶及油压系统、发电机、通信联络系统、测量定位系统等进行检查，及时排除故障，确保沉放工作顺利进行。

4）GINA 橡胶止水带保护装置的撤除

在沉放前撤除 GINA 橡胶止水带的保护装置。

5）应急措施的准备

对沉放过程中可能发生的紧急事件（例如：气候突变）做好预防工作，确保沉放工作万无一失。

6）锚碇系统的设置

在沉放、对接过程中，管段将不可避免地受到风、浪、流等外力的作用，因此在管段位置调整和沉放定位时都要通过测量塔上的卷扬机拉紧或放松定位缆加以控制。锚碇块的结构需根据模型试验加以确定。锚碇块的位置用玻璃钢浮筒表示，使用时可通过钢丝绳将锚链吊出水面。在正式使用前，需对锚碇块进行拉力测试。

7）管段沉放前的定位

（1）系定位缆

当管段拖运到沉放位置后，按图 8-20 的步骤系 6 根定位缆。

（2）设备布置

每个测量塔上有定位用卷扬机 3 台，每个钢浮箱上有沉放用卷扬机 2 台，还有紧缆用卷扬机 4 台。

（3）定位调节方法

通过测量塔上的卷扬机卷紧或放松定位缆绳对管段的位置进行调节，如图 8-21 所示。

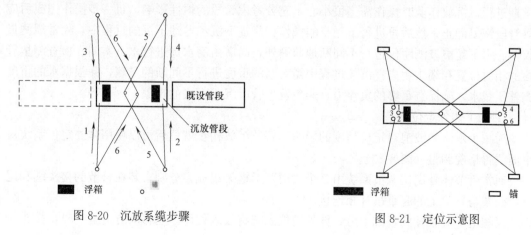

图 8-20　沉放系缆步骤

图 8-21　定位示意图

243

（4）定位精度

当位置误差在10cm以内时，即可进行沉放作业。

8）管段负浮力计算

管段需有一定的负浮力才能下沉，负浮力（即浮箱所受的力）是靠向管内水箱加压载水获得的，负浮力的表达式为：

$$F = W + \sum P_i - V \times \gamma_h \tag{8-1}$$

式中　　W——管段自重；

　　　　$\sum P_i$——压载水重量；

　　　　V——管段的排水体积；

　　　　γ_h——随深度变化的江水重度。

上式亦可用抗浮安全系数来表达：

$$k = (W + \sum P_i)/V \times \gamma_h \tag{8-2}$$

式中　　K——抗浮安全系数，在沉放、对接阶段一般取1.01。

3. 沉放作业步骤

1）初次下沉

在利用六根定位缆调节好管段位置后，与已沉管段保持10m左右的距离，先往管内压重水箱灌水给管段下沉提供足够的负浮力，然后通过钢浮箱上的卷扬机控制沉放速度使管段下沉，直到管底离设计标高4m左右为止，下沉时随时校正管段的位置。

2）靠拢下沉

先将管段向前平移，至距已沉管段2m左右处，然后再将管段下沉到管底离设计标高1m左右，并调整好管段的纵向坡度。

3）着地下沉

先将管段平移至距已沉管段约0.50m位置处，校正管段位置后，即开始着地下沉。最后1m的下沉，通过钢浮箱上的卷扬机控制下沉速度，尽量减少管段的横向摆动，使其前端自然对中。着地时先将前端搁在"鼻式"托座上，通过鼻托上的导向装置，自然对中。然后将后端轻轻搁置到临时支座上，整个沉放步骤见图8-22所示，至此即可进入管段的对接作业。

沉放作业的时间选择应充分考虑沉放作业的进度，尽量保证沉放作业的最后阶段在平潮期进行，沉放作业时操作需谨慎小心，充分考虑管段的惯性影响，每一步操作完成后应等管段恢复静止，然后再进行下一步的操作；靠拢下沉和着地下沉的过程中，除常规测量仪器、水下超声波测距仪进行不间断地监测外，尚需由潜水员进行水下实测、检查测量管段的相对位置和端头距离；沉放过程中需对水的重度进行不间断的量测，并根据水的重度调整压载水，确保有足够的负浮力，避免发生管段沉不下去的现象。

4. 水下体外定位调节

为减少水流和波浪对定位精度的影响，管节沉放初步就位后可以使用体外定位系统对平面位置精确调整（图8-23）。

通常管节体外定位调节系统由2个"门"形框架组成，分别安装在管节的接头端和尾端，框架与管节上的起重吊耳相连接。

当隧道管节放置到基础上后，体外定位系统将投入使用。当移动隧道管节时，接头端

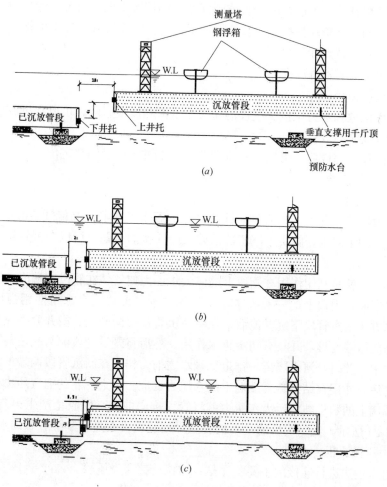

图 8-22　沉放步骤示意图
（a）初步下沉；（b）拿拢下沉；（c）着地下沉

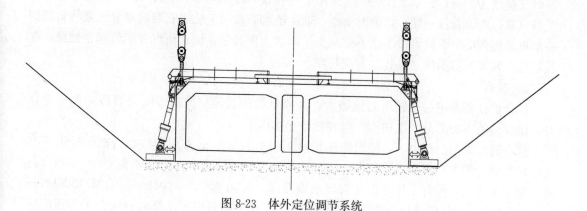

图 8-23　体外定位调节系统

和尾端两侧体外定位系统底座将提供支撑，并确保管节不会因为水流和波浪产生侧向位移。在轻微提升管节时，体外定位系统底座将依靠下部的碎石基础提供地基反力。

　　当管节被提升后，可以在减少管节底部摩擦的情况下调整管节，管节向前移动则由安装在管节顶部的拉合千斤顶控制，管节尾端横向位置由安装在底座上的横向千斤顶调整。

　　体外定位系统特点如下：

　　(1) 结构上无需额外开孔；

　　(2) 可反复使用；

　　(3) 坐底沉放和水力压接全过程消除表层水流和波浪影响，可以在沉放驳上遥控实施千斤顶伸缩，安全高效；

　　(4) 水力压接完成后，可以对隧道管节的尾端进行精确调整定位。

8.5.2　水下连接

1. 水力压接原理

　　由于水力压接法施工工艺简单，且基本上不用水下作业，又能适应较大的沉陷变形，并保持接头间的不漏水，解决了沉管隧道管段间连接的难题，所以在沉管隧道施工中得到普遍运用。

　　水力压接法就是利用作用在管段上的巨大水压力使安装在管段前端面（靠近既设管段或连接井的端面）周边上的一圈胶垫发生压缩变形，形成一个水密性相当可靠的管段接头。其具体方法是在管段下沉就位后，先将新沉管段拉向既设管段并紧密靠上，这时胶垫产生了第一次压缩变形，并具有初步止水作用。然后将既设管段侧封端墙与新沉管段侧封端墙之间的水（此时与河水隔离）排走。排水之前，作用在新沉管段两端的水压力是平衡的；排水之后，作用在结合端封端墙上的水压力变成一个大气压的空气压力，于是作用在自由端封端墙上的数千吨的巨大水压力就将管段推向前方，使胶垫产生第二次压缩变形，具体见图 8-24 所示，经二次压缩变形的胶垫，使管段接头具有非常可靠的水密性。

2. 水力压接流程

　　用水力压接法进行连接的主要工序是：对位→拉合→压接。

1) 对位

　　早期沉管隧道多采用四个临时支座的方法；20 世纪 50 年代之后按三点定平面的原理临时支座改为 3 只；20 世纪 60 年代出现了一种很简易的"羊角托承法"，此法略去管段前端（靠近既设管段一端）的临时支座，而由前端管段顶上临时安装的悬臂钢梁将管段的一半重量搁到前节既设管段上，不但减少了临时支座数量，而且使沉管定位非常便捷；在此基础上发展为目前的"鼻式"定位托座。

2) 拉合

　　拉合的任务是用一个较小的机械力，将刚沉设的管段拉向前节既设管段或两岸连接井，使胶垫的尖肋部分产生初步变形和初步止水作用。

　　拉合时所需要的拉力，一般沿胶垫长度 10～30N/m。通常用安装在管段竖壁上带有锤形拉钩的专用千斤顶来进行拉合。拉合千斤顶所提供的总拉合力一般为 200～300t，行程一般为 100cm。拉合千斤顶设在管段前端端部，可用 2000～3000kN 一台或 1000kN～1500kN 两台，其位置对称于管段的平面中线。因便于调节校正，设两台拉合千斤顶的施工实例较多。

　　虽然拉合千斤顶在沉管施工中用得很普遍，但实际上并不是拉合作业的唯一选择，由定位卷扬机进行拉合作业也是完全可行的。

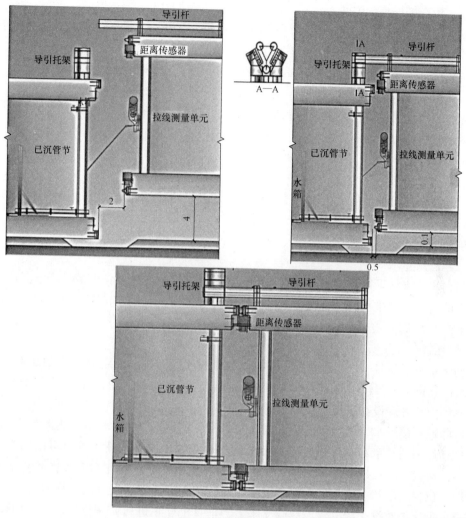

图 8-24 水力压接示意图

3）压接

拉合完成后，即可打开既设管段侧封端墙下部的排水阀，排除前后两节沉管封端墙之间被胶垫所封闭的水，排水阀以管道与既设管段的水箱相连接。排水开始后不久，需立即打开设在既设管段侧封端墙上部的进气阀，以防封端墙受到反向真空压力。当封端墙间的水位降低到接近水箱水位时，需开动排水泵助排，否则水位不能继续下降。

排水完毕后，作用在整个胶垫上的压力就等于作用在新沉管段自由端（未结合端）端面上的全部水压力。水压力可达几千吨，视水深和管段断面尺寸而定。在全部水压力作用在胶垫上去后，胶垫产生进一步的压缩，压缩量一般为胶垫本体高度的三分之一左右。

3. 水力压接法施工

1）压接作业前准备工作

（1）杂物清除

由潜水员清除 GINA 橡胶止水带四周及对接端端面上的杂物，确保 GINA 橡胶止水带的完好无损。

（2）拉合千斤顶的安装

在管段就位后，用浮吊吊起拉合千斤顶，由潜水员负责安装到管段的拉合台座上。

（3）设备调试

启动拉合千斤顶油缸，由潜水员观察拉合千斤顶是否能够顺利工作。

（4）位置微调

先收紧沉放吊缆，提供沉放时总吊力的 1/2，以减少拉合时的摩擦阻力；然后通过定位缆微调管段位置，控制管段对接时的精度。

2）压接操作步骤

（1）初步止水

启动拉合千斤顶油缸并控制拉合速度，使 GINA 尖头压缩；此时通过定位系统对管段进行精细的微调，使轴线误差符合设计要求；再继续拉合到初步止水，即使 GINA 尖头再压缩。

（2）二次止水

当初步止水结果得到潜水员检查认可后，由已沉管段内的操作人员打开已沉管段侧端封门上的进气阀和排水阀，将接合端端封门间的水排掉，利用自由端的巨大水压力使 GINA 橡胶止水带进一步压缩。

3）压接操作说明

初步止水后，打开已沉管段侧端封门下部的排水阀，排出前后两节管段端封门之间被 GINA 橡胶止水带所包围封闭的水。排水阀经管道接至已沉管段的水箱中去。排水开始后不久，须即打开安设在已沉管段端封门顶部的进气阀，以防端封门受到反向的真空压力。当水位降低到接近水箱里的水位时，须即开动排水泵助排，否则水位不能继续下降。排水完毕后，作用到整个 GINA 橡胶止水带上的压力便等于作用在新沉管段自由端上的全部水压力。对接时，在拉合作业之前、之后均须由潜水员下去检查 GINA 橡胶止水带的接触情况。拉合之后和压接之后均须测量复核。拉合之后，如果发现连接误差超过容许值，可用拉合千斤顶及设在新沉管段后端支座上的垂直千斤顶进行微调校正。但在压接之后，如不符合精度要求，则难以靠千斤顶进行微调校正，此时只能灌水返工，重行微调、压接。

8.6 基础处理技术

沉管隧道的基础是指位于隧道下方、承受来自隧道本身、回填、管顶保护层以及回淤荷载的土层，该土层从隧道底部一直往下至非压缩性地层。在基槽开挖过程中，不论是使用哪一种类型的挖泥船，挖成后的槽底表面总有相当程度的不平整。这种不平整，使槽底表面与沉管底面之间存在着很多不规则的空隙。这些不规则的空隙会导致地基土受力不均匀而局部破坏，从而引起不均匀沉降，使沉管结构受到局部应力以致开裂。

由此可见，沉管隧道的基础处理一般不是为了提高地基的承载力，而是为了解决基槽开挖时出现的不平整以避免产生不均匀沉降。为了清除槽底表面与沉管底面之间存在的有害空隙，进行基础处理—垫平（使管段底与地基之间的空隙填充密实），是第一位考虑因素，承载力是第二位考虑因素。

基底处理方法大致可分为先铺法和后填法两大类，如图 8-25 所示。

8.6.1 刮铺法

刮铺法主要工序如下：浚挖基槽时，先超挖 60～90cm，然后在槽底两侧打设数排短桩以安设导轨用，以控制高程和坡度，通过抓斗或刮板船的输料管将铺垫材料投放到槽底，再用简单的钢刮板或刮板船刮平。所用的铺垫材料根据水流速度不同而变化，在水流缓和地区为 1/4～1.5 英寸（0.6～3.8cm）；在水流湍急地区卵石粒径可达 6 英寸（15cm）。刮铺的精度一般为：刮砂 ±5cm，刮石 ±20cm。

8.6.2 桩基础

桩基础很少用作沉管基础，然而当碰到以下特殊情况时，常采用一种特殊的桩基：①地基土非常软弱；②沿隧道轴线方向基底土层硬度变化较大，以至不均匀沉降难以接受；③管段承受列车振动后再传到基底土层中，引起的管段沉陷难以接受。

图 8-25　沉管基础处理方法

由于桩群的桩顶标高在实际施工中不可能完全平齐，若不采取措施会导致各桩的受力不均匀，为此通常采用的办法有：

1）水下混凝土传力法

基桩打好后，先浇一二层水下混凝土将桩顶裹住，而后在其上水下铺一层碎石垫层，使沉管荷载经砂石垫层和水下混凝土层传到桩基上。

2）砂浆囊袋传力法

在管段底部与桩顶之间，用大型化纤囊袋灌注水泥砂浆加以垫实，使所有桩基能同时受力。

3）可调桩顶法

在所有基桩顶端设一小段预制混凝土活动桩顶，在管段沉放完后，向活动桩顶与桩身之间的空腔中灌注水泥砂浆，将活动桩顶升到与管底密贴接触为止。

8.6.3 喷砂法

喷砂法原理是把砂-水混合填料通过水平管道喷入隧道管段底部和开挖槽坑之间的空隙中去。在喷砂管的两侧设有回吸管，使水在管段底部形成一个规则的流动场，从而使得砂子有规则地分布沉淀。回吸管的另一个作用是可以通过回吸水含量的测定了解基础砂子的填充程度。砂垫层的厚度一般为 1m，喷砂工作完成后，隧道管段从临时基础上释放下来时，可能会引起 5～10mm 的沉降。隧道的最终沉陷量取决于槽坑回填而引起的基底土层的沉陷。喷砂台架也可以通过喷水清除管段下面空隙中的回淤。

喷砂作业需一套专用的台架，台架顶部突出水面。台架可沿铺设在管顶面上的轨道做纵向前后移动。在台架的外侧悬挂着一组（三根）伸入管段底下空隙中，喷射管做扇形旋移前进。在喷砂进行的同时，经两根吸管抽吸回水。从回水的含砂量中可以测定砂垫层的密实程度。喷砂时从管段的前端开始，喷到后端（亦称自由端）时，用浮吊将台架吊移到管段的另一侧，再从后端向前端喷填。

近年来该法逐渐被更为先进的砂流法所取代（图 8-26）。

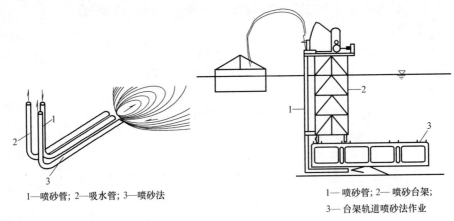

1—喷砂管；2—吸水管；3—喷砂法

1—喷砂管；2—喷砂台架；
3—台架轨道喷砂法作业

图 8-26 喷沙法示意图

8.6.4 砂流法

砂流法原理是依靠水流的作用将砂通过预埋在管段底板上的注料孔注入管段与基底间的空隙。脱离注料孔的砂子在管段下向四周水平散开，离注料孔一定距离后，砂流速度大大降低，砂子便沉积下来，形成圆盘状的砂堆，随着砂子的不断注入，圆盘的直径不断扩大，高度也越来越高。而在圆盘的中心，由于砂流湍急砂子无法沉积，会形成一个冲击坑。一段时间以后，圆盘形砂堆的顶部将触及隧道管段底面，砂盘中心压力使得砂流冲破防线，流向砂积盘的外围。这样的过程不断重复，砂积盘的直径越来越大，砂流就是以这种方法来填满整个管段下面的空隙。为了保持砂流的流动，需要有一定的压力梯度，也就是说，圆盘中心冲击坑内的水压必须比砂积盘边缘的水压高，而砂流本身的压力下降是线性的。

冲击坑内的水压通常限制在 $1000 \sim 3000$kN 以内，过高的水压会使沉管向上抬起，这就需要增加更多的压重水，施工费用也相应增加。而另一方面，砂流压力太小使砂盘的直径受到限制，这就意味着要增加更多的注料孔。因此砂流压力需经试验确定以得出最经济的方案。

为控制管段下空隙的填充，曾经在管段板设置一些观察小孔，实践证明这种方法的效果并不理想，最好的方法是沿管段外侧墙采用手动测深或回声测深法。此外，还设置检查孔，以控制基础垫层质量，通过它进行锥贯入值测定。

砂流法的一个缺点就是沉管基础范围内的淤泥无法清除，这会导致沉管产生较大的沉降（图 8-27）。

8.6.5 注浆法

注浆法是在灌囊法基础上发展起来一种基础处理方法，它省去了较贵的囊袋、繁复的安装工艺、水上作业和潜水作业。

浚挖基槽时，通常超挖 1m 左右，然后在槽内铺垫 $40 \sim 60$cm 厚的碎石，整平度达 ± 20cm 即可。管段沉放定位后，沿着管段边墙及后封端墙底边抛堆高 1m 左右的砂石混合料，封闭管底空间。接着从隧道里面通过预埋在管段底板上的压浆孔向管底空隙压注混合砂浆，充填管段底部和碎石垫层之间的空隙。

这种基础处理方法，可以在回淤较严重的情况下保证施工质量，不但可以形成一个高质量的基础，还可以通过控制注浆量和注浆压力，使管段向上升起一定高度，保证管段达

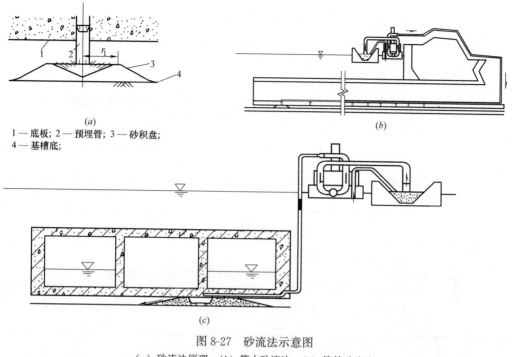

1—底板；2—预埋管；3—砂积盘；
4—基槽底；

图 8-27　砂流法示意图

（a）砂流法原理；（b）管内砂流法；（c）管外砂流法

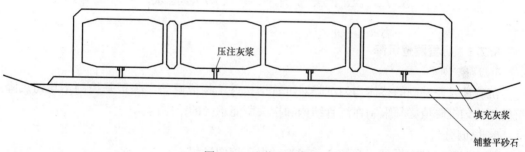

图 8-28　注浆法示意图

到设计要求的标高，这是其他基础处理方法难以做到的（图 8-28）。

不同沉管基础处理方法的对比见表 8-4。

沉管基础处理方法比较　　　　　　　　　　　　　　　　　　　　　　　表 8-4

基础处理方法	优　点	缺　点
刮铺法	1. 能够清除积滞在基槽底的淤泥，使砂砾或碎石基础稳定； 2. 是圆形断面或宽度较窄的矩形断面沉管隧道运用最多的基础处理方式	1. 需加工特制的专用刮铺设备，如用简单的钢犁施工，精度难控制，作业时间亦较长； 2. 须按规定高程和坡度在水底架设导轨，要求具有较高的精度，否则会影响到基础处理的成败，所以在水底由潜水员架设导轨时费工、费时； 3. 刮铺完后，回淤或坍坡的泥土常覆盖到铺好的垫层上，必须不断地加以清除，直到管段沉设开始为止； 4. 刮铺作业时间比较长，作业船在水上停留占位时间较长，对航运影响较大； 5. 在流速大、回淤快的河道上，施工困难

续表

基础处理方法	优　点	缺　点
喷砂法	1. 施工效率高； 2. 容易清除基槽底的淤泥	1. 喷砂法所用的喷砂台架常常干扰通航； 2. 喷砂系统设备费用昂贵； 3. 喷砂法需要相当昂贵的粒径相对的粗砂； 4. 在地震时砂的液化问题没有解决，为此要用水泥作结合材料，产生粒度调整的问题
砂流法	1. 施工效率高； 2. 无需喷砂法所需昂贵的喷砂台架； 3. 不受气象，水文条件制约	1. 沉管基础范围内的淤泥无法清除，会导致沉管产生较大的沉降； 2. 在地震时存在砂的液化问题，为此要用水泥作结合材料，产生粒度调整的问题； 3. 砂流时要用压力，为避免沉管段的上浮，必须通过实验确定出口的压力
压浆法	1. 施工效率高，不受气象水文影响； 2. 无地震液化担忧对淤泥可通过浆液粘结作用形成满足要求下卧层	1. 在压浆时为取得适当流动的灰浆，需要进行实验； 2. 压浆时要用压力，为避免沉管段的上浮，必须通过实验确定出口的压力

8.7　沉管法常见问题及防治措施[8-1]

8.7.1　沉管隧道沉降

1. 现象

沉管地基及基础的整体均匀沉降对沉管结构并不构成威胁，关键是控制不均匀沉降。沉管不均匀沉降值必须限制在沉管结构和接头所能承受的范围内。

2. 原因分析

(1) 沉管地基变形是一个卸载、回弹、再压缩的过程；

(2) 槽底原状土的扰动；

(3) 基础的初始压缩；

(4) 列车震动使基底一定范围内的砂土进一步密实；

(5) 河床断面的变化。

3. 防治措施

(1) 采用压浆法处理沉管基础；

(2) 对可液化地层换填处理；

(3) 所有沉管管节沉放时，根据具体位置预留沉降量；

(4) 采用半柔半刚接头并设置竖向剪切键，以抵抗不均匀沉降。

(5) 软弱地层沉管隧道工程宜采用桩基础。

8.7.2　基槽淤泥沉积

1. 现象

沉管隧道施工时，基槽中淤泥的沉积是不可避免的，这给沉管施工及管段本身受力带来许多问题，故要清除基槽中的淤泥。

2. 原因分析

淤泥沉积带来的问题基槽沉积的原因是多方面的，沉积的物质材料也各种各样（如软泥、砂石、海藻及贝壳等），尽管影响程度不同（有时鱼类生物也有影响），但对沉管隧道施工来说，淤泥沉积可造成以下问题：

（1）船坞内的淤泥沉积，使管段陷入淤泥而影响管段起浮，此时需要仔细将其挖除；

（2）淤泥沉积使基槽深处水的比重增加，这会降低管段沉放位置上抗浮力的安全限度，在有些情况下，为了消除这一影响不得不增加镇重，导致费用增加；

（3）另一方面，沉积在管段顶部的淤泥当管段底板下压砂完成之前因为每节管段上增加了额外重量，会危及临时支承结构，此时可通过减少镇重和准确测量支承结构上的力来补偿；

（4）底板下的空隙被浓度极大的淤泥迅速填满，以至于在潜水员的协助下也难进行喷砂、压砂之类的基础处理作业。

3. 防治措施

（1）采用清淤船进行清淤；

（2）基槽开挖后及时进行管节沉放，避免空置时间过长；

（3）停止周边其他水下作业。

8.8 思 考 题

8-1 简述沉管法的优、缺点。

8-2 沉管法施工的工艺流程及关键步骤是什么？

8-3 沉管隧道水下压接原理及一般步骤是什么？

8-4 简述沉管法施工的不同基础处理方法及各自的优、缺点。

8-5 简述沉管法常见问题及防治措施。

参 考 文 献

[8-1] 黄兴安. 市政工程质量通病防治手册 [M]. 北京：中国建筑工业出版社，2003.

[8-2] 上海隧道工程股份有限公司. 软土地下工程施工技术 [M]. 上海：华东理工大学出版社，2001.

[8-3] 姜志威. 钢筋混凝土沉管隧道柔性接头刚度特性研究 [D]. 2013.

[8-4] ITA web site.

附　录

××大学本科生校外实习安全责任承诺书

学院（系）

课程名称(课号)		实习单位名称	
实习带队(联系) 教师姓名		学生(小组代表) 姓名学号	
实习地点		实习起讫日期	__月__日至__月__日
实习人数		小组(队)其他学生姓名	
安全责任承诺	本人(小组/队)已学习并明确了《××大学本科生校外实习安全工作若干规定》的各项条款,并承诺在实习期间遵循各项条款所规定的内容。 承诺人(小组/队代表)签名日期		

备注：1. 此表一式两份，一份由带队教师留存，另一份由学院（系）教务科备案。

2. 此表用于本科生集中实习及分散实习，集中实习可以以每小组（队）填写，并由代表签名。

××大学教务处

××大学本科生校外实习安全责任承诺书 附表 2

学院（系）

课程名称(课号)		实习单位名称	
实习带队(联系)教师姓名		学生(小组代表)姓名学号	
实习地点		实习起讫日期	__月__日至__月__日
实习人数	小组(队)其他学生姓名		
安全责任承诺	本人(小组/队)已学习并明确了《××大学本科生校外实习安全工作若干规定》的各项条款，并承诺在实习期间遵循各项条款所规定的内容。 　　　　　　　　　　　　　　承诺人(小组/队代表)签名日期		

　备注：1. 此表一式两份，一份由带队教师留存，另一份由学院（系）教务科备案。
　　　　2. 此表用于本科生集中实习及分散实习，集中实习可以以每小组（队）填写，并由代表签名。

××大学教务处

××大学学生校外实习工作征求意见表

专业（年级）		学生数	
实习性质（课号）		指导教师	
实习单位名称		是否实习基地	
实习起止日期		__年__月__日～__年__月__日	

以下内容由接受实习单位填写

学生实习情况

学习进取心				工作态度				实习纪律			
好	较好	一般	差	好	较好	一般	差	好	较好	一般	差

学校指导教师情况

工作责任心			指导水平和能力			与实习单位配合			学生管理工作		
好	中	差	好	中	差	好	中	差	好	中	差

实习单位带教老师基本情况

姓名	职称	年龄	姓名	职称	年龄

实习单位主管部门对我校实习工作的评议和建议：

负责人签名（单位盖章）：

__年__月__日

××大学本科生校外实习鉴定表
（适用于分散实习）

学生姓名				学号			
学院			专业			年级	
实习起讫日期				实习天数			
考核项目	成绩评定等级						
	优		良		中	及格	不及格
出勤情况							
工作表现							
工作业绩							
遵守制度							
学习积极性							
尊敬带教老师							
总体评价							

考勤记录	日期	月日	月日	月日	月日	月日	月日	月日	月日
	考勤								
	日期	月日	月日	月日	月日	月日	月日	月日	月日
	考勤								
	日期	月日	月日	月日	月日	月日	月日	月日	月日
	考勤								
	用下列符号表示出勤情况：出勤√ 缺勤× 迟到＞ 早退＜								

实习单位评语：

实习指导教师签字：
实习单位公章
＿年＿月＿日

此表由实习单位指导老师填写，盖章、密封后交实习学生带回学院（系）。